三菱
FX5U PLC编程
从入门到精通

向晓汉　主编

U0387936

化学工业出版社

·北京·

内 容 简 介

本书采用双色图解的方式，从 PLC 的编程基础出发，全面系统地介绍三菱 FX5U 系列 PLC 的编程和应用。全书分两个部分，第一部分为基础入门篇，主要介绍 PLC 基础，FX5U PLC 的硬件和接线，GX Works3 编程软件的使用，FX5U PLC 的编程语言、编程方法及调试；第二部分为应用精通篇，主要介绍 FX5U PLC 的通信及其应用，FX5U PLC 在运动控制中的应用，FX5U PLC 的 PID 功能及其应用、高速计数器功能及其应用，以及工程应用案例。

本书内容丰富，重点突出，注重实用性，几乎每章中都配有大量实用的例题，便于读者模仿学习，且大部分实例都有详细的软硬件配置、原理图和程序。同时，对于重点及复杂内容本书还配有 100 多个微课视频，配合文字讲解，满足读者的学习需求。

本书可供从事 PLC 编程与应用的技术人员学习使用，也可以作为大中专院校机电类、信息类专业的教材。

图书在版编目（CIP）数据

三菱FX5U PLC编程从入门到精通 / 向晓汉主编. —北京：化学工业出版社，2021.5（2025.5 重印）
（老向讲工控）
ISBN 978-7-122-38701-1

Ⅰ.①三⋯ Ⅱ.①向⋯ Ⅲ.① PLC 技术 - 程序设计
Ⅳ.① TM571.61

中国版本图书馆 CIP 数据核字（2021）第 044275 号

责任编辑：李军亮　徐卿华　　　　　　　　文字编辑：宁宏宇　陈小滔
责任校对：边　涛　　　　　　　　　　　　装帧设计：史利平

出版发行：化学工业出版社（北京市东城区青年湖南街13号　邮政编码100011）
印　　装：涿州市般润文化传播有限公司
787mm×1092mm　1/16　印张23　字数570千字　2025年5月北京第1版第4次印刷

购书咨询：010-64518888　　　　　　　　售后服务：010-64518899
网　　址：http://www.cip.com.cn
凡购买本书，如有缺损质量问题，本社销售中心负责调换。

定　　价：88.00元

随着计算机技术的发展，以可编程控制器（PLC）、变频器、伺服驱动系统和计算机通信等技术为主体的新型电气控制系统已经逐渐取代传统的继电器控制系统，并广泛应用于各个行业。其中，西门子、三菱 PLC、变频器、触摸屏及伺服驱动系统具有卓越的性能，且有很高的性价比，因此在工控市场占有非常大的份额，应用十分广泛。笔者之前出过一系列西门子及三菱 PLC 方面的图书，内容全面实用，深受读者欢迎，并被很多学校选为教材。近年来，由于工控技术不断发展，产品更新换代，性能得到了进一步提升，为了更好地满足读者学习新技术的需求，我们组织编写了这套全新的"老向讲工控"丛书。

本套丛书主要包括三菱 FX3U PLC、FX5U PLC、iQ-R PLC、MR-J4/JE 伺服系统，西门子 S7-1200 /1500 PLC、SINAMICS V90 伺服系统等内容，总结了笔者十余年的教学经验及工程实践经验，将更丰富、更实用的内容呈现给大家，希望能帮助读者全面掌握 PLC 的编程及应用。

丛书采用较多的小例子引领读者入门，让读者读完入门部分后，能完成简单的工程。应用部分精选工程实际案例，供读者模仿学习，提高读者解决实际问题的能力。本丛书具有以下特点。

（1）内容全面，知识系统。既适合初学者全面掌握 PLC 编程，也适合有一定基础的读者结合实例深入学习 PLC 工程应用。

（2）实例引导学习。大部分知识点采用实例讲解，便于读者举一反三，快速掌握编程技巧及应用。

（3）案例丰富，实用性强。精选大量工程实用案例，便于读者模仿应用，重点实例都包含软硬件配置清单、原理图和程序，且程序已经在 PLC 上运行通过。

（4）对于重点及复杂内容，配有大量微课视频。读者扫描书中二维码即可观看，配合文字讲解，学习效果更好。

本书为《三菱 FX5U PLC 编程从入门到精通》。近十年来，三菱 FX 系列 PLC 进行了更新换代，例如 FX2N 基本模块已经停产，取而代之是 FX3 系列 PLC，2015 年三菱又推出 FX5 系列 PLC，基于技术更新和读者诉求，我们联合相关企业人员，共同编写了本书。本书内容新颖、先进、实用，并配套视频资源，使读者快速学会 FX5U PLC 的编程和应用。

本书分 2 篇共 10 章。第 1 篇为基础入门篇，主要介绍 PLC 基础，FX5U PLC 的硬件和接线，GX Works3 编程软件的使用，FX5U PLC 的编程语言、编程方法及调试；第 2 篇为应用精通篇，主要介绍 FX5U PLC 的通信及其应用，FX5U PLC 在运动控制中的应用，FX5U PLC 的 PID 控制及工程应用案例。

本书由无锡职业技术学院向晓汉任主编，其中第 1 章由无锡雪浪环境有限公司刘摇摇编写；第 2、7 ~ 9 章由龙丽编写；第 3 ~ 6 章由向晓汉编写；第 10 章由无锡雪浪环境有限公司王飞飞编写，本书由无锡职业技术学院林伟任主审。

由于水平有限，不妥之处在所难免，敬请读者批评指正，笔者将万分感激！

编者

目·录 >>>>> >>

第1篇
基础入门篇

第2章 三菱 FX5U PLC 的硬件   44

第 2 篇
应用精通篇

第 7 章　三菱 FX5U PLC 在运动控制中的应用　　275

第 8 章　三菱 FX5U PLC 的 PID 功能及其应用　310

第 9 章　三菱 FX5U PLC 高速计数器功能及其应用　323

第 10 章　三菱 FX5U PLC 工程应用　338

参考文献　355

微课视频目录 >>>>>> >>

第 **1** 篇

基础入门篇

第1章

可编程控制器（PLC）基础

本章介绍可编程控制器（可编程序控制器）的发展概况，以及 PLC 外围电路常用低压电器等知识，使读者初步了解可编程控制器，这是学习本书后续内容的必要准备。

1.1 概述

可编程序控制器（programmable logic controller）简称 PLC，国际电工委员会（IEC）于 1985 年对可编程序控制器作了如下定义：可编程序控制器是一种数字运算操作的电子系统，专为在工业环境下应用而设计。它采用可编程序的存储器，用来在其内部存储执行逻辑运算、顺序控制、定时、计数和算术运算等操作的指令，并通过数字、模拟的输入和输出，控制各种类型的机械或生产过程。可编程序控制器及其有关设备，都应按易于与工业控制系统连成一个整体、易于扩充功能的原则设计。PLC 是一种工业计算机，其种类繁多，不同厂家的产品有各自的特点，但作为工业标准设备，可编程序控制器又有一定的共性。

1.1.1 PLC 的发展历史

20 世纪 60 年代以前，汽车生产线的自动控制系统基本上都由继电器控制装置构成。当时每次改型都直接导致继电器控制装置的重新设计和安装，福特汽车公司的老板曾经说，无论顾客需要什么样的汽车，福特的汽车永远是黑色的，从侧面反映汽车改型和升级换代比较困难。为了改变这一现状，1969 年，美国的通用汽车公司（GM）公开招标，要求用新的装置取代继电器控制装置，并提出十项招标指标，要求编程方便、现场可修改程序、维修方便、采用模块化设计、体积小、可与计算机通信等。同一年，美国数字设备公司（DEC）研制出了世界上第一台可编程序控制器 PDP-14，在美国通用汽车公司的生产线上试用成功，并取得了满意的效果，可编程序控制器从此诞生。由于当时的 PLC 只能取代继电器 - 接触器控制，功能仅限于逻辑运算、定时、计数等，所以称为"可编程逻辑控制器"。伴随着微电子技术、控制技术与信息技术的不断发展，可编程序控制器的功能不断增强。美国电气制造商协会（NEMA）于 1980 年正式将其命名为"可编程序控制器"，简称 PC。由于这个名称和个人计算机的简称相同，容易混淆，因此在我国，很多人仍然习惯称可编程序控制器为 PLC。

由于 PLC 具有易学易用、操作方便、可靠性高、体积小、通用灵活和使用寿命长等一系列优点，因此，PLC 很快就在工业中得到了广泛的应用。同时，这一新技术也受到其他国家的重视。1971 年，日本引进这项技术，很快研制出日本第一台 PLC。欧洲于 1973 年研制出第一台 PLC。我国从 1974 年开始研制，1977 年国产 PLC 正式投入工业应用。

进入 20 世纪 80 年代以来，随着电子技术的迅猛发展，以 16 位和 32 位微处理器构成的微机化 PLC 得到快速发展（例如 GE-FANUC 的 RX7i，使用的是赛扬 CPU，其主频达 1GHz，信息处理能力几乎和个人计算机相当），使得 PLC 在设计、性能价格比以及应用方面有了突破，不仅控制功能增强，功耗和体积减小，成本下降，可靠性提高，编程和故障检测更为灵活方便，而且随着远程 I/O 和通信网络、数据处理和图像显示的发展，已经使得 PLC 普遍用于控制复杂生产过程。PLC 已经成为工厂自动化的三大支柱之一。

1.1.2　PLC 的主要特点

PLC 之所以高速发展，除了工业自动化的客观需要外，还因其具有许多适合工业控制的独特优点，它较好地解决了工业控制领域中普遍关心的可靠、安全、灵活、方便、经济等问题，其主要特点如下。

（1）抗干扰能力强，可靠性高

在传统的继电器控制系统中，使用了大量的中间继电器、时间继电器，由于器件的固有缺点，如器件老化、接触不良、触点抖动等，大大降低了系统的可靠性。而在 PLC 控制系统中，大量的开关动作由无触点的半导体电路完成，因此故障大大减少。

此外，PLC 的硬件和软件方面采取了措施，提高其可靠性。在硬件方面，所有的 I/O 接口都采用了光电隔离，使得外部电路与 PLC 内部电路实现了物理隔离。各模块都采用了屏蔽措施，以防止辐射干扰。电路中采用了滤波技术，以防止或抑制高频干扰。在软件方面，PLC 具有良好的自诊断功能，一旦系统的软硬件发生异常情况，CPU 会立即采取有效措施，以防止故障扩大。通常 PLC 具有看门狗功能。

对于大型的 PLC 系统，还可以采用双 CPU 构成冗余系统或者三 CPU 构成表决系统，使系统的可靠性进一步提高。

（2）程序简单易学，系统的设计调试周期短

PLC 是面向用户的设备，PLC 的生产厂家充分考虑到现场技术人员的技能和习惯，可采用梯形图或面向工业控制的简单指令形式。梯形图与继电器原理图很相似，直观、易懂、易掌握，不需要学习专门的计算机知识和语言。设计人员可以在设计室设计、修改和模拟调试程序，非常方便。

（3）安装简单，维修方便

PLC 不需要专门的机房，可以在各种工业环境下直接运行，使用时只需将现场的各种设备与 PLC 相应的 I/O 端相连接，即可投入运行。各种模块上均有运行和故障指示装置，便于用户了解运行情况和查找故障。

（4）采用模块化结构，体积小，重量轻

为了适应工业控制需求，除了整体式 PLC 外，绝大多数 PLC 采用模块化结构。PLC 的

各部件，包括 CPU、电源、I/O 等都采用模块化设计。此外，PLC 相对于通用工控机，其体积和重量要小得多。

(5) 丰富的 I/O 接口模块，扩展能力强

PLC 针对不同的工业现场信号（如交流或直流、开关量或模拟量、电压或电流、脉冲或电位、强电或弱电等）有相应的 I/O 模块与工业现场的器件或设备（如按钮、行程开关、接近开关、传感器及变送器、电磁线圈、控制阀等）直接连接。另外，为了提高操作性能，它还有多种人 - 机对话的接口模块；为了组成工业局部网络，它还有多种通信联网的接口模块；等等。

1.1.3 PLC 的应用范围

目前，PLC 在国内外已广泛应用于各行各业。随着 PLC 性能价格比的不断提高，其应用范围还将不断扩大，其应用场合也将不断增多，具体应用大致可归纳为如下几类。

(1) 顺序控制

这是 PLC 最基本、最广泛应用的领域，它取代传统的继电器顺序控制，用于单机控制、多机群控制、自动化生产线的控制。例如数控机床、注塑机、印刷机械、电梯控制和纺织机械等。

(2) 计数和定时控制

PLC 为用户提供了足够的定时器和计数器，并设置相关的定时和计数指令，PLC 的计数器和定时器精度高、使用方便，可以取代继电器系统中的时间继电器和计数器。

(3) 位置控制

大多数的 PLC 制造商，目前都提供拖动步进电动机或伺服电动机的单轴或多轴位置控制模块，这一功能可广泛用于各种机械，如金属切削机床、装配机械等。

(4) 模拟量处理

PLC 通过模拟量的输入/输出模块，实现模拟量与数字量的转换，并对模拟量进行控制，有的还具有 PID 控制功能。例如用于锅炉的水位、压力和温度控制。

(5) 数据处理

现代的 PLC 具有数学运算、数据传递、数据转换、排序和查表等功能，也能完成数据的采集、分析和处理。

(6) 通信联网

PLC 的通信包括 PLC 相互之间、PLC 与上位计算机、PLC 和其他智能设备之间的通信。PLC 系统与通用计算机可以直接或通过通信处理单元、通信转接器相连构成网络，以实现信息的交换，并可构成"集中管理、分散控制"的分布式控制系统，满足工厂自动化系统的需要。

1.1.4 PLC 的分类与性能指标

(1) PLC 的分类

① 从组成结构形式分类　可以将 PLC 分为两类：一类是整体式 PLC（也称单元式），其

特点是电源、中央处理单元、I/O 接口都集成在一个机壳内；另一类是标准模板式结构化的 PLC（也称组合式），其特点是电源模板、中央处理单元模板、I/O 模板等在结构上是相互独立的，可根据具体的应用要求，选择合适的模块，安装在固定的机架或导轨上，构成一个完整的 PLC 应用系统。

② 按 I/O 点容量分类

a. 小型 PLC。小型 PLC 的 I/O 点数一般在 128 点以下。

b. 中型 PLC。中型 PLC 采用模块化结构，其 I/O 点数一般在 256 ～ 1024 点之间。

c. 大型 PLC。一般 I/O 点数在 1024 点以上的称为大型 PLC。

（2）PLC 的性能指标

各厂家的 PLC 虽然各有特色，但其主要性能指标是相同的。

① 输入 / 输出（I/O）点数　输入 / 输出（I/O）点数是最重要的一项技术指标，是指 PLC 的面板上连接外部输入、输出端子数，常称为"点数"，用输入与输出点数的和表示。点数越多，表示 PLC 可接入的输入器件和输出器件越多，控制规模越大。点数是 PLC 选型时重要的指标之一。

② 扫描速度　扫描速度是指 PLC 执行程序的速度。以 ms/K 为单位，即执行 1K 步指令所需的时间。1 步占 1 个地址单元。

③ 存储容量　存储容量通常用 K 字（KW）或 K 字节（KB）、K 位来表示。这里 1K=1024。有的 PLC 用"步"来衡量，一步占用一个地址单元。存储容量表示 PLC 能存放多少用户程序。例如，三菱型号为 FX2N-48MR 的 PLC 存储容量为 8000 步。有的 PLC 的存储容量可以根据需要配置，有的 PLC 的存储器可以扩展。

④ 指令系统　指令系统表示该 PLC 软件功能的强弱。指令越多，编程功能就越强。

⑤ 内部寄存器（继电器）　PLC 内部有许多寄存器用来存放变量、中间结果、数据等，还有许多辅助寄存器可供用户使用。因此寄存器的配置也是衡量 PLC 功能的一项指标。

⑥ 扩展能力　扩展能力是反映 PLC 性能的重要指标之一。PLC 除了主控模块外，还可配置实现各种特殊功能的高功能模块。例如 A/D 模块、D/A 模块、高速计数模块、远程通信模块等。

1.1.5　PLC 与继电器系统的比较

在 PLC 出现以前，继电器硬接线电路是逻辑、顺序控制的唯一执行者，它结构简单、价格低廉，一直被广泛应用。PLC 出现后，几乎所有的方面都超过继电器控制系统，两者的性能比较见表 1-1。

表 1-1　可编程控制器与继电器控制系统的比较

序号	比较项目	继电器控制	可编程控制器控制
1	控制逻辑	硬接线多、体积大、连线多	软逻辑、体积小、接线少、控制灵活
2	控制速度	通过触点开关实现控制，动作受继电器硬件限制，通常超过 10ms	由半导体电路实现控制，指令执行时间短，一般为微秒级

续表

序号	比较项目	继电器控制	可编程控制器控制
3	定时控制	由时间继电器控制，精度差	由集成电路的定时器完成，精度高
4	设计与施工	设计、施工、调试必须按照顺序进行，周期长	系统设计完成后，施工与程序设计同时进行，周期短
5	可靠性与维护	继电器的触点寿命短，可靠性和维护性差	无触点，寿命长，可靠性高，有自诊断功能
6	价格	价格低	价格高

1.1.6　PLC 与微机的比较

采用微电子技术制造的可编程控制器与微机一样，也由 CPU、ROM（或者 FLASH）、RAM、I/O 接口等组成，但又不同于一般的微机，可编程控制器采用了特殊的抗干扰技术，是一种特殊的工业控制计算机，更加适合工业控制。两者的性能比较见表 1-2。

表 1-2　PLC 与微机的比较

序号	比较项目	可编程控制器控制	微机控制
1	应用范围	工业控制	科学计算、数据处理、计算机通信
2	使用环境	工业现场	具有一定温度和湿度的机房
3	输入 / 输出	控制强电设备，需要隔离	与主机弱电联系，不隔离
4	程序设计	一般使用梯形图语言，易学易用	编程语言丰富，如 C、BASIC 语言等
5	系统功能	自诊断、监控	使用操作系统
6	工作方式	循环扫描方式和中断方式	中断方式

1.1.7　PLC 的发展趋势

① 向高性能、高速度、大容量发展。

② 网络化。强化通信能力和网络化，向下将多个可编程控制器或者多个 I/O 框架相连；向上与工业计算机、以太网等相连，构成整个工厂的自动化控制系统。即便是微型的西门子 S7-200 系列 PLC 也能组成多种网络，通信功能十分强大。

③ 小型化、低成本、简单易用。目前，有的小型 PLC 的价格只有几百元人民币。

④ 不断提高编程软件的功能。编程软件可以对 PLC 控制系统的硬件组态，在屏幕上可以直接生成和编辑梯形图、指令表、功能块图和顺序功能图程序，并可以实现不同编程语言的相互转换。程序可以下载、存盘和打印，通过网络或电话线，还可以实现远程编程。

⑤ 适合 PLC 应用的新模块。随着科技的发展，对工业控制领域将提出更高的、更特殊的要求。因此，必须开发特殊功能模块来满足这些要求。

⑥ PLC 的软件化与 PC 化。目前已有多家厂商推出了在 PC 上运行的可实现 PLC 功能的

软件包，也称为"软 PLC"。"软 PLC"的性能价格比比传统的"硬 PLC"更高，是 PLC 的一个发展方向。

PC 化的 PLC 类似于 PLC，但它采用了 PC 的 CPU，功能十分强大，如 GE 的 RX7i 和 RX3i 使用的就是工控机用的赛扬 CPU，主频已经达到 1GHz。

1.1.8　PLC 在我国的应用情况

（1）国外 PLC 品牌

目前 PLC 在我国得到了广泛的应用，很多知名厂家的 PLC 在我国都有应用。

① 美国是 PLC 生产大国，有 100 多家 PLC 生产厂家。其中 A-B 公司的 PLC 产品规格比较齐全，主推大中型 PLC，主要产品系列是 PLC-5。通用电气也是知名 PLC 生产厂商，大中型 PLC 产品系列有 RX3i 和 RX7i 等。德州仪器也生产大、中、小全系列 PLC 产品。

② 欧洲的 PLC 产品也久负盛名。德国的西门子公司、AEG 公司和法国的施耐德（TE）公司都是欧洲著名的 PLC 制造商。

③ 日本的小型 PLC 具有一定的特色，性价比较高，比较有名的品牌有三菱、欧姆龙、松下、富士、日立和东芝等。在小型机市场，日系 PLC 的市场份额曾经高达 70%。

（2）国产 PLC 品牌

我国自主品牌的 PLC 生产厂家有 30 余家。例如和利时、深圳汇川和无锡信捷等公司生产的微型 PLC 已经比较成熟，其可靠性在许多应用中得到了验证，逐渐被用户认可，但其技术水平与世界先进水平还有一定的差距。

总的来说，我国使用的小型 PLC 主要以日本和国产的品牌为主，而大中型 PLC 主要以欧美的品牌为主。

1.2　PLC 的结构和工作原理

1.2.1　PLC 的硬件组成

PLC 种类繁多，但其基本结构和工作原理相同。PLC 的功能结构区由 CPU（中央处理器）、存储器和输入模块 / 输出模块三部分组成，如图 1-1 所示。

（1）CPU（中央处理器）

CPU 的功能是完成 PLC 内所有的控制和监视操作。中央处理器一般由控制器、运算器和寄存器组成。CPU 通过数据总线、地址总线和控制总线与存储器、输入 / 输出接口电路连接。

（2）存储器

在 PLC 中使用两种类型的存储器：一种是只读类型的存储器，如 EPROM 和 EEPROM，另一种是可读 / 写的随机存储器 RAM。PLC 的存储器分为 5 个区域，如图 1-2 所示。

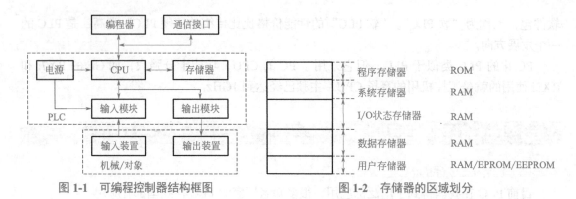

图 1-1　可编程控制器结构框图　　　　　图 1-2　存储器的区域划分

　　程序存储器的类型是只读存储器（ROM），PLC 的操作系统存放在这里，程序由制造商固化，通常不能修改。存储器中的程序负责解释和编译用户编写的程序、监控 I/O 口的状态、对 PLC 进行自诊断、扫描 PLC 中的程序等。系统存储器属于随机存储器（RAM），主要用于存储中间计算结果和数据、系统管理，有的 PLC 厂家用系统存储器存储一些系统信息，如错误代码等，系统存储器不对用户开放。I/O 状态存储器属于随机存储器，用于存储 I/O 装置的状态信息，每个输入模块和输出模块都在 I/O 映像表中分配一个地址，而且这个地址是唯一的。数据存储器属于随机存储器，主要用于数据处理功能，为计数器、定时器、算术计算和过程参数提供数据存储。有的厂家将数据存储器细分为固定数据存储器和可变数据存储器。用户存储器，其类型可以是随机存储器、可擦除存储器（EPROM）和电擦除存储器（EEPROM），高档的 PLC 还可以用 FLASH。用户存储器主要用于存放用户编写的程序。存储器的关系如图 1-3 所示。

　　只读存储器可以用来存放系统程序，PLC 断电后再上电，系统内容不变且重新执行。只读存储器也可用来固化用户程序和一些重要参数，以免因偶然操作失误而造成程序和数据的破坏或丢失。随机存储器中一般存放用户程序和系统参数。当 PLC 处于编程工作时，CPU 从 RAM 中取指令并执行。用户程序执行过程中产生的中间结果也在 RAM 中暂时存放。RAM 通常由 CMOS 型集成电路组成，功耗小，但断电时内容消失，所以一般使用大电容或后备锂电池保证掉电后 PLC 的内容在一定时间内不丢失。

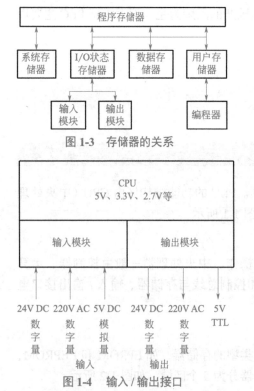

图 1-3　存储器的关系

图 1-4　输入 / 输出接口

　　（3）输入 / 输出接口

　　PLC 的输入和输出信号可以是开关量或模拟量。输入 / 输出接口是 PLC 内部弱电（low power）信号和工业现场强电（high power）信号联系的桥梁。输入 / 输出接口主要有两个作用：一是利用内部的电隔离电路将工业现场和 PLC 内部进行隔离，起保护作用；二是调理信号，可以把不同的信号（如强电、弱电信号）调理成 CPU 可以处理的信号（5V、3.3V 或 2.7V 等），如图 1-4 所示。

输入 / 输出接口模块是 PLC 系统中最大的部分，输入 / 输出接口模块通常需要电源，输入电路的电源可以由外部提供，对于模块化的 PLC 还需要背板（安装机架）。

① 输入接口电路

a. 输入接口电路的组成和作用。输入接口电路由接线端子、信号调理和转换电路、状态显示电路、电隔离电路和多路选择开关模块组成，如图 1-5 所示。现场的信号必须连接在输入端子才可能将信号输入到 CPU 中，它提供了外部信号输入的物理接口；信号调理和转换电路十分重要，可以将工业现场的信号（如强电 220V AC 信号）转化成电信号（CPU 可以识别的弱电信号）；电隔离电路主要利用电隔离器件将工业现场的机械或者电输入信号和PLC 的 CPU 的信号隔开，它能确保过高的电干扰信号和浪涌不串入 PLC 的微处理器，起保护作用，有三种隔离方式，用得最多的是光电隔离，其次是变压器隔离和干簧继电器隔离。当外部有信号输入时，输入模块上有指示灯显示，这个电路比较简单，当线路中有故障时，它帮助用户查找故障，由于氖灯或 LED 灯的寿命比较长，所以这个灯通常是氖灯或 LED 灯。多路选择开关接收调理完成的输入信号，并存储在多路开关模块中，当输入循环扫描时，多路开关模块中信号输送到 I/O 状态寄存器中。

图 1-5 输入接口的结构

b. 输入信号的设备种类。输入信号可以是离散信号和模拟信号。当输入端是离散信号时，输入端的设备类型可以是限位开关、按钮、压力继电器、继电器触点、接近开关、选择开关、光电开关等，如图 1-6 所示。当输入为模拟量输入时，输入设备的类型可以是压力传感器、温度传感器、流量传感器、电压传感器、电流传感器、力传感器等。

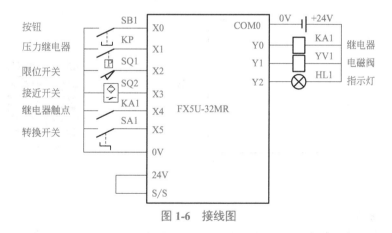

图 1-6 接线图

② 输出接口电路

a. 输出接口电路的组成和作用。输出接口电路由多路选择开关模块、信号锁存器、电隔离电路、状态显示电路、输出电平转换电路和接线端子组成，如图 1-7 所示。在输出扫描期间，多路选择开关模块接收来自映像表中的输出信号，并对这个信号的状态和目标地址进行译码，最后将信息送给锁存器。信号锁存器是将多路选择开关模块的信号保存起来，直到下一次更新。输出接口的电隔离电路作用和输入模块的一样，但是由于输出模块输出的信号比输入信号要强得多，因此要求隔离电磁干扰和浪涌的能力更高。输出电平转换电路将隔离电路送来的信号放大成足够驱动现场设备的信号，放大器可以是双向晶闸管、三极管和干簧继电器等。输出的接线端子用于将输出模块与现场设备相连接。

图 1-7 输出接口的结构

　　PLC 有三种输出接口形式：继电器输出、晶体管输出和晶闸管输出形式。继电器输出形式的 PLC 的负载电源可以是直流电源或交流电源，但其输出频率较慢。晶体管输出的 PLC 负载电源是直流电源，其输出频率较快。晶闸管输出形式的 PLC 的负载电源是交流电源。选型时要特别注意 PLC 的输出形式。

　　b. 输出信号的设备种类。输出信号可以是离散信号和模拟信号。当输出端是离散信号时，输出端的设备类型可以是电磁阀的线圈、电动机启动器、控制柜的指示器、指示灯、继电器线圈、报警器和蜂鸣器等，部分器件接线如图 1-6 所示。当输出为模拟量输出时，输出设备的类型可以是流量阀、AC 驱动器（如交流伺服驱动器）、DC 驱动器、模拟量仪表、温度控制器和流量控制器等。

 【例 1-1】

　　某学生按图 1-8 所示接线，学生发现压下 SB1、SB2 和 SB3 按钮之后，输入端的指示灯没有显示，PLC 中没有程序，但灯 HL1 常亮，接线没有错误，+24V 电源也正常。学生的分析是输入和输出接口烧毁，请问学生的分析是否正确？

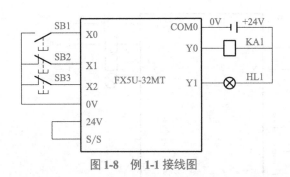

接线分析例题

图 1-8 例 1-1 接线图

　　【解】 分析如下。

　　① 一般输入接口不会烧毁，因为输入接口电路有光电隔离电路保护，除非有较大电压（如交流 220V）的误接入，而且烧毁输入接口一般也不会把所有的接口同时烧毁。经过检查，发现接线端子"0V"是"虚接"，压紧此接线端子后，输入端恢复正常。

　　② 误接线容易造成晶体管输出回路的器件烧毁，晶体管的击穿会造成回路导通，从而造成 HL1 灯常亮。

关键点

本书中所有的 PNP 输入和 NPN 输入，都是以传感器为对象，有的资料以 PLC 为对象，则变成 NPN 输入和 PNP 输入，请读者注意。

1.2.2 PLC 的工作原理

PLC 是一种存储程序的控制器。用户根据某一对象的具体控制要求，编制好控制程序后，用编程器将程序输入到 PLC（或用计算机下载到 PLC）的用户程序存储器中寄存。PLC 的控制功能就是通过运行用户程序来实现的。

PLC 运行程序的方式与微型计算机相比有较大的不同，微型计算机运行程序时，一旦执行到 END 指令，程序运行结束。而 PLC 从 0 号存储地址所存放的第一条用户程序开始，在无中断或跳转的情况下，按存储地址号递增的方向逐条执行用户程序，直到 END 指令结束。然后再从头开始执行，并周而复始地重复，直到停机或从运行（RUN）切换到停止（STOP）工作状态。把 PLC 这种执行程序的方式称为扫描工作方式。每扫描完一次程序就构成一个扫描周期。另外，PLC 对输入、输出信号的处理与微型计算机不同。微型计算机对输入、输出信号实时处理，而 PLC 对输入、输出信号是集中批处理。下面具体介绍 PLC 的扫描工作过程。其运行和信号处理示意如图 1-9 所示。

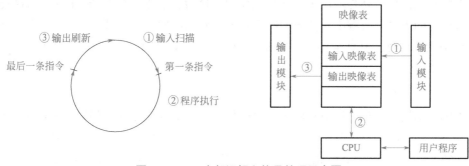

图 1-9　PLC 内部运行和信号处理示意图

PLC 扫描工作方式主要分为三个阶段：输入扫描、程序执行、输出刷新。

（1）输入扫描

PLC 在开始执行程序之前，首先扫描输入端子，按顺序将所有输入信号，读入到寄存器 - 输入状态的输入映像寄存器中，这个过程称为输入扫描。PLC 在运行程序时，所需的输入信号不是现时取输入端子上的信息，而是取输入映像寄存器中的信息。在本工作周期内这个采样结果的内容不会改变，只有到下一个扫描周期输入扫描阶段才被刷新。PLC 的扫描速度很快，取决于 CPU 的时钟速度。

（2）程序执行

PLC 完成了输入扫描工作后，按顺序从 0 号地址开始的程序进行逐条扫描执行，并分别从输入映像寄存器、输出映像寄存器以及辅助继电器中获得所需的数据进行运算处理。再将程序执行的结果写入输出映像寄存器中保存。但这个结果在全部程序未被执行完毕之前不会送到输出端子上，也就是物理输出是不会改变的。扫描时间取决于程序的长度、复杂程度和CPU 的功能。

（3）输出刷新

在执行到 END 指令，即执行完用户所有程序后，PLC 上将输出映像寄存器中的内容送到输出锁存器中进行输出，驱动用户设备。扫描时间取决于输出模块的数量。

从以上的介绍可以知道，PLC 程序扫描特性决定了 PLC 的输入和输出状态并不能在扫描的同时改变，例如一个按钮开关的输入信号的输入刚好在输入扫描之后，那么这个信号只有在下一个扫描周期才能被读入。

上述三个步骤是 PLC 的软件处理过程，可以认为就是程序扫描时间。扫描时间通常由三个因素决定：一是 CPU 的时钟速度，越高档的 CPU，时钟速度越高，扫描时间越短；二是 I/O 模块的数量，模块数量越少，扫描时间越短；三是程序的长度，程序长度越短，扫描时间越短。一般的 PLC 执行容量为 1K 的程序需要的扫描时间是 1 ～ 10ms。

1.2.3　PLC 的立即输入、输出功能

比较高档的 PLC 都有立即输入、输出功能。

（1）立即输出功能

所谓立即输出功能就是输出模块在处理用户程序时，能立即被刷新。PLC 临时挂起（中断）正常运行的程序，将输出映像表中的信息输送到输出模块，立即进行输出刷新，然后再回到程序中继续运行。立即输出的示意图如图 1-10 所示。注意，立即输出功能并不能立即刷新所有的输出模块。

（2）立即输入功能

立即输入适用于要求对反应速度很严格的场合，例如几毫秒的时间对于控制来说十分关键。立即输入时，PLC 立即挂起正在执行的程序，扫描输入模块，然后更新特定的输入状态到输入映像表，最后继续执行剩余的程序，立即输入的示意图如图 1-11 所示。

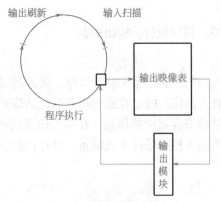

图 1-10　立即输出过程

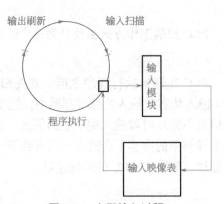

图 1-11　立即输入过程

1.3　PLC 外围常用低压电器

1.3.1　PLC 输入端常用低压电器

1.3.1.1　按钮

控制按钮
的应用

按钮又称控制按钮（push-button），是具有用人体某一部分（通常为手指或手掌）施加力而操作的操动器，并具有储能（弹簧）复位的控制开关。它是一种短时间接通或者断开小电流电路的手动控制器。

（1）按钮的功能

按钮是一种结构简单、应用广泛的手动主令电器，一般用于发出启动或停止指令，它可以与接触器或继电器配合，对电动机等实现远距离的自动控制，用于实现控制线路的电气联锁。按钮的图形及文字符号如图 1-12 所示。

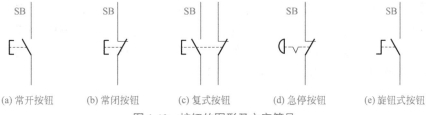

图 1-12　按钮的图形及文字符号

在电气控制线路中，常开按钮常用来启动电动机，也称启动按钮；常闭按钮常用于控制电动机停车，也称停车按钮；复合按钮用于联锁控制电路中。

（2）按钮的结构和工作原理

如图 1-13 所示，控制按钮由按钮帽、复位弹簧、桥式触点、外壳等组成，通常做成复合式，即具有常闭触点和常开触点，原来就接通的触点称为常闭触点（也称为动断触点），原来就断开的触点称为常开触点（也称为动合触点）。当按下按钮时，先断开常闭触点，后接通常开触点；当按钮释放后，在复位弹簧的作用下，按钮触点自动复位的先后顺序相反。通常，在无特殊说明的情况下，有触点电器的触点动作顺序均为"先断后合"。按钮的外形如图 1-14 所示。

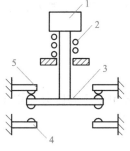

图 1-13　按钮原理图

图 1-14　按钮

1—按钮帽；2—复位弹簧；3—动触点；
4—常开触点的静触点；5—常闭触点的静触点

(3) 按钮的选用

选择按钮的主要依据是使用场所、所需要的触点数量、种类及颜色。控制按钮在结构上有按钮式、紧急式、钥匙式、旋钮式和保护式 5 种。急停按钮装有蘑菇形的钮帽，便于紧急操作；旋钮式按钮常用于"手动 / 自动模式"转换；指示灯按钮则将按钮和指示灯组合在一起，用于同时需要按钮和指示灯的情况，可节约安装空间；钥匙式按钮用于重要的不常动作的场合。若将按钮的触点封闭于防爆装置中，还可构成防爆型按钮，适用于有爆炸危险、有轻微腐蚀性气体或有蒸汽的环境，以及雨、雪和滴水的场合。因此，在矿山及化工部门广泛使用防爆型控制按钮。

急停和应急断开操作件应使用红色。启动 / 接通操作件颜色应为白、灰或黑色，优先用白色，也允许用绿色，但不允许用红色。停止 / 断开操作件应使用黑、灰或白色，优先用黑色，不允许用绿色，也允许选用红色，但若靠近紧急操作器件建议不使用红色。作为启动 / 接通与停止 / 断开交替操作的按钮操作件的首选颜色为白、灰或黑色，不允许使用红、黄或绿色。对于按动它们即引起运转而松开它们则停止运转（如保持 - 运转）的按钮操作件，其首选颜色为白、灰或黑色，不允许用红、黄或绿色。复位按钮应为蓝、白、灰或黑色。如果它们还用作停止 / 断开按钮，最好使用白、灰或黑色，优先选用黑色，但不允许用绿色。

由于用颜色区分按钮的功能致使控制柜上的按钮颜色过于繁复，因此近年来又流行趋于不用颜色区分按钮的功能，而是直接在按钮下用标牌标注按钮的功能，不过"急停"按钮必须选用红色。按钮的颜色代码及其含义见表 1-3。

表 1-3 按钮的颜色代码及其含义

颜色	含义	说明	应用示例
红	紧急	危险或紧急情况时操作	急停
黄	异常	异常情况时操作	干预制止异常情况，干预重新启动中断了的自动循环
绿	正常	启动正常情况时操作	
蓝	强制性	要求强制动作的情况下操作	复位
白			启动 / 接通（优先），停止 / 断开
灰	未赋予含义	除急停以外的一般功能的启动	启动 / 接通，停止 / 断开
黑			启动 / 接通，停止 / 断开（优先）

按钮的尺寸系列有 ϕ12mm、ϕ16mm、ϕ22mm、ϕ25mm 和 ϕ30mm 等，其中 ϕ22mm 尺寸较常用。

(4) 应用注意事项

① 注意按钮颜色的含义。

② 在接线时，注意分辨常开触点和常闭触点。常开触点和常闭触点的区分可以采用肉眼观看方法，若不能确定，可用万用表欧姆挡测量。

1.3.1.2 行程开关

在生产机械中，常需要控制某些运动部件的行程，或运动一定的行程停止，或者在一定的行程内自动往复返回，这种控制机械行程的方式称为"行程控制"。

行程开关又称限位开关，用以反映工作机械的行程，发出命令以控制其运动方向或行程大小的开关。它是实现行程控制的小电流（5A 以下）的主令电器。常见的行程开关有 LX1、LX2、LX3、LX4、LX5、LX6、LX7、LX8、LX10、LX19、LX25、LX44 等系列产品，行程开关外形如图 1-15 所示。LXK3 系列行程开关的主要技术参数见表 1-4。微动式行程开关的结构和原理与行程开关类似，其特点是体积小，其外形如图 1-16 所示。行程开关的图形及文字符号如图 1-17 所示，行程开关型号的含义如图 1-18 所示。

表 1-4　LXK3 系列行程开关的主要技术参数

型号	额定电压 /V		额定控制功率 /W		约定发热电流 /A	触点对数		额定操作频率 /（次 /h）
	交流	直流	交流	直流		常开	常闭	
LXK3-11K	380	220	300	60	5	1	1	300
LXK3-11H	380	220	300	60	5	1	1	300

图 1-15　行程开关

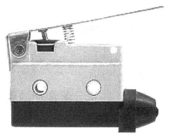

图 1-16　微动式行程开关

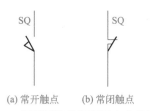

(a) 常开触点　(b) 常闭触点

图 1-17　行程开关的图形及文字符号

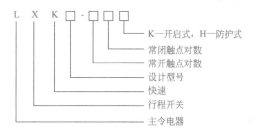

图 1-18　行程开关型号的含义

(1) 行程开关的功能

行程开关用于控制机械设备的运动部件行程及限位保护。在实际生产中，将行程开关安装在预先安排的位置，当安装在生产机械运动部件上的挡块撞击行程开关时，行程开关的触点动作，实现电路的切换。因此，行程开关是一种根据运动部件的行程位置而切换电路的电器，它的作用原理与按钮类似。行程开关广泛用于各类机床和起重机械，用以控制其行程，进行终端限位保护。在电梯的控制电路中，还利用行程开关来控制开关轿门的速度、自动开关门的限位和轿厢的上、下限位保护。

（2）行程开关的结构和工作原理

行程开关按其结构可分为直动式、滚轮式、微动式和组合式。

直动式行程开关的动作原理与按钮开关相同，但其触点的分合速度取决于生产机械的运行速度，不宜用于速度低于 0.4m/min 的场所。当行程开关没有受压时，如图 1-19（a）所示，常闭触点的接线端子 2 和共接线端子 1 之间接通，而常开触点的接线端子 4 和共接线端子 1 之间处于断开状态；当行程开关受压时，如图 1-19（b）所示，在拉杆和弹簧的作用下，常闭触点分断，接线端子 2 和共接线端子 1 之间断开，而常开触点接通，接线端子 4 和共接线端子 1 接通。行程开关的结构和外形多种多样，但工作原理基本相同。

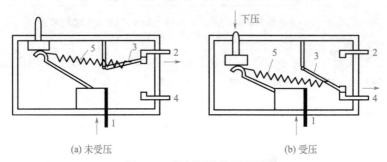

图 1-19　行程开关的原理图
1—共接线端子；2—常闭触点的接线端子；3—拉杆；4—常开触点的接线端子；5—弹簧

（3）应用注意事项

在接线时，注意分辨常开触点和常闭触点。

【例 1-2】

CA6140A 车床上有一个皮带罩，当皮带罩取下时，车床的控制系统断电，起保护作用，请选择一个行程开关。

　【解】　可供选择的行程开关很多，由于起限位作用，通常只需要一对常闭触点，因此选择 LXK3-11K 行程开关。

1.3.1.3　接近开关

接近开关和 PLC 并无本质联系，但后续章节经常用到，所以以下将对接近开关进行介绍。熟悉的读者可以跳过。

接近式位置开关是与（机器的）运动部件无机械接触而能操作的位置开关。当运动的物体靠近开关到一定位置时，开关发出信号，达到行程控制及计数自动控制。也就是说，它是一种非接触式无触点的位置开关，是一种开关型的传感器，简称接近开关，又称接近传感器。接近式开关有行程开关、微动开关的特性，又有传感性能，而且动作可靠、性能稳定、频率响应快、使用寿命长、抗干扰能力强等。它由感应头、高频振荡器、放大器和外壳组成。常见的接近开关有 LJ、CJ 和 SJ 等系列产品。接近开关的外形如图 1-20 所示，其图形符号如图 1-21（a）所示，图 1-21（b）所示为接近开关文字符号，表明接近开关为电容式接近开关，在画图时更加适用。

图 1-20 接近开关

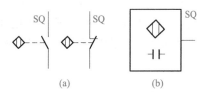

图 1-21 接近开关的图形及文字符号

（1）接近开关的功能

当运动部件与接近开关的感应头接近时，就使其输出一个电信号。接近开关在电路中的作用与行程开关相同，都是位置开关，起限位作用，但两者是有区别的：行程开关有触点，是接触式的位置开关；而接近开关是无触点的，是非接触式的位置开关。

（2）接近开关的分类和工作原理

按照工作原理区分，接近开关分为电感式、电容式、光电式和磁感式等形式。另外，根据应用电路电流的类型分为交流型和直流型。

① 电感式接近开关的感应头是一个具有铁氧体磁芯的电感线圈，只能用于检测金属体，在工业中应用非常广泛。振荡器在感应头表面产生一个交变磁场，当金属快接近感应头时，金属中产生的涡流吸收了振荡的能量，使振荡减弱以至停振，因而产生振荡和停振两种信号，经整形放大器转换成二进制的开关信号，从而起到"开""关"的控制作用。通常把接近开关刚好动作时感应头与检测物体之间的距离称为动作距离。

② 电容式接近开关的感应头是一个圆形平板电极，与振荡电路的地线形成一个分布电容，当有导体或其他介质接近感应头时，电容量增大而使振荡器停振，经整形放大器输出电信号。电容式接近开关既能检测金属，又能检测非金属及液体。电容式传感器体积较大，而且价格要贵一些。

③ 磁感式接近开关主要指霍尔接近开关，霍尔接近开关的工作原理是霍尔效应，当带磁性的物体靠近霍尔开关时，霍尔接近开关的状态翻转（如由"ON"变为"OFF"）。有的资料上将干簧继电器也归类为磁性接近开关。

④ 光电式传感器是根据投光器发出的光，在检测体上发生光量增减，用光电变换元件组成的受光器检测物体有无、大小的非接触式控制器件。光电式传感器的种类很多，按照其输出信号的形式，可以分为模拟式、数字式、开关量输出式。

利用光电效应制成的传感器称为光电式传感器。光电式传感器的种类很多，其中，输出形式为开关量的传感器为光电式接近开关。

光电式接近开关主要由光发射器和光接收器组成。光发射器用于发射红外光或可见光。光接收器用于接收发射器发射的光，并将光信号转换成电信号，以开关量形式输出。

按照接收器接收光的方式不同，光电式接近开关可以分为对射式、反射式和漫射式三种。光发射器和光接收器有一体式和分体式两种形式。

此外，还有特殊种类的接近开关，如光纤接近开关和气动接近开关。特别是光纤接近开关在工业上使用越来越多，它非常适合在狭小的空间、恶劣的工作环境（高温、潮湿和干扰大）、易爆环境、精度要求高等条件下使用。光纤接近开关的问题是价格相对较高。

（3）接近开关的选型

常用的电感式接近开关型号有 LJ 系列产品，电容式接近开关型号有 CJ 系列产品，磁感式接近开关有 HJ 系列产品，光电型接近开关有 OJ 系列。当然，还有很多厂家都有自己的产品系列，一般接近开关型号的含义如图 1-22 所示。接近开关的选择要遵循以下原则。

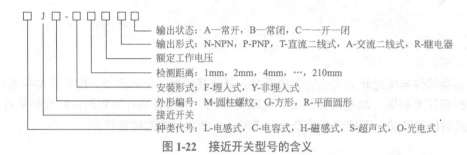

图 1-22　接近开关型号的含义

① 接近开关类型的选择。检测金属时优先选用感应式接近开关，检测非金属时选用电容式接近开关，检测磁信号时选用磁感式接近开关。

② 外观的选择。根据实际情况选用，但圆柱螺纹形状的最为常见。

③ 检测距离的选择。根据需要选用，但注意同一接近开关检测距离并非恒定，接近开关的检测距离与被检测物体的材料、尺寸以及物体的移动方向有关。表 1-5 列出了目标物体材料对于检测距离的影响。不难发现，感应式接近开关对于有色金属的检测明显不如检测钢和铸铁。常用的金属材料不影响电容式接近开关的检测距离。

表 1-5　目标物体材料对检测距离的影响

序号	目标物体材料	影响系数	
		感应式	电容式
1	碳素钢	1	1
2	铸铁	1.1	1
3	铝箔	0.9	1
4	不锈钢	0.7	1
5	黄铜	0.4	1
6	铝	0.35	1
7	紫铜	0.3	1
8	水	0	0.9
9	PVC（聚氯乙烯）	0	0.5
10	玻璃	0	0.5

目标的尺寸同样对检测距离有影响。满足以下一个条件时，检测距离不受影响。

a. 当检测距离的 3 倍大于接近开关感应头的直径，而且目标物体的尺寸大于或等于 3 倍

的检测距离 ×3 倍的检测距离（长 × 宽）。

b. 当检测距离的 3 倍小于接近开关感应头的直径，而且目标物体的尺寸大于或等于检测距离 × 检测距离（长 × 宽）。

如果目标物体的面积达不到推荐数值时，接近开关的有效检测距离将按照表 1-6 推荐的数值减少。

表 1-6　目标物体的面积对检测距离的影响

占推荐目标面积的比例	影响系数	占推荐目标面积的比例	影响系数
75%	0.95	25%	0.85
50%	0.90		

④ 信号的输出选择。交流接近开关输出交流信号，而直流接近开关输出直流信号。注意，负载的电流一定要小于接近开关的输出电流，否则应添加转换电路解决。接近开关的信号输出能力见表 1-7。

表 1-7　接近开关的信号输出能力

接近开关种类	输出电流 /mA	接近开关种类	输出电流 /mA
直流二线式	50 ～ 100	直流三线式	150 ～ 200
交流二线式	200 ～ 350		

⑤ 触点数量的选择。接近开关有常开触点和常闭触点。可根据具体情况选用。

⑥ 开关频率的确定。开关频率是指接近开关每秒从"开"到"关"的转换次数。直流接近开关可达 200Hz；而交流接近开关要小一些，只能达到 25Hz。

⑦ 额定电压的选择。对于交流型的接近开关，优先选用 220V AC 和 36V AC，而对于直流型的接近开关，优先选用 12V DC 和 24V DC。

 【例 1-3】 _____

有人说：电感式接近开关，只能检测钢铁，不能检测其他材料。请问这句话对吗？

【解】　电感式接近开关，不但能检测钢铁，而且能检测其他金属，只是对铝和铜的检测灵敏度不如钢铁。

（4）应用接近开关的注意事项

① 单个 NPN 型和 PNP 型接近开关的接线。在直流电路中使用的接近开关有二线式（2 根导线）、三线式（3 根导线）和四线式（4 根导线）等多种，二线式、三线式、四线式接近开关都有 NPN 型和 PNP 型两种，通常日本和美国多使用 NPN 型接近开关，欧洲多使用 PNP 型接近开关，而我国则二者都有应用。NPN 型和 PNP 型接近开关的接线方法不同，正确使用接近开关的关键就是正确接线，这一点至

接近开关的接线

关重要。

接近开关的导线有多种颜色，一般地，BN 表示棕色的导线，BU 表示蓝色的导线，BK 表示黑色的导线，WH 表示白色的导线，GR 表示灰色的导线，根据国家标准，各颜色导线的作用按照表 1-8 定义。对于二线式 NPN 型接近开关，棕色线与负载相连，蓝色线与零电位点相连；对于二线式 PNP 型接近开关，棕色线与高电位相连，负载的一端与接近开关的蓝色线相连，而负载的另一端与零电位点相连。图 1-23 和图 1-24 所示分别为二线式 NPN 型接近开关接线图和二线式 PNP 型接近开关接线图。

表 1-8 接近开关的导线颜色定义

种类	功能	接线颜色	端子号
交流二线式和直流二线式（不分极性）	NO（接通）	不分正负极，颜色任选，但不能为黄色、绿色或者黄绿双色	3、4
	NC（分断）		1、2
直流二线式（分极性）	NO（接通）	正极棕色，负极蓝色	1、4
	NC（分断）	正极棕色，负极蓝色	1、2
直流三线式（分极性）	NO（接通）	正极棕色，负极蓝色，输出黑色	1、3、4
	NC（分断）	正极棕色，负极蓝色，输出黑色	1、3、2
直流四线式（分极性）	正极	棕色	1
	负极	蓝色	3
	NO 输出	黑色	4
	NC 输出	白色	2

表 1-8 中的 "NO" 表示常开、输出，而 "NC" 表示常闭、输出。

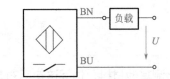

图 1-23 二线式 NPN 型接近开关接线图

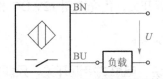

图 1-24 二线式 PNP 型接近开关接线图

对于三线式 NPN 型接近开关，棕色的导线与负载的一端，同时与电源正极相连；黑色的导线是信号线，与负载的另一端相连；蓝色的导线与电源负极相连。对于三线式 PNP 型接近开关，棕色的导线与电源正极相连；黑色的导线是信号线，与负载的一端相连；蓝色的导线与负载的另一端及电源负极相连，如图 1-25 和图 1-26 所示。

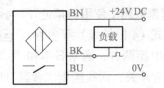

图 1-25 三线式 NPN 型接近开关接线图

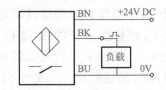

图 1-26 三线式 PNP 型接近开关接线图

四线式接近开关的接线方法与三线式接近开关类似，只不过四线式接近开关多了一对触点而已，其接线图如图 1-27 和图 1-28 所示。

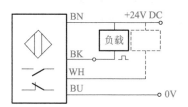

图 1-27　四线式 NPN 型接近开关接线图

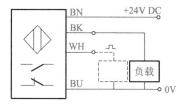

图 1-28　四线式 PNP 型接近开关接线图

② 单个 NPN 型和 PNP 型接近开关的接线常识。初学者经常不能正确区分 NPN 型和 PNP 型的接近开关，其实只要记住一点：PNP 型接近开关是正极开关，也就是信号从接近开关流向负载；而 NPN 型接近开关是负极开关，也就是信号从负载流向接近开关。

【例 1-4】

在图 1-29 中，有一只 NPN 型接近开关与指示灯相连，当一个铁块靠近接近开关时，回路中的电流会怎样变化？

图 1-29　接近开关与指示灯相连的示意图

【解】　指示灯就是负载，当铁块到达接近开关的感应区时，回路突然接通，指示灯由暗变亮，电流从很小变化到 100% 的幅度，电流曲线如图 1-30 所示（理想状况）。

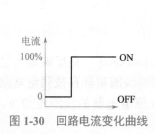

图 1-30　回路电流变化曲线

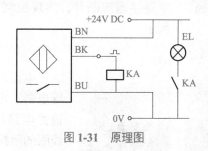

图 1-31　原理图

【例 1-5】

某设备用于检测 PVC 物块，当检测物块时，设备上的 24V DC 功率为 12W 的报警灯亮，请选用合适的接近开关，并画出原理图。

【解】　因为检测物体的材料是 PVC，所以不能选用感应式接近开关，但可选用电容式接近开关。报警灯的额定电流为：$I_N = \dfrac{P}{U} = \dfrac{12}{24} = 0.5A$，查表 1-7 可知，直流接近开关承受的最大电流为 0.2A，所以采用图 1-26 的方案不可行，信号必须进行转换，原理图如图 1-31 所示，当物块靠近接近开关时，黑色的信号线上产生高电平，其负载继电器 KA 的线圈得电，中间继电器 KA 的常开触点闭合，所以报警灯 EL 亮。

由于没有特殊规定，所以 PNP 或 NPN 型接近开关以及二线式或三线式接近开关都可以选用。本例选用三线式 PNP 型接近开关。

【例 1-6】

某学生做试验，使用的是检测距离是 20mm 的红外漫反射式接近开关，不能检测到 19mm 外的黑色轮胎，接线正确，此学生判断此接近开关已经损坏，请问对吗？

【解】　红外漫反射式接近开关的检测距离是 **20mm**，这是检测的最大距离，红外式接近开关检测黑色物体的距离比检测白色物体的距离要短很多，因此即使是检测距离是 **20mm**，完好的传感器，也不可能检测到 **19mm** 外的黑色物体，所以学生的结论不正确。

1.3.2　PLC 输出端常用低压电器

1.3.2.1　电磁继电器

电磁继电器的应用

电磁继电器（electromagnetic relay）是由电磁力产生预定响应的机电继电器。它的结构和工作原理与电磁接触器相似，也是由电磁机构、触点系统和释放电触点弹簧、触点压力弹簧、支架及底座等组成。电磁继电器根据外来信号（电流或者电压）使衔铁产生闭合动作，从而带动触点系统动作，使控制电路接通或断开，实现控制电路状态改变。电磁继电器的外形如图 1-32 所示。

图 1-32　电磁继电器

（1）电流继电器

电流继电器（current relay）是反映输入量为电流的继电器。电流继电器的线圈串联在被测量电路中，用来检测电路的电流。电流继电器的线圈匝数少，导线粗，线圈的阻抗小。

电流继电器有欠电流型和过电流型两类。欠电流继电器的吸引电流为线圈额定电流的 30% ～ 65%，释放电流为线圈额定电流的 10% ～ 20%。因此，在电路正常工作时，衔铁是吸合的。只有当电流低于某一整定值时，欠电流继电器才释放，输出信号。过电流继电器在电路正常工作时不动作，当电流超过某一整定值时才动作，整定范围通常为 1.1 ～ 1.3 倍的额定电流。

① 电流继电器的功能。欠电流继电器常用于直流电动机和电磁吸盘的失磁保护。而瞬动型过流继电器常用于电动机的短路保护，延时型继电器常用于过载兼短路保护。过流继电器分为手动复位和自动复位两种。

② 电流继电器的结构和工作原理。常见的电流继电器有 JL14、JL15、JL18 等系列产品。电流继电器电磁机构、原理与接触器相似，由于其触点通过控制电路的电流容量较小，所以无需加装灭弧装置，触点形式多为双断点桥式触点。

（2）电压继电器

电压继电器（voltage relay）是指反映输入量为电压的继电器。它的结构与电流继电器相似，不同的是，电压继电器的线圈是并联在被测量的电路两端，以监控电路电压的变化。电压继电器的线圈的匝数多，导线细，线圈的阻抗大。

电压继电器按照动作数值的不同，分为过电压、欠电压和零电压三种。过电压继电器在电压为额定电压的 110% ～ 115% 以上时动作，欠电压继电器在电压为额定电压的 40% ～ 70% 时动作，零电压继电器在电压为额定电压的 5% ～ 25% 时动作。过电压继电器在电路正常工作条件下（未出现过压），动铁芯不产生吸合动作，而欠电压继电器在电路正常工作条件下（未出现欠压），衔铁处于吸合状态。

常见的电压继电器有 JT3、JT4 等系列产品。

（3）中间继电器

中间继电器（auxiliary relay）是指用来增加控制电路中的信号数量或将信号放大的继电器。它实际上是电压继电器的一种，它的触点多，有的甚至多于 6 对，触点的容量大（额定电流为 5 ～ 10A），动作灵敏（动作时间不大于 0.05s）。

① 中间继电器的功能。中间继电器主要起中间转换（传递、放大、翻转分路和记忆）作用，其输入为线圈的通电和断电，输出信号是触点的断开和闭合，它可将输出信号同时传给几个控制元件或回路。中间继电器的触点额定电流要比线圈额定电流大得多，因此具有放大信号的作用，一般控制线路的中间控制环节基本由中间继电器组成。

② 中间继电器的结构和工作原理。常见的中间继电器有 HH、JZ7、JZ14、JDZ1、JZ17 和 JZ18 等系列产品。中间继电器主要分成直流与交流两种，也有交、直流电路中均可应用的交直流中间继电器，如 JZ8 和 JZ14 系列产品。中间继电器由电磁机构和触点系统等组成。电磁机构与接触器相似，由于其触点通过控制电路的电流容量较小，所以无需加装灭弧装置，触点形式多为双断点桥式触点。

在图 1-33 中，13 和 14 是线圈的接线端子，1 和 2 是常闭触点的接线端子，1 和 4 是常开触点的接线端子。当中间继电器的线圈通电时，铁芯产生电磁力，吸引衔铁，使得常闭触点分断，常开触点吸合在一起。当中间继电器的线圈不通电时，没有电磁力，在弹簧力的作用下衔铁使常闭触点闭合，常开触点分断。图 1-33 中的状态是继电器线圈不通电时的状态。

在图 1-33 中，只有一对常开与常闭触点，用 SPDT 表示，其含义是"单刀双掷"，若有两对常开与常闭触点，则用 DPDT 表示，详见表 1-9。

③ 中间继电器的选型。选用中间继电器时，主要应注意线圈额定电压、触点额定电压和触点额定电流。

a. 线圈额定电压必须与所控电路的电压相符，触点额定电压可为继电器的最高额定电压（即继电器的额定绝缘电压）。继电器的最高工作电流一般小于该继电器的约定发热电流。

b. 根据使用环境选择继电器，主要考虑继电器的防护和使用区域，如对于含尘、有腐蚀性气体和易燃易爆的环境，应选用带罩的全封闭式继电器；对于高原及湿热带等特殊区域，应选用适合其使用条件的产品。

c. 按控制电路的要求选择触点的类型是常开还是常闭，以及触点的数量。

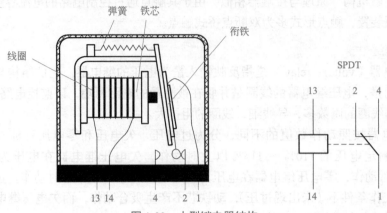

图 1-33　小型继电器结构

表 1-9　对照表

序号	含义	英文解释及缩写	符号
1	单刀单掷，常开	Single Pole Single Throw SPST（NO）	
2	单刀单掷，常闭	Single Pole Single Throw SPST（NC）	
3	双刀单掷，常开	Double Pole Single Throw DPST（NO）	
4	单刀双掷	Single Pole Double Throw SPDT	
5	双刀双掷	Double Pole Double Throw DPDT	

（4）注意问题

① 在安装接线时，应检查接线是否正确、接线螺钉是否拧紧；对于很细的导线芯应对折一次，以增加线芯截面积，以免造成虚连。对于电磁式控制继电器，应在触点不带电的情况下，使吸引线圈带电操作几次，观察继电器的动作。对电流继电器的整定值应作最后的校验和整定，以免造成其控制及保护失灵。

② 中间继电器的线圈额定电压不能同中间继电器的触点额定电压混淆，两者可以相同，也可以不同。

③ 接触器中有灭弧装置，而继电器中通常没有，但电磁继电器同样会产生电弧。由于电弧可使继电器的触点氧化或者熔化，从而造成触点损坏，此外，电弧会产生高频干扰信号，因此，直流回路中的继电器最好要进行灭弧处理。灭弧的方法有两种：一种是在按钮上并联一个电阻和电容进行灭弧，如图 1-34（a）所示；另一种是在继电器的线圈上并联一只二极管进

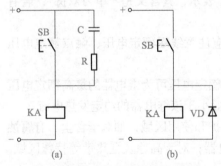

图 1-34　直流继电器的灭弧方法

行灭弧，如图 1-34（b）所示。对于交流继电器，不需要灭弧。

HH 系列小型继电器的主要技术参数见表 1-10，其型号的含义如图 1-35 所示。

表 1-10　HH 系列小型继电器的主要技术参数

型号	触点额定电流 /A	触点数量		额定电压 /V
		常开	常闭	
HH52P、HH52B、HH52S	5	2	2	AC：6、12、24、48、110、220 DC：6、12、24、48、110
HH53P、HH53B、HH53S	5	3	3	
HH54P、HH54B、HH54S	3	4	4	
HH62P、HH62B、HH62S	10	2	2	

HH □ □ □ - □　形式特点：无标识为标准型，L—带发光二极管，
　　　　　　　　　F—带浪涌抑制回路，R—磁保型
　　　　　　　　安装方式：P—插拔式，B—印制板焊装式，
　　　　　　　　　S—法兰式，E—螺钉固定式
　　　　　　　触点对数：1—SPDT，2—2PDT，3—3PDT，4—4PDT
　　　　　　设计序号：5—普通型，6—功率型
　　　　控制继电器

图 1-35　小型继电器型号的含义

【例 1-7】

想用一个小型继电器控制一个交流接触器 CJX1-32（额定电压为 380V，额定电流为 32A），采用 HH52P 小型继电器驱动是否可行？

【解】　选用的 HH52P 小型继电器的触点的额定电压为 220V，额定电流为 5A，容量足够，此小型继电器有 2 对常开触点和 2 对常闭触点，而控制接触器只需要一对，触点数量足够。此外，这类继电器目前很常用，因此可行（注意：本题中的小型继电器的220V 电压是小型继电器的控制电压，不能同小型继电器的触点额定电压混淆）。小型继电器在此起信号放大的作用，在 PLC 控制系统中这种用法比较常见。

【例 1-8】

指出图 1-36 中小型继电器的接线图的含义。

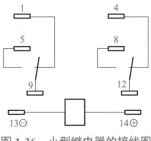

图 1-36　小型继电器的接线图

【解】 小型继电器的接线端子一般较多，用肉眼和万用表往往很难判断。通常，小型继电器的外壳上印有接线图。图 1-36 中的 13 号和 14 号端子是由线圈引出的，其中13 号端子应该和电源的负极相连，而 14 号端子应该和电源的正极相连；1 号端子和 9 号端子及 4 号端子和 12 号端子是由一对常闭触点引出的；5 号端子和 9 号端子及 8 号端子和 12 号端子是由一对常开触点引出的。

1.3.2.2 指示灯

指示灯（indicator light）是用亮信息或暗信息来提供光信号的灯，具体作用如下。

① 指示。引起操作者注意或指示操作者应该完成某种任务。红、黄、绿和蓝色通常用于这种方式。

② 确认。用于确认一种指令、一种状态或情况，或者用于确认一种变化或转换阶段的结束。蓝色和白色通常用于这种方式，某些情况下也可用绿色。

图 1-37 所示为指示灯外形图，图 1-38 所示为指示灯的图形及文字符号。指示灯的颜色应符合表 1-11 的要求。指示灯型号的含义如图 1-39 所示。

图 1-37 指示灯

图 1-38 指示灯的图形及文字符号

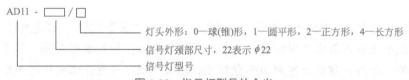

图 1-39 指示灯型号的含义

表 1-11 指示灯颜色的含义

颜色	含义	说明	操作者的动作
红	紧急	危险情况	立即动作处理危险
黄	异常	异常情况、紧急	监视或干预
绿	正常	正常	任选
蓝	强制性	指示操作者需要动作	强制性动作
白	无确定性质	其他情况	监视

 【例 1-9】

为 CA6140A 车床选择一盏合适的电源指示灯，已知控制电路的电压为 AC 24V。

【解】　选定的型号为 AD12-22/0，原因在于信号灯颈部尺寸 22 最为常见，所以颈部尺寸选定为 22；电源指示灯外形没有特殊要求，所以选为球形；红色比较显眼，故颜色定为红色；控制电路的电压为 AC 24V，所以指示灯的额定电压也为 AC 24V。

1.3.3　PLC 常用低压保护电器

1.3.3.1　低压断路器

断路器（circuit-breaker）是指能接通、承载以及分断正常电路条件下的电流，也能在规定的非正常电路条件（例如短路条件）下接通、承载一定时间和分断电流的一种机械开关电器，过去叫做自动空气开关，为了和国际电工委员会（IEC）标准一致，改名为断路器。低压断路器如图 1-40 所示。

（1）低压断路器的功能

低压断路器是将控制电器和保护电器的功能合为一体的电器，其图形及文字符号如图 1-41 所示。在正常条件下，它常作为不频繁接通和断开的电路以及控制电动机的启动和停止。它常用作总电源开关或部分电路的电源开关。

图 1-40　低压断路器

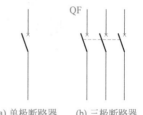

（a）单极断路器　　（b）三极断路器

图 1-41　低压断路器的图形及文字符号

断路器的动作值可调，同时具备过载和保护两种功能，当电路发生过载、短路或欠压等故障时能自动切断电路，有效地保护串接在它后面的电气设备。其安装方便，分断能力强，特别在分断故障电流后一般不需要更换零部件，这是大多数熔断器不具备的优点。因此，低压断路器使用越来越广泛。低压断路器能同时起到热继电器和熔断器的作用。

（2）低压断路器的结构和工作原理

低压断路器的种类虽然很多，但结构基本相同，主要由触点系统和灭弧装置、各种脱扣器与操作机构、自由脱扣机构组成。各种脱扣器包括过流、欠压（失压）脱扣器，热脱扣器等。灭弧装置因断路器的种类不同而不同，常采用狭缝式和去离子灭弧装置，塑料外壳式的灭弧装置采用硬钢纸板嵌上栅片制成。

当电路发生短路或过流故障时，过流脱扣器的电磁铁吸合衔铁，使自由脱扣机构的钩子脱开，自动开关触点在弹簧力的作用下分离，及时有效地切除高达数十倍额定电流的故障电流，如图 1-42 所示。当电路过载时，热脱扣器的热元件发热，使双金属片上弯曲，推动自由脱扣机构动作，如图 1-43 所示。分励脱扣器则作为远距离控制用，在正常工作时，其线圈是断电的，在需要距离控制时，按下启动按钮，使线圈通电，衔铁带动自由脱扣机构动作，使主触点断开。开关的主触点靠操作机构手动或电动合闸，在正常工作状态下能接通和分断工作电流，若电网电压过低或为零时，电磁铁释放衔铁，自由脱扣机构动作，使断路器触点分离，从而在过流与零压、欠压时保证了电路及电路中设备的安全。

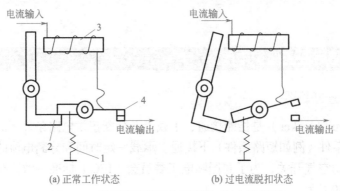

(a) 正常工作状态   (b) 过电流脱扣状态

图 1-42   低压断路器工作原理图（过电流保护）

1—弹簧；2—脱扣机构；3—电磁铁线圈；4—触点

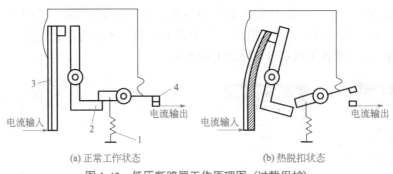

(a) 正常工作状态   (b) 热脱扣状态

图 1-43   低压断路器工作原理图（过载保护）

1—弹簧；2—脱扣机构；3—双金属片；4—触点

（3）低压断路器的典型产品

低压断路器主要分类方法是以结构形式分类，有开启式和装置式两种。开启式又称为框架式或万能式，装置式又称为塑料外壳式（简称塑壳式）。还有其他的分类方法，例如，按照用途分类，有配电用、电动机保护用、家用和类似场所用、漏电保护用和特殊用途；按照极数分类，有单极、两极、三极和四极；按照灭弧介质分类，有真空式和空气式。

① 装置式断路器。装置式断路器有绝缘塑料外壳，内装触点系统、灭弧室、脱扣器等，可手动或电动（对大容量断路器而言）合闸，有较高的分断能力和动稳定性，有较完善的选择性保护功能，广泛用于配电线路。

目前，常用的装置式断路器有 DZ15、DZ20、DZX19、DZ47、C45N（目前已升级为 C65N）等系列产品。T 系列为引进日本的产品，等同于国内的 DZ949，适用于船舶。H 系列为引进美国西屋公司的产品。3VE 系列为引进德国西门子公司的产品，等同于国内的 DZ108，适用于保护电动机。C45N（C65N）系列为引进法国梅兰日兰公司的产品，等同于国内的 DZ47 断路器，这种断路器具有体积小、分断能力高、限流性能好、操作轻便、型号规格齐全，可以方便地在单极结构基础上组合成二极、三极、四极断路器等优点，广泛使用在 60A 及以下的民用照明支干线及支路中（多用于住宅用户的进线开关及商场照明支路开关）或电动机动力配电系统和线路过载与短路保护。DZ47-63 系列断路器型号的含义如图 1-44 所示，DZ47-63 和 DZ15 系列低压断路器的主要技术参数见表 1-12 和表 1-13。

图 1-44　断路器型号的含义

表 1-12　DZ47-63 系列低压断路器的主要技术参数

额定电流 /A	极数	额定电压 /V	分断能力 /A	瞬时脱扣类型	瞬时保护电流范围
1、3、6、10、16、20、25、32	1、2、3、4	230、400	6000	B	$3I_n \sim 5I_n$
				C	$5I_n \sim 10I_n$
				D	$10I_n \sim 14I_n$
40、50、60			4500	B	$3I_n \sim 5I_n$
				C	$5I_n \sim 10I_n$
				D	$10I_n \sim 14I_n$

表 1-13　DZ15 系列低压断路器的主要技术参数

型号	壳架等级电流 /A	额定电压 /V	极数	额定电流 /A
DZ15-40	40	220	1	6、10、16、20、25、32、40
			2	
		380	3	
DZ15-100	100	380	3	10、16、20、25、32、40、50、63、80、100

② 万能式断路器。万能式断路器曾称框架式断路器，这种断路器一般有一个钢制框架（小容量的也有用塑料底板加金属支架构成的），主要部件都在框架内，而且一般都是裸露在外，万能式断路器一般容量较大，额定电流一般为 630 ~ 6300A，具有较高的短路分断能力和较高的动稳定性。适用于在交流为 50Hz 或 60Hz、额定电压为 380V 或 660V 的配电网络中作为配电干线的主保护。

万能式断路器主要由触点系统、操作机构、过电流脱扣器、分励脱扣器及欠压脱扣器、附件及框架等部分组成，全部组件进行绝缘后装于框架结构底座中。

目前，我国常用的有 DW15、DW45、ME、AE、AH 等系列的万能式断路器。DW15 系列断路器是我国自行研制生产的，全系列具有 1000A、1500A、2500A、4000A 等几个型号。ME 系列开关电流等级范围为 630 ~ 5000A，共 13 个等级，等同于国内的 DW17 系列。AE 系列为引进日本三菱公司技术生产的产品，等同于国内的 DW18 系列，主要用作配电保护。AH 系列为引进日本技术生产的产品，等同于国内的 DW914 系列，用于一般工业电力线路中。

③ 智能化断路器。智能化断路器是把微电子技术、传感技术、通信技术、电力电子技术等新技术引入断路器的新产品。智能化断路器的特征是采用了以微处理器或单片机为核心的智能控制器（智能脱扣器），它一方面具有断路器的功能，另一方面可以实现与中央控制计算机双向构成智能在线监视、自行调节、测量、试验、自诊断、可通信等功能，能够对各种保护功能的动作参数进行显示、设定和修改，保护电路动作时的故障参数能够存储在非易失存储器中以便查询。

目前，国内生产的智能化断路器有框架式和塑料外壳式两种。框架式智能化断路器主要用于智能化自动配电系统中的主断路器，塑料外壳式智能化断路器主要用在配电网络中分配电能和作为线路以及电源设备的控制与保护，亦可用作三相笼型异步电动机的控制。国内 DW45、DW40、DW914（AH）、DW18（AE-S）、DW48、DW19（3WE）、DW17（ME）等智能化框架式断路器和智能化塑料壳断路器都配有 ST 系列智能控制器及配套附件，ST 系列智能控制器采用积木式配套方案，可直接安装于断路器本体中，无需重复二次接线，并有多种方案任意组合。

（4）断路器的技术参数

断路器的主要技术参数有极数、电流种类、额定电压、额定电流、额定通断能力、线圈额定电压、允许操作频率、机械寿命、电气寿命、使用类别等。

① 额定电压。在规定的条件下，断路器长时间运行承受的工作电压，应大于或等于负载的额定电压。通常最大工作电压即为额定电压，一般指线电压。直流断路器常用的额定电压值为 110V、220V、440V 和 660V 等。交流断路器常用的额定电压值为 127V、220V、380V、500V 和 660V 等。

② 额定电流。在规定的条件下，断路器可长时间通过的电流值，又称为脱扣器额定电流。

③ 短路通断能力。在规定条件下，断路器可接通和分断的短路电流数值。

④ 电气寿命和机械寿命。电气寿命是指在规定的正常工作条件下，断路器不需要修理或更换的有载操作次数。机械寿命是指断路器不需要修理或更换的机构所承受的无载操作次数。目前断路器的机械寿命已达 1000 万次以上，电气寿命是机械寿命的 5%～20%。

（5）低压断路器的选用原则

① 应根据线路对保护的要求确定断路器的类型和保护形式，如万能式或塑壳式断路器，通常电流在 600A 以下时多选用塑壳式断路器，当然，现在也有塑壳式断路器的额定电流大于 600A 的。

② 断路器的额定电压 U_N 应等于或大于被保护线路的额定电压。

③ 断路器欠压脱扣器额定电压应等于被保护线路的额定电压。

④ 断路器的额定电流及过电流脱扣器的额定电流应大于或等于被保护线路的计算电流。

⑤ 断路器的极限分断能力应大于线路的最大短路电流的有效值。

⑥ 配电线路中的上、下级断路器的保护特性应协调配合，下级的保护特性应位于上级保护特性的下方，并且不相交。

⑦ 断路器的长延时脱扣电流应小于导线允许的持续电流。

⑧ 选用断路器时，要考虑断路器的用途，如要考虑断路器是作保护电动机用、配电用

还是照明生活用。这点将在后面的例子中提到。

⑨ 在直流控制电路中，直流断路器的额定电压应大于直流线路电压。若有反接制动和逆变条件，则直流断路器的额定电压应大于 2 倍的直流线路电压。

（6）注意事项

① 在接线时，低压断路器上面的接线端子应接电源线，下方的接线端子应接负荷线。

② 照明电路的瞬时脱扣电流类型常选用 C 型。

 【例 1-10】

有一个照明电路，总负荷为 1.5kW，选用一个合适的断路器作为其总电源开关。

【解】 由于照明电路额定电压为 220V，因此选择断路器的额定电压为 230V。照明电路的额定电流为：$I_N = \dfrac{P}{U} = \dfrac{1500}{220} \approx 6.8(A)$，可选择断路器的额定电流为 10A。DZ47-63 系列的断路器比较适合用于照明电路中瞬时动作整定值为 6～20 倍的额定电流，查表 1-12 可知，C 型合适，因此，最终选择的低压断路器的型号为 DZ47-63/2、C10（C 型额定电流 10A）。

【例 1-11】

CA6140A 车床上配有 3 台三相异步电动机，主电动机功率为 7.5kW，快速电动机功率为 275W，冷却电动机功率为 150W，控制电路的功率约为 500W，请选用合适的电源开关。

【解】 由于电动机额定电压为 380V，所以选择断路器的额定电压为 380V。电路的额定电流为：$I_N = \dfrac{P}{U} = \dfrac{7500+275+150+500}{380} \approx 22.2(A)$，可选择断路器的额定电流为 40A。DZ15-40 系列的断路器比较适合用作电源开关，因此，最终选择的低压断路器的型号为 DZ15-40/3092。

1.3.3.2 熔断器

熔断器（fuse）的定义为：当电流超过规定值足够长时间后，通过熔断一个或几个特殊设计的和相应的部件，断开其所接入的电路，并分断电流的电器。熔断器包括组成完整电器的所有部件。

熔断器是一种保护类电器，其熔体为熔丝（或片）。熔断器的外形图如图 1-45 所示，其图形和文字符号如图 1-46 所示。在使用中，熔断器串联在被保护的电路中，当该电路中发生严重过载或短路故障时，如果通过熔体的电流达到或超过了某一定值，而且时间足够长，在熔体上产生的热量会使其温度升高到熔体金属的熔点，导致熔体自行熔断，并切断故障电流，以达到保护目的。这样，利用熔体的局部损坏可保护整个线路中的电气设备，防止它们因遭受过多的热量或过大的电动力而损坏。从这一点来看，相对被保护的电路，熔断器的熔体是一个"薄弱环节"，以人为的"薄弱环节"来限制乃至消灭事故。

图 1-45　RT23 熔断器

图 1-46　熔断器的图形和文字符号

熔断器结构简单，使用方便，价格低廉，广泛用于低压配电系统中，主要用于短路保护，也常作为电气设备的过载保护元件。

（1）熔断器的种类、结构和工作原理

① 瓷插式熔断器。瓷插式熔断器指熔体靠导电插件插入底座的熔断器。这种熔断器由瓷盖、瓷底座、动触点、静触点及熔丝组成，如图 1-47 所示。熔断器的电源线和负载线分别接在瓷底座两端静触点的接线桩上，熔体接在瓷盖两端的动触点上，中间经过凸起的部分，如果熔体熔断，产生的电弧被凸出部分隔开，使其迅速熄灭。较大容量熔断器的灭弧室中还垫有熄灭电弧用的石棉织物。这种熔断器结构简单，使用方便，价格低廉，广泛用于照明电路和小功率电动机的短路保护。常用型号为 RC1A 系列。

② 螺旋式熔断器。螺旋式熔断器是指带熔体的载熔件借助螺纹旋入底座而固定于底座的熔断器，其外形如图 1-48 所示。熔体的上端盖有一个熔断指示器，一旦熔体熔断，指示器会马上弹出，可透过瓷帽上的玻璃孔观察到。它常用于机床电气控制设备中。螺旋式熔断器分断电流较大，可用于电压等级 500V 及以下、电流等级 200A 以下的电路中，起短路保护或者过载保护作用。常见的螺旋式熔断器有 RL1、RL5、RL6 和 RS0 等系列。

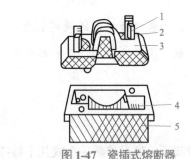

图 1-47　瓷插式熔断器

1—动触点；2—熔丝；3—瓷盖；4—静触点；5—瓷底座

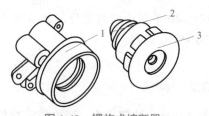

图 1-48　螺旋式熔断器

1—瓷底；2—熔芯；3—瓷帽

③ 封闭式熔断器。封闭式熔断器是指熔体封闭在熔管的熔断器，如图 1-49 所示。封闭式熔断器分为有填料封闭式熔断器和无填料封闭式熔断器两种。有填料封闭式熔断器一般用瓷管制成，内装石英砂及熔体，分断能力强，用于电压等级 500V 以下、电流等级 1kA 以下的电路中。无填料封闭式熔断器将熔体装入封闭式筒中，如图 1-50 所示，分断能力稍小，用于 500V 以下、600A 以下的电力网或配电设备中。常见的无填料封闭式熔断器有 RM10 系列。常见的有填料封闭式熔断器有 RT10、RS0 等系列。

图 1-49　封闭式熔断器

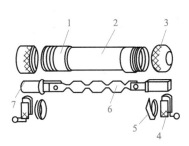

图 1-50　无填料封闭式熔断器

1—黄铜管；2—绝缘管；3—黄铜帽；4—夹座；
5—瓷盖；6—熔体；7—触刀

④ 快速熔断器。快速熔断器主要用于半导体整流元件或整流装置的短路保护。由于半导体元件的过载能力很低，只能在极短时间内承受较大的过载电流，因此要求短路保护具有快速熔断的能力。快速熔断器的结构和有填料封闭式熔断器基本相同，但熔体材料和形状不同，快速熔断器是以银片冲制的有 V 形深槽的变截面熔体。常见的有 RS0 系列产品。

⑤ 自复熔断器。自复熔断器采用金属钠作熔体，在常温下具有高电导率。当电路发生短路故障时，短路电流产生高温使钠迅速汽化，气态钠呈现高阻态，从而限制了短路电流；当短路电流消失后，温度下降，金属钠恢复原来的良好导电性能。自复熔断器只能限制短路电流，不能真正分断电路。其优点是不必更换熔体，能重复使用。常见的有 RZ 系列产品。

我国常用的熔断器有 RL1、RL6、RT0、RT14、RT15、RT16、RT18、RT19、RT23、RW 等系列产品。

（2）熔断器的技术参数

① 额定电压。额定电压指熔断器长期工作时和分断后能够承受的电压，其数值一般等于或大于电气设备的额定电压。

② 额定电流。额定电流指熔断器长期工作时，设备部件温升不超过规定值时所能承受的电流。厂家为了减少熔断器管额定电流的规格，熔断器管的额定电流等级比较少，而熔体的额定电流等级比较多，即在一个额定电流等级的熔断器管内可以分装几个额定电流等级的熔体，但熔体的额定电流最大不能超过熔断器管的额定电流。

③ 极限分断能力。极限分断能力是指熔断器在规定的额定电压和功率因数（或时间常数）的条件下能分断的最大电流值，在电路中出现的最大电流值一般是指短路电流值。所以，极限分断能力也是反映了熔断器分断短路电流的能力。RT23 系列熔断器的主要技术参数见表 1-14，其型号的含义如图 1-51 所示。

表 1-14　RT23 系列熔断器的主要技术参数

型号	熔断器额定电流 /A	熔体额定电流 /A
RT23-16	16	2、4、6、8、10、16
RT23-63	63	10、16、20、25、32、40、50、63
RT23-100	100	32、40、50、63、80、100

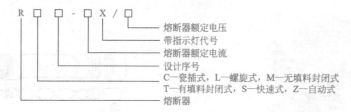

图 1-51　熔断器型号的含义

（3）熔断器的选用

选择熔断器主要是选择熔断器的类型、额定电压、额定电流及熔体的额定电流。熔断器的额定电压应大于或等于线路的工作电压。熔断器的额定电流应大于或等于熔体的额定电流。

下面详细介绍一下熔体的额定电流的选择。

① 用于保护照明或电热设备的熔断器。因为负载电流比较稳定，所以熔体的额定电流应等于或稍大于负载的额定电流，即 $I_{re} \geqslant I_e$。式中，I_{re} 为熔体的额定电流；I_e 为负载的额定电流。

② 用于保护单台长期工作电动机（即供电支线）的熔断器，考虑电动机启动时不应熔断，即 $I_{re} \geqslant (1.5 \sim 2.5) I_e$。式中，$I_{re}$ 为熔体的额定电流，I_e 为电动机的额定电流，轻载启动或启动时间比较短时，系数可以取 1.5，当带重载启动时间比较长时，系数可以取 2.5。

③ 用于保护频繁启动电动机（即供电支线）的熔断器，考虑频繁启动时发热，熔断器也不应熔断，即 $I_{re} \geqslant (3 \sim 3.5) I_e$。式中，$I_{re}$ 为熔体的额定电流，I_e 为电动机的额定电流。

④ 用于保护多台电动机（即供电干线）的熔断器，在出现尖峰电流时也不应熔断。通常，将其中功率最大的一台电动机启动，而其余电动机运行时出现的电流作为其尖峰电流，为此，熔体的额定电流应满足 $I_{re} \geqslant (1.5 \sim 2.5) I_{emax} + \sum I_e$。式中，$I_{re}$ 为熔体的额定电流，I_{emax} 为多台电动机中功率最大的一台电动机额定电流，$\sum I_e$ 为其余电动机额定电流之和。

⑤ 为防止发生越级熔断，上、下级（即供电干、支线）熔断器间应有良好的协调配合，为此，应使上一级（供电干线）熔断器的熔断额定电流比下一级（供电支线）大 1 ～ 2 个级差。

【例 1-12】

一个电路上有一台不频繁启动的三相异步电动机，无反转和反接制动，轻载启动，此电动机的额定功率为 2.2kW，额定电压为 380V，请选用合适的熔断器（不考虑熔断器的外形）。

【解】　在电路中的额定电流为

$$I_N = \frac{P}{U} = \frac{2200}{380} \approx 5.8 (\text{A})$$

因为电动机轻载启动，而且无反转和反接制动，所以熔体额定电流为

$$I_{re} = 1.6 \times I_N = 1.6 \times 5.8 = 9.28 (\text{A})$$

取熔体的额定电流为 10A。又因为熔断器的额定电流必须大于或等于熔体的额定电流，可选取熔断器的额定电流为 32A，确定熔断器的型号为 RT18-32/10。

 【例 1-13】

CA6140A 车床的快速电动机的功率为 275W，请选用合适的熔断器。

【解】　在电路中的额定电流为

$$I_N = \frac{P}{U} = \frac{275}{380} \approx 0.72(A)$$

因为电动机经常启动，而且无反转和反接制动，熔体额定电流为 $I_{re}=3.5 \times I_N=3.5 \times 0.72=2.52$（A），取熔体的额定电流为 4A。

又因为熔断器的额定电流必须大于或等于熔体的额定电流，可选取熔断器的额定电流为 16A，确定熔断器的型号为 RT23-16/4。

1.3.4　PLC 用其他低压电器

直流稳压电源（power）的功能是将非稳定交流电源变成稳定直流电源，其图形和文字符号如图 1-52 所示。在自动控制系统中，特别是数控机床系统中，需要稳压电源给步进驱动器、伺服驱动器、控制单元（如 PLC 或 CNC 等）、小直流继电器、信号指示灯等提供直流电源，而且直流稳压电源的好坏在一定的程度上决定控制系统的稳定性。

（1）开关电源

开关电源被称作高效节能电源，因为内部电路工作在高频开关状态，所以自身消耗的能量很低，电源效率可达 80% 左右，比普通线性稳压电源提高近一倍，其外形如图 1-53 所示。目前生产的无工频变压器式和小功率开关电源中，仍普遍采用脉冲宽度调制器（简称脉宽调制器，PWM）或脉冲频率调制器（简称脉频调制器，PFM）专用集成电路。它们是利用体积很小的高频变压器来实现电压变化及电网隔离，因此能省掉体积笨重且损耗较大的工频变压器。

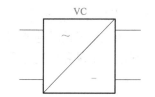

图 1-52　直流稳压电源的图形和文字符号

图 1-53　开关电源

开关电源具有效率高、允许输入电压宽、输出电压纹波小、输出电压小幅度可调（一般调整范围为 ±10%）和具备过流保护功能等优点，因而得到了广泛的应用。

（2）电源的选择

在选择电源时需要考虑的问题主要有输入电压范围、电源的尺寸、电源的安装方式和安装孔位、电源的冷却方式、电源在系统中的位置及走线、环境温度、绝缘强度、电磁兼容、环境条件和纹波噪声。

① 电源的输出功率和输出路数。为了提高系统的可靠性，一般选用的电源工作在 50% ～ 80% 负载范围内为佳。由于所需电源的输出电压路数越多，挑选标准电源的机会就越小，同时增加输出电压路数会带来成本的增加，因此目前多电路输出的电源以三路、四路输出较为常见。所以，在选择电源时应该尽量选用多路输出共地的电源。

② 应选用厂家的标准电源，包括标准的尺寸和输出电压。标准的产品价格相对便宜，质量稳定，而且供货期短。

③ 输入电压范围。以交流输入为例，常用的输入电压规格有 110V、220V 和通用输入电压（85 ～ 264V AC）三种规格。在选择输入电压规格时，应明确系统将会用到的地区，如果要出口美国、日本等市电为 110V AC 的国家，可以选择 110V 交流输入的电源，而只在国内使用时，可以选择 220V 交流输入的电源。

④ 散热。电源在工作时会消耗一部分功率，并且产生热量释放出来，所以用户在进行系统设计时（尤其是封闭的系统）应考虑电源的散热问题。如果系统能形成良好的自然对流风道，且电源位于风道上时，可以考虑选择自然冷却的电源；如果系统的通风比较差，或者系统内部温度比较高，则应选择风冷式电源。另外，选择电源时还应考虑电源的尺寸、工作环境、安装形式和电磁兼容等因素。

【例 1-14】

某一电路有 10 只电压为 12V 功率为 1.8W 的直流继电器和 5 只电压为 5V 功率为 0.8W 的直流继电器，请选用合适的电源（不考虑尺寸和工作环境等）。

【解】 选择输入电压为 220V，输出电压为 +5V、+12V 和 -12V 三路输出。

$P_总 = P_1 + P_2 = 18 + 4 = 22W$，因为一般选用的电源工作在 50% ～ 80% 负载范围内，所以电源功率应该不小于 1.25 倍的 $P_总$，即不小于 27.5W，最后选择 T-30B 开关电源，功率为 30W。

1.4 传感器和变送器

变送器和传感器
的接线

传感器（transducer/sensor）是一种检测装置，能感受到被测量的信息，并能将感受到的信息，按一定规律变换成为电信号或其他所需形式的信息输出，以满足信息的传输、处理、存储、显示、记录和控制等要求。

（1）传感器的分类

传感器的分类方法较多，常见的分类如下。

① 按用途　压力和力传感器、位置传感器、液位传感器、能耗传感器、速度传感器、加速度传感器、射线辐射传感器和热敏传感器等。

② 按原理　振动传感器、湿敏传感器、磁敏传感器、气敏传感器、真空度传感器和生物传感器等。

③ 按输出信号　可分为以下三种。

模拟传感器：将被测量的非电学量转换成模拟电信号。

数字传感器：将被测量的非电学量转换成数字输出信号（包括直接和间接转换）。

开关传感器：当一个被测量的信号达到某个特定的阈值时，传感器相应地输出一个设定的低电平或高电平信号。

（2）变送器简介

变送器（transmitter）是把传感器的输出信号转变为可被控制器识别的信号（或将传感器输入的非电量转换成电信号同时放大以便供远方测量和控制的信号源）的转换器。传感器和变送器一同构成自动控制的监测信号源。不同的物理量需要不同的传感器和相应的变送器。变送器的种类很多，用在工控仪表上面的变送器主要有温度变送器、压力变送器、流量变送器、电流变送器、电压变送器等。变送器常与传感器做成一体，也可独立于传感器，单独作为商品出售，如压力变送器和温度变送器等。一种变送器如图 1-54 所示。

（3）传感器和变送器应用

变送器按照接线分有三种：二线式、三线式和四线式。

图 1-54　变送器

二线式的变送器两根线既是电源线又是信号线；三线式的变送器两根线是信号线（其中一根共地 GND），一根线是电源正线；四线式的变送器两根线是电源线，两根线是信号线（其中一根共地 GND）。

二线式的变送器不易受寄生热电偶和沿电线电阻压降和温漂的影响，可用非常便宜的更细的导线，具有可节省大量电缆线和安装费等优点。三线式和四线式变送器均不具上述优点，即将被两线式变送器所取代。

① FX5U PLC 的模拟量模块 FX5-4AD-ADP 与四线式变送器接法　四线式电压 / 电流变送器接法相对容易，两根线为电源线，两根线为信号线，接线图如图 1-55 所示。

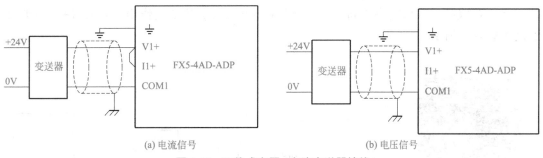

(a) 电流信号　　　　　　　　　　　　　　　(b) 电压信号

图 1-55　四线式电压 / 电流变送器接线

② FX5U PLC 的模拟量模块 FX5-4AD-ADP 与三线式电流变送器接法　三线式电流变送器，两根线为电源线，一根线为信号线，其中信号负（变送器负）和电源负为同一根线，接线图如图 1-56 所示。

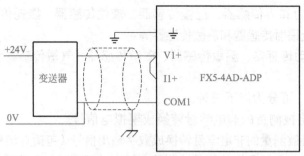

图 1-56　三线式电流变送器接线

③ FX5U PLC 的模拟量模块 FX5-4AD-ADP 与二线式电流变送器接法　二线式电流变送器接线容易出错，其两根线既是电源线，同时也为信号线，接线图如图 1-57 所示，电源、变送器和模拟量模块串联连接。

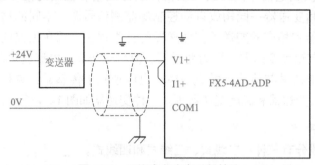

图 1-57　二线式电流变送器接线

1.5　隔离器

隔离器是一种采用线性光耦隔离原理，将输入信号进行转换输出的器件。输入、输出和工作电源三者相互隔离，特别适合与需要电隔离的设备以及仪表等配合使用。隔离器又名信号隔离器，是工业控制系统中重要组成部分。某品牌的隔离器如图 1-58 所示。

在 PLC 控制系统中，隔离器最常用于传感器与 PLC 的模拟量输入模块之间，以及执行器与 PLC 的模拟量输出模块之间，起抗干扰和保护模拟量模块的作用。隔离器的一个应用实例如图 1-59 所示。

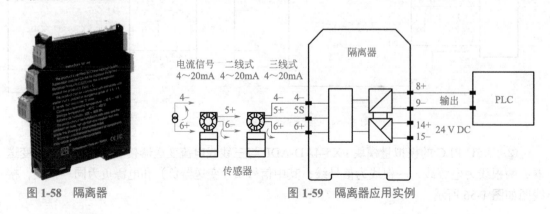

图 1-58　隔离器　　　　　　　　图 1-59　隔离器应用实例

1.6　数制和编码

1.6.1　数制

数制就是数的计数方法，也就是数的进位方法。数制是学习计算机和 PLC 必须要掌握的基本功。

（1）二进制

二进制有两个不同的数码，即 0 和 1，逢 2 进 1。

0 和 1 两个不同的值，可以用来表示开关量的两种不同的状态，例如触点的断开和接通、线圈的通电和断电、灯的亮和灭等。在梯形图中，如果该位是 1 可以表示常开触点的闭合和线圈的得电，反之，该位是 0 可以表示常闭触点的断开和线圈的断电。

三菱 PLC 的二进制的表示方法是在数值前加 B，例如 B1001 1101 1001 1101 就是 16 位二进制常数。二进制在计算机和 PLC 中十分常用。

（2）八进制

八进制有 8 个不同的数码，即 0、1、2、3、4、5、6、7，逢 8 进 1。

八进制虽然在 PLC 的程序运算中不使用，但很多 PLC 的输入继电器和输出继电器使用八进制。例如三菱 FX5U/FX5UC 的输入继电器为 X0 ～ X7、X10 ～ X17、X20 ～ X27……，输出继电器为 Y0 ～ Y7、Y10 ～ Y17、Y20 ～ Y27……，都是八进制。

（3）十进制

十进制有 10 个不同的数码，即 0、1、2、3、4、5、6、7、8、9，逢 10 进 1。

二进制虽然在计算机和 PLC 中十分常用，但二进制数位多，阅读和书写都不方便。反之十进制的优点是书写和阅读方便。

三菱 PLC 的十进制常数的表示方法是在数值前加 K，例如 K98 就是十进制 98。

（4）十六进制

十六进制的十六个数字是 0 ～ 9 和 A ～ F（对应于十进制中的 10 ～ 15，不区分大小写），每个十六进制数字可用 4 位二进制表示，例如 HA 用二进制表示为 B1010。十六进制的运算规则是逢 16 进 1。掌握二进制和十六进制之间的转换，对于学习三菱 PLC 来说是十分重要的。

三菱 PLC 的十六进制常数的表示方法是在数值前加 H，例如 H98 就是十六进制 98。

1.6.2　数制的转换

在工控技术中，常常要进行不同数值之间的转换，以下仅介绍二进制、十进制和十六进制之间的转换。

（1）二进制和十六进制转换成十进制

一般来说，一个二进制和十六进制数，有 n 位整数和 m 位小数，b 代表二进制和十六进制数整数位的数值，B 代表二进制和十六进制数小数位的数值，N 为 16（十六进制）或者 2

（二进制），则其转换成十进制的公式为：

十进制数值 $=b_{n-1}N^{n-1}+b_{n-2}N^{n-2}+\cdots+b_1N^1+b_0N^0+B_1N^{-1}+B_2N^{-2}+\cdots+B_mN^{-m}$

以下用两个例子介绍二进制和十六进制转换成十进制。

 【例 1-15】————————————————————

请把 H3F08 转换成十进制数。

【解】 $H3F08=3\times16^3+15\times16^2+0\times16^1+8\times16^0=K16136$

 【例 1-16】————————————————————

请把 B1101 转换成十进制数。

【解】 $B1101=1\times2^3+1\times2^2+0\times2^1+1\times2^0=K13$

（2）十进制转换成二进制和十六进制

十进制转换成二进制和十六进制比较麻烦，通常采用辗转除 N（N 进制的基）法，法则如下：

① 整数部分：除以 N 取余数，逆序排列。

② 小数部分：乘 N 取整数，顺序排列。

 【例 1-17】————————————————————

将 K53 转换成二进制数。

【解】 N= 基

先写商再写余数，无余数写零。

得：110101

除	2	53	1(余)	反
基	2	26(商)	0	向
取	2	13	1	写
余	2	6	0	出
	2	3	1	
		1		

十进制转二进制：二进制的基为2，N进制的基为N。

所以转换的数值是 B110101。

十进制转换成十六进制的方法与十进制转换成二进制的方法类似在此不再赘述。

（3）十六进制与二进制之间的转换

二进制之间的书写和阅读不方便，但十六进制阅读和书写非常方便。因此，在 PLC 程序中经常用到十六进制，所以十六进制与二进制之间的转换至关重要。

4 个二进制位对应一个十六进制位，表 1-15 是不同数制的数的表示方法，显示了不同进制的对应关系。

表 1-15 不同数制的数的表示方法

十进制	十六进制	二进制	BCD 码	十进制	十六进制	二进制	BCD 码
0	0	0000	00000000	8	8	1000	00001000
1	1	0001	00000001	9	9	1001	00001001
2	2	0010	00000010	10	A	1010	00010000
3	3	0011	00000011	11	B	1011	00010001
4	4	0100	00000100	12	C	1100	00010010
5	5	0101	00000101	13	D	1101	00010011
6	6	0110	00000110	14	E	1110	00010100
7	7	0111	00000111	15	F	1111	00010101

不同数制之间的转换还有一种非常简便的方法，就是使用小程序数制转换器。Windows 内置一个计算器，切换到程序员模式，就可以很方便地进行数制转换，如图 1-60 所示，显示的是十六进制，如要转换成十进制，只要单击"十进制"圆按钮即可。

图 1-60 计算器（数制转换器）

1.6.3 编码

常用的编码有两类：一类是表示数字多少的编码，这类编码常用来代替十进制的 0 ～ 9，统称二 - 十进制码，又称 BCD 码；一类是用来表示各种字母、符号和控制信息的编码，称为字符代码。以下将分别进行介绍。

（1）BCD 码

BCD 码是数字编码，有多种类型，本书介绍最常用的 8421BCD 码。有的 PLC 如西门子品牌，时间和日期都用 BCD 码表示，因此 BCD 码还是比较常用的。

BCD 码用 4 位二进制数（或者 1 位十六进制数）表示 1 位十进制数，例如 1 位十进制数 9 的 BCD 码是 1001。4 位二进制有 16 种组合，但 BCD 码只用到前 10 个，而后 6 个（1010～1111）没有在 BCD 码中使用。十进制的数字转换成 BCD 码是很容易的，例如十进制数 K366 转换成十六进制 BCD 码则是 0366BCD。

（2）ASCII 码

ASCII 码（American Standard Code for Information Interchange，美国信息交换标准代码）是基于拉丁字母的一套电脑编码系统，主要用于显示现代英语和其他西欧语言。它是最通用的信息交换标准，并等同于国际标准 ISO/IEC 646。ASCII 码第一次以规范标准的类型发表是在 1967 年，最后一次更新则是在 1986 年，到目前为止共定义了 128 个字符。

在 PLC 的通信中，有时会用到 ASCII 码，如三菱 PLC 的无协议通信。掌握 ASCII 码是很重要的。

① 产生原因　在计算机中，所有的数据在存储和运算时都要使用二进制数表示（因为计算机用高电平和低电平分别表示 1 和 0），例如，像 a、b、c、d 这样的 52 个字母（包括大写）以及 0、1 等数字还有一些常用的符号（例如 *、#、@ 等）在计算机中存储时也要使用二进制数来表示，而具体用哪些二进制数表示哪个符号，当然每个人都可以约定自己的一套体系（这就叫编码），而如果想要互相通信而不造成混乱，那么就必须使用相同的编码规则，于是美国有关的标准化组织就出台了 ASCII 编码，统一规定了上述常用符号用哪些二进制数来表示。

② 表达方式　ASCII 码使用指定的 7 位或 8 位二进制数组合来表示 128 或 256 种可能的字符。标准 ASCII 码也叫基础 ASCII 码，使用 7 位二进制数（剩下的 1 位二进制为 0）来表示所有的大写和小写字母，数字 0 到 9、标点符号，以及在美式英语中使用的特殊控制字符。标准的 ASCII 表见表 1-16。

表 1-16　标准的 ASCII 表

码值	控制字符	码值	控制字符	码值	控制字符	码值	控制字符
0	NUL	11	VT	22	SYN	33	!
1	SOH	12	FF	23	TB	34	"
2	STX	13	CR	24	CAN	35	#
3	ETX	14	SO	25	EM	36	$
4	EOT	15	SI	26	SUB	37	%
5	ENQ	16	DLE	27	ESC	38	&
6	ACK	17	DCI	28	FS	39	,
7	BEL	18	DC2	29	GS	40	(
8	BS	19	DC3	30	RS	41	)
9	HT	20	DC4	31	US	42	*
10	LF	21	NAK	32	（space）	43	+

续表

码值	控制字符	码值	控制字符	码值	控制字符	码值	控制字符
44	,	65	A	86	V	107	k
45	-	66	B	87	W	108	l
46	·	67	C	88	X	109	m
47	/	68	D	89	Y	110	n
48	0	69	E	90	Z	111	o
49	1	70	F	91	[	112	p
50	2	71	G	92	\	113	q
51	3	72	H	93	]	114	r
52	4	73	I	94	^	115	s
53	5	74	J	95	—	116	t
54	6	75	K	96	、	117	u
55	7	76	L	97	a	118	v
56	8	77	M	98	b	119	w
57	9	78	N	99	c	120	x
58	:	79	O	100	d	121	y
59	;	80	P	101	e	122	z
60	<	81	Q	102	f	123	{
61	=	82	R	103	g	124	|
62	>	83	S	104	h	125	}
63	?	84	T	105	i	126	~
64	@	85	U	106	j	127	DEL

第 **2** 章 ▶▶

三菱 FX5U PLC 的硬件

▼▼

FX5U 是 iQ-F 系列中最具代表的产品，所以重点介绍 FX5U PLC，这是学习本书后续内容的必要准备。

2.1 三菱 PLC 简介

2.1.1 三菱 PLC 系列

三菱的可编程控制器（PLC）是比较早进入我国市场的产品，由于三菱 PLC 有较高的性价比，而且易学易用，所以在中国的 PLC 市场上有很大的份额。以下将简介三菱 PLC 的常用产品系列。

（1）针对小规模、单机控制的 PLC

① MELSEC-F 系列。机身小巧，却兼备丰富的功能与扩展性，是一种集电源、CPU、输入输出为一体的一体化可编程控制器。通过连接多种多样的扩展设备，以满足客户的各种需求。

FX 系列 PLC 是从 F 系列、F1 系列、F2 系列发展起来的小型 PLC 产品，FX 系列 PLC 包括 FX1S/FX1N/FX2N/FX3U/FX3G/FX3S 类型产品。目前主要使用的是 FX3 系列 PLC。同时，FX2 系列的扩展模块仍然在使用。

② MELSEC iQ-F 系列。实现了系统总线的高速化，充实了内置功能，支持多种网络，是新一代可编程控制器。从单机使用到涵盖网络的系统提升，强有力地支持客户"制造业先锋产品"的需求。

（2）针对小、中规模控制的 PLC

MELSEC-L 系列。采用无底座构造，节省控制盘内的空间。将现场所需的功能、性能、操作性凝聚在小巧的机身内，轻松地实现更为简便且多样的控制。

（3）针对中、大规模控制的 PLC

① MELSEC-Q 系列。通过多 CPU 功能的并联处理实现高速控制，从而提高客户所持装置及机械的性能。MELSEC-Q 系列 PLC 目前应用较多。

② MELSEC iQ-R 系列。开拓自动化新时代的创新型新一代控制器。搭载新开发的高速系统总线，能够大幅度地削减节拍时间。

2.1.2　三菱 iQ-F 系列的特点

（1）三菱 iQ-F 系列 PLC 介绍

MELSEC iQ-F 系列 PLC 目前主要包含 FX5U、FX5UC 和 FX5UJ 三类。

① FX5U、FX5UC 的功能类似，主要是连接方式不同，FX5U 及其模块是扩展电缆型，而 FX5UC 是扩展连接器型。FX5UC 结构紧凑、小巧，但需要专用电缆把信号连接到端子台（用于现场接线）。

② FX5UJ 新推出的 CPU，其功能进行了简化，例如其内置运动控制轴为 3 轴（FX5U、FX5UC 的为 4 轴），最大的控制点数为 256 点（FX5U、FX5UC 的为 512 点）。

（2）三菱 iQ-F 系列 PLC 的特点

① 内置功能强大。

a. CPU 性能。MELSEC iQ-F 系列搭载了指令（LD 指令）运算速度高达 34ns 的高速 CPU。

b. 高速系统总线。MELSEC iQ-F 系列在拥有高速 CPU 的同时，还实现了能达到 1.5k 字 / ms（约为 FX3U 的 150 倍）的高速系统总线通信，在使用通信数量较多的智能功能模块时，也能最大限度地发挥能力。

c. 内置模拟量输入输出（附带报警输出）。FX5U 中内置了 12bit 的 2 通道的模拟量输入和 1 通道的模拟量输出。

d. 无需电池，维护简单。MELSEC iQ-F 系列中，程序和软元件通过闪存 ROM 等无需电池的存储器来保持。

e. 内置 Ethernet 端口。Ethernet 通信端口在网络上最多可以进行 8 通道的通信，可同时连接电脑相关设备通信。另外，还支持与上位机之间的无缝 SLMP 通信。

f. 内置 SD 存储卡槽。内置的 SD 存储卡槽，非常便于进行程序升级和设备的批量生产。另外 SD 存储卡上可以记录数据，对把握分析设备的状态和生产状况有很大的帮助。

g. 内置 RS-485 端口（带 MODBUS 功能）。内置 RS-485 通信端口，与三菱电机通用变频器之间的通信最长可达 50m，最多可达 16 台（可通过 6 个变频器专用指令进行控制）。另外还支持 MODBUS 功能，最多可连接 32 站 PLC 或传感器、温度调节器等支持 MODBUS 的设备。

h. RUN/STOP/RESET 开关。搭载了 RUN/STOP/RESET 开关。无需关闭电源就可重新启动，使调试变得更有效率。

② 模拟量控制方式多样。

FX5U CPU 模块中内置了模拟量输入输出功能。此外，还可使用扩展适配器和扩展模块进行模拟量（电压、电流等）的输入和输出。

除了 CPU 模块的模拟量输入输出功能外，还可使用丰富的扩展模块来根据用途进行模拟量控制。

③ 定位控制功能强大。

a. FX5U/FX5UC CPU 模块中内置了定位功能。此外，还可使用高速脉冲输入输出模块和简单运动模块进行复杂的多轴、插补控制。

b. 内置定位轴为 4 轴，可扩展 4 个定位模块，最多可控制 12 轴。

④ 网络通信便利。

MELSEC iQ-F 系列可根据控制内容构建出通过 CC-Link 实现的高速网络、Ethernet、MODBUS、Sensor Solution 等网络。

此外，使用 CC-Link IE 现场网络可超高速且高效率地构建整个工厂的系统。

⑤ 友好的编程环境。

a. GX Works3 是针对顺控程序的设计及维护提供综合性支持的软件。

b. 使用图形，操作起来较为直观，只需"选择"即可完成简单编程。

c. 通过可排除故障的诊断功能，实现工程成本的削减。

d. 大幅度增加了专用指令。从 FX3 系列的 510 种，扩展到 MELSEC iQ-F 系列的 1014 种。

2.2 三菱 iQ-F 系列 PLC 产品介绍

（1）硬件系统的整体构成

FX5U 硬件系统的整体构成如图 2-1 所示，FX5UC 的整体构成如图 2-2 所示。

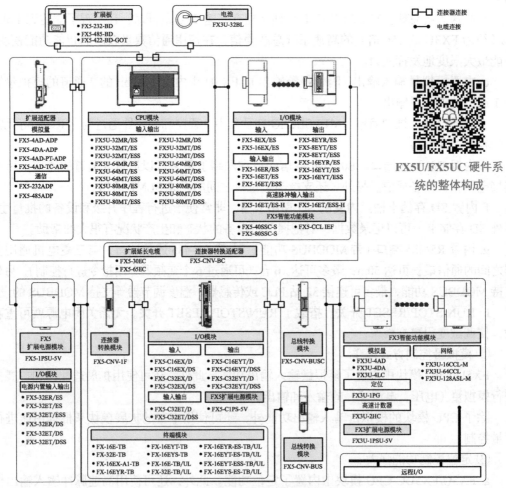

图 2-1 FX5U 硬件系统的整体构成

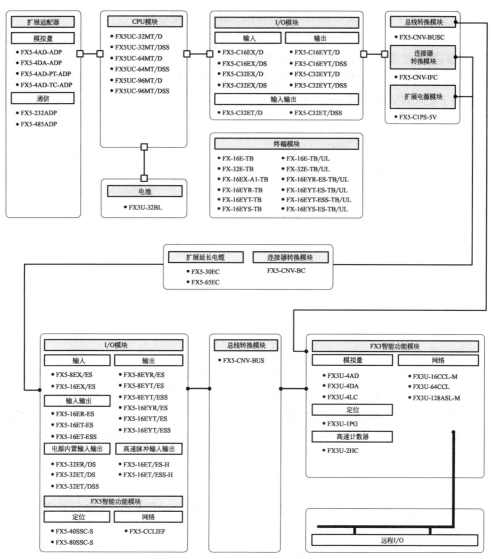

图 2-2 FX5UC 硬件系统的整体构成

　　iQ-F 系列 PLC 硬件系统主要包含 CPU 模块、扩展模块、扩展适配器、扩展板、延长电缆、连接器转换适配器和终端模块等。

（2）CPU 模块介绍

CPU 模块是整个系统的核心，处于支配地位，也成为基本控制单元，必不可少。

（3）扩展模块介绍

　　扩展模块是用于扩展输入输出和功能等的模块。扩展模块的连接有扩展电缆型和扩展连接器型，如图 2-3 所示。扩展连接器型的模块结构紧凑，但必须用专用电缆把信号引到端子台上才可以接线。

　　扩展模块主要包含 5 类，以下将进行简要介绍。

　　① I/O 模块。I/O 模块是用于扩展输入输出的产品。I/O 模块最为常用，主要有数字量输入模块和数字量输出模块，前者用于连接按钮、接近开关等输入设备，后者主要用于连接数

字量输出设备,如各类线圈(继电器、电磁阀的线圈)和指示灯。

② 智能功能模块。主要包含 FX5 定位模块、FX5 模拟量模块和 FX5 网络模块,还包括 FX3U 系列的模拟量模块、定位模块、高速计数模块和网络模块。

FX3 系列的 I/O 模块和智能模块都可以连接到 FX5 的 CPU 的右侧,但注意必须安装总线转换模块 FX5-CNV-BUS 或者 FX5-CNV-BUSC。

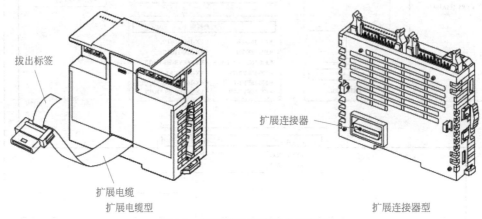

图 2-3　扩展模块连接形式示意图

③ 扩展电源模块。扩展电源模块是当 CPU 模块内置电源不够时,用于补充的电源。主要是当模块数量多的时候,通过计算,电源不够时才用此模块。

④ 总线转换模块。总线转换模块是在 FX5U 的系统中用于连接 FX3 扩展模块的模块。

⑤ 连接器转换模块。连接器转换模块是在 FX5U 的系统中用于连接扩展模块(扩展连接器型)的模块。

(4) 扩展板

扩展板是可连接在 CPU 模块正面用于扩展功能的板。一台 CPU 模块只能安装一块。扩展板的好处是不占用控制柜的空间。

(5) 扩展适配器

扩展适配器是连接在 CPU 模块左侧的用于扩展功能的适配器。只有扩展适配器安装在 CPU 模块的左侧,其余模块都没有这个特点。

(6) 扩展延长电缆

扩展延长电缆在 iQ-F 系列 PLC 扩展模块(扩展电缆型)安装在较远场所时使用。

2.3　三菱 iQ-F 系列 CPU 模块及其接线

2.3.1　三菱 iQ-F 系列 CPU 模块介绍

CPU 模块是内置了 CPU、存储器、输入输出、电源的产品。CPU 模块的正面各部位如图 2-4 所示。其功能见表 2-1。

**FX5U CPU
模块介绍**

**FX5UC CPU
模块介绍**

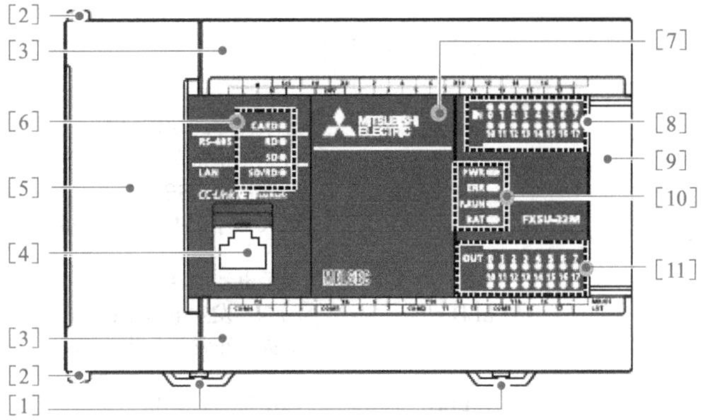

图 2-4 FX5U CPU 的正面图

表 2-1 iQ-F 系列 CPU 的正面各部位功能

编号	名称	内容
[1]	DIN 导轨安装用卡扣	用于将 CPU 模块安装在 DIN46277（宽度：35mm）的 DIN 导轨上的卡扣
[2]	扩展适配器连接用卡扣	连接扩展适配器时，用此卡扣固定
[3]	端子排盖板	保护端子排的盖板 接线时可打开此盖板作业。运行（通电）时，请关上此盖板
[4]	内置以太网通信用连接器	用于连接支持以太网的设备的连接器
[5]	上盖板	保护 SD 存储卡槽、RUN/STOP/RESET 开关等的盖板 内置 RS-485 通信用端子排、内置模拟量输入输出端子排、RUN/STOP/RESET 开关、SD 存储卡槽等位于此盖板下
[6]	CARD LED	显示 SD 存储卡是否可以使用 灯亮：可以使用或不可拆下 闪烁：准备中 灯灭：未插入或可拆下
	RD LED	用内置 RS-485 通信接收数据时灯亮
	SD LED	用内置 RS-485 通信发送数据时灯亮
	SD/RD LED	用内置以太网通信收发数据时灯亮
[7]	连接扩展板用的连接器盖板	保护连接扩展板用的连接器、电池等的盖板 电池安装在此盖板下
[8]	输入显示 LED	输入接通时灯亮
[9]	次段扩展连接器盖板	保护次段扩展连接器的盖板。将扩展模块的扩展电缆连接到位于盖板下的次段扩展连接器上
[10]	PWR LED	显示 CPU 模块的通电状态 灯亮：通电中 灯灭：停电中或硬件异常
	ERR LED	显示 CPU 模块的错误状态 灯亮：发生错误中或硬件异常 闪烁：出厂状态，发生错误中，硬件异常或复位中 灯灭：正常动作中

续表

编号	名称	内容
[10]	P.RUN LED	显示程序的动作状态 灯亮：正常动作中 闪烁：PAUSE 状态 灯灭：停止中或发生停止错误中
	BAT LED	显示电池的状态 闪烁：发生电池错误中 灯灭：正常动作中
[11]	输出显示 LED	输出接通时灯亮

2.3.2 三菱 FX5U CPU 模块的技术性能

（1）FX5U CPU 模块的型号

FX5U CPU 模块的型号说明如图 2-5 所示。

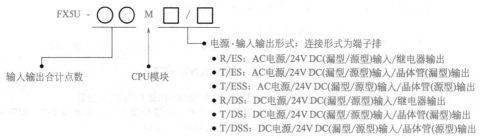

图 2-5　FX5U CPU 模块的型号说明

FX5U CPU 有多种类型。

① 按照点数分，有 32 点、64 点和 80 点共三种。

② 按照供电电源分，有交流电源和直流电源两种。

③ 按照输出形式分，有继电器输出、晶体管输出共两种。晶体管输出的 PLC 又分为源型输出和漏型输出。暂时没有晶闸管输出形式。

④ 按照输入形式分，有直流源型输入和漏型输入。没有交流电输入形式。

（2）FX5U CPU 模块的技术性能

FX5U AC 电源 CPU 模块的输入输出技术性能见表 2-2。DC 电源 CPU 模块的输入输出技术性能见表 2-3。

表 2-2　AC 电源 CPU 模块的输入输出技术性能

型号	输入输出点数			输入形式	输出形式	连接形式	电源容量	
	合计点	输入点	输出点				DC5V	DC24V
FX5U-32MR/ES					继电器			
FX5U-32MT/ES	32 点	16 点	16 点	DC24V（漏型 / 源型）	晶体管（漏型）	端子排	900mA	400mA
FX5U-32MT/ESS					晶体管（源型）			

续表

型号	输入输出点数			输入形式	输出形式	连接形式	电源容量	
	合计点	输入点	输出点				DC5V	DC24V
FX5U-64MR/ES	64 点	32 点	32 点	DC24V（漏型 / 源型）	继电器	端子排	1100mA	600mA
FX5U-64MT/ES					晶体管（漏型）			
FX5U-64MT/ESS					晶体管（源型）			
FX5U-80MR/ES	80 点	40 点	40 点	DC24V（漏型 / 源型）	继电器	端子排	1100mA	600mA
FX5U-80MT/ES					晶体管（漏型）			
FX5U-80MT/ESS					晶体管（源型）			

表 2-3　DC 电源 CPU 模块的输入输出技术性能

型号	输入输出点数			输入形式	输出形式	连接形式	电源容量	
	合计点	输入点	输出点				DC5V	DC24V
FX5U-32MR/DS	32 点	16 点	16 点	DC24V（漏型 / 源型）	继电器	端子排	900mA	480mA
FX5U-32MT/DS					晶体管（漏型）			
FX5U-32MT/DSS					晶体管（源型）			
FX5U-64MR/DS	64 点	32 点	32 点	DC24V（漏型 / 源型）	继电器	端子排	1100mA	740mA
FX5U-64MT/DS					晶体管（漏型）			
FX5U-64MT/DSS					晶体管（源型）			
FX5U-80MR/DS	80 点	40 点	40 点	DC24V（漏型 / 源型）	继电器	端子排	1100mA	770mA
FX5U-80MT/DS					晶体管（漏型）			
FX5U-80MT/DSS					晶体管（源型）			

FX5U CPU 模块的其他技术性能见表 2-4。

表 2-4　FX5U CPU 模块的其他技术性能

项目	CPU 类型		
	FX5U-32M	FX5U-64M	FX5U-80M
输入输出点数	16/16	32/32	40/40
高速计数			
通道数	8		
输入最高频率	2.5 ～ 200kHz，不同通道不同		

续表

项目		CPU 类型		
		FX5U-32M	**FX5U-64M**	**FX5U-80M**
高速输出				
最大轴数		4 轴		
占用点		Y0 ～ Y3		
最大频率		200kpps		
内置模拟量输入				
模拟量输入点数		2 点（2 通道）		
模拟量输入	电压	DC0 ～ 10V（输入电阻 115.7kΩ）		
数字输出		12 位无符号二进制		
输入特性、最大分辨	数字输出值	0 ～ 4000		
	最大分辨率	2.5mV		
内置模拟量输出				
模拟量输出点数		1 点（1 通道）		
模拟量输出	电压	DC0 ～ 10V（外部负载电阻值 2kΩ ～ 1MΩ）		
数字输入		12 位无符号二进制		
输出特性、最大分辨	数字输入值	0 ～ 4000		
	最大分辨率	2.5mV		
内置 Ethernet 端口				
端口数量		1 个，RJ-45 接头		
支持协议		CC-Link IE 现场网络 Basic、FTP 服务器、SLMP		
内置 RS-485 串口				
数量		1 个		
支持协议 / 功能		并联链接功能、MODBUS、无顺序通信、简易 PLC 间链接、变频器通信		

◎ **关键点** · · · · · · · · ·

　　FX2N 系列 PLC 的直流输入为漏型（即低电平有效），但 FX5U 直流输入有源型输入和漏型输入可选，也就是说通过不同的接线选择是源型输入还是漏型输入，这无疑为工程设计带来极大的便利。FX5U 的晶体管输出也有漏型输出和源型输出两种，但在订购设备时就必须确定需要购买哪种输出类型的 PLC。

2.3.3　三菱 FX5U CPU 模块的接线

在讲解 FX5U CPU 模块接线前，先要熟悉 CPU 模块的接线端子。FX5U 的接线端子（以 FX5U-32MR 为例）一般由上下两排交错分布，如图 2-6 所示，这样排列方便接线，接线时一般先接下面一排（对于输入端，先接 X0、X2、X4、X6…接线端子，后接 X1、X3、X5、X7…接线端子）。图 2-6 中，"1"处的三个接线端子是 CPU 模块的交流电源接线端子，其中 L 接交流电源的火线，N 接交流电源的零线，⏚ 接交流电源的地线；"2"处的 24V 是 CPU 模块输出的 DC24V 电源的 +24V，这个电源可供输入端的器件使用，也可供扩展模块使用。"3"处的接线端子是数字量输入接线端子，通常与按钮，开关量的传感器相连。"4"处的圆点表示此处是空白端子，不用。很明显"5"处的粗线是分割线，将第三组输出点和第四组输出点分开。"6"处的 Y5 是数字量输出端子。"7"处的 COM0 是第一组输出端的公共接线端子，这个公共接线端子是输出点 Y0、Y1、Y2、Y3 的公共接线端子。

FX5U CPU 模块的接线

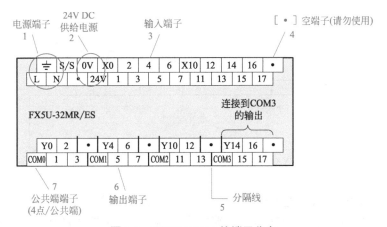

图 2-6　FX5U-32MR 的端子分布

FX5U CPU 模块的输入端有 NPN（漏型，低电平有效）输入和 PNP（源型，高电平有效）输入可选，只要换不同的接线方式即可选择不同的输入形式。当输入端与数字量传感器相连时，能使用 NPN 和 PNP 型传感器，FX5U 的输入端在连接按钮时，并不需要外接电源。FX5U CPU 模块的输入端的接线示例如图 2-7 ～图 2-10 所示，不难看出 FX5U CPU 模块的输入端接线和 FX2N 系列 PLC 基本模块的输入端有所不同。

如图 2-7 所示，模块供电电源为交流电，输入端是漏型接法，24V 端子与 S/S 端子短接，0V 端子是输入端的公共端子，这种接法是低电平有效，也叫 NPN 输入。

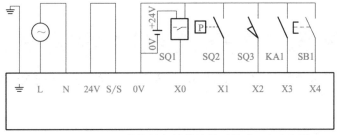

图 2-7　FX5U CPU 模块输入端的接线（漏型，交流电源）

如图 2-8 所示，模块供电电源为交流电，输入端是源型接法，0V 端子与 S/S 端子短接，24V 端子是输入端的公共端子，这种接法是高电平有效，也叫 PNP 输入。

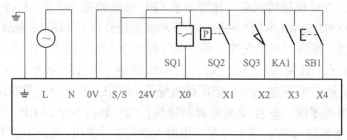

图 2-8　FX5U CPU 模块输入端的接线（源型，交流电源）

如图 2-9 所示，模块供电电源为直流电，输入端是漏型接法，S/S 端子与模块供电电源的 +24V 短接，模块供电电源 0V 是输入端的公共端子，这种接法是低电平有效，也叫 NPN 输入。

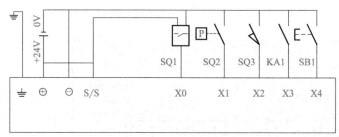

图 2-9　FX5U CPU 模块输入端的接线（漏型，直流电源）

如图 2-10 所示，模块供电电源为直流电，输入端是源型接法，S/S 端子与模块供电电源的 0V 短接，模块供电电源 +24V 是输入端的公共端子，这种接法是高电平有效，也叫 PNP 输入。

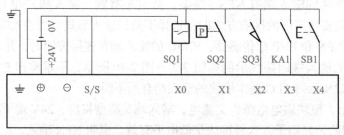

图 2-10　FX5U CPU 模块输入端的接线（源型，直流电源）

◎ 关键点 · · · · · · · · ·

　　FX5U CPU 模块的输入端和 PLC 的供电电源很近，特别是使用交流电源时，要注意不要把交流电误接入到信号端子。

【例 2-1】

有一台 FX5U-32MR，输入端有一只三线 NPN 接近开关和一只二线 NPN 接近开关，应如何接线？

【解】 对于 FX5U-32MR，公共端是 0V 端子。而对于三线 NPN 接近开关，只要将其棕线与 24V 端子、蓝线与 0V 端子相连，将信号线与 PLC 的"X1"相连即可；而对于二线 NPN 接近开关，只要将 0V 端子与其蓝色线相连，将信号线（棕色线）与 PLC 的"X0"相连即可，如图 2-11 所示。

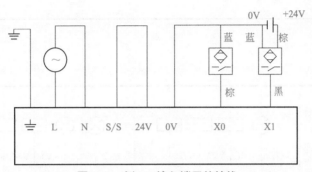

图 2-11　例 2-1 输入端子的接线

FX5U CPU 模块的输出形式有两种：继电器输出和晶体管输出。继电器型输出用得比较多，输出端可以连接直流或者交流电源，无极性之分，但交流电源不超过 220V，FX5U CPU 模块的继电器型输出端接线与 FX2N 系列 PLC 的继电器型输出端的接线类似，如图 2-12 所示。

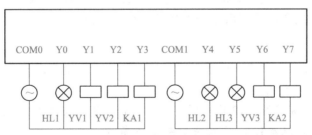

图 2-12　FX5U CPU 模块的输出端的接线（继电器型输出）

FX5U CPU 模块无晶闸管输出形式，但 FX5 的输出模块有晶闸管输出形式。

晶体管输出只有 NPN 输出和 PNP 输出两种形式，用于输出频率高的场合。通常，相同点数的三菱 FX 系列 PLC 晶体管输出形式的要比继电器输出形式的贵一点。晶体管输出的 PLC 的输出端只能使用直流电源，对于 NPN 输出形式，其公共端子和电源的 0V 接在一起。FX5U CPU 模块的晶体管 NPN 型输出的接线示例如图 2-13 所示。晶体管 NPN 型输出是三菱 FX5 PLC 的主流形式，在 FX3U 以前的 FX 系列 CPU 模块的晶体管输出形式中，只有 NPN 输出一种。此外，在 FX5 CPU 模块中，晶体管输出中增加了 PNP 型输出，其公共端子是 +V，接线如图 2-14 所示。

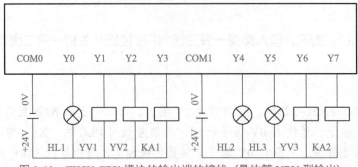

图 2-13　FX5U CPU 模块的输出端的接线（晶体管 NPN 型输出）

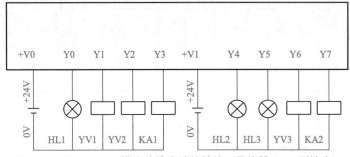

图 2-14　FX5U CPU 模块的输出端的接线（晶体管 PNP 型输出）

【例 2-2】

　　有一台 FX5U-32M，控制两台步进电动机（步进电动机控制端是共阴接法）和一台三相异步电动机的启停，三相电动机的启停由一只接触器控制，接触器的线圈电压为 220V AC，输出端应如何接线（步进电动机部分的接线可以省略）？

　　【解】　因为要控制两台步进电动机，所以要选用晶体管输出的 PLC，而且必须用 Y0 和 Y1 作为输出高速脉冲点控制步进电动机，又由于步进电动机控制端是共阴接法，所以 PLC 的输出端要采用 PNP 输出型。接触器的线圈电压为 220V AC，所以电路要经过转换，增加中间继电器 KA，其接线如图 2-15 所示。

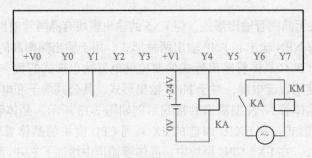

图 2-15　例 2-2 接线

2.3.4 三菱 FX5UC CPU 模块的接线

在讲解 FX5UC CPU 模块接线前，先要熟悉 CPU 模块的输入输出连接器。有的 FX5UC 的输入输出连接器（以 FX5UC-32MT 为例）不能直接连接电缆，还必须外购连接电缆和端子台，其端子的排列分布图如图 2-16 所示。

**FX5UC CPU
模块的接线**

有的 FX5UC CPU 模块的输入端只能是 NPN（漏型，低电平有效）输入，如 FX5UC-32MT/D，其输入端接线如图 2-17 所示。有的输入端是 NPN 输入和 PNP（源型，高电平有效）输入可选，只要改换不同的接线即可选择不同的输入形式，如 FX5UC-32MT/DSS，其输入端接线如图 2-17 和图 2-18 所示，不难看出 FX5UC CPU 模块的输入端接线和 FX3 系列 PLC 基本模块的输入端有所不同。

FX5UC CPU 模块结构紧凑，只能连接直流电源，输入端无 S/S 端子，而有 COM 端子，这点不同于 FX5U CPU。

图 2-16　FX5UC-32MT
的端子分布

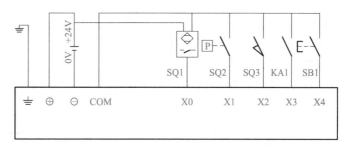

图 2-17　FX5UC CPU 模块的输入端的接线（漏型，直流电源）

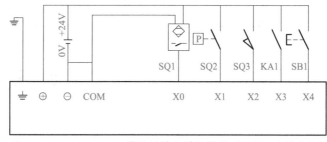

图 2-18　FX5UC CPU 模块的输入端的接线（源型，直流电源）

【例 2-3】

有一台 FX5UC-32MR，输入端有一只三线 NPN 接近开关和一只二线 NPN 接近开关，应如何接线？

【解】　对于 FX5UC-32MR，公共端是 COM 端子。对于三线 NPN 接近开关，只要将其棕线与 24V 端子相连，蓝线与 COM 端子相连，将信号线与 PLC 的 "X0" 相连即可；而对于二线 NPN 接近开关，只要将 COM 端子与其蓝色线相连，将信号线（棕色线）与 PLC 的 "X1" 相连即可，如图 2-19 所示。

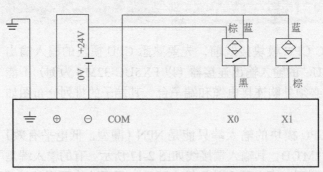

图 2-19　例 2-3 输入端子的接线

　　FX5UC CPU 模块无晶闸管和继电器输出形式，只有晶体管形式。晶体管输出只有 NPN 输出和 PNP 输出两种形式，用于输出频率高的场合。晶体管输出的 PLC 的输出端只能使用直流电源，对于 NPN 输出形式，其公共端子和电源的 0V 接在一起，FX5UC CPU 模块的晶体管型 NPN 输出的接线示例如图 2-20 所示。晶体管型 NPN 输出是三菱 FX5 PLC 的主流形式，在 FX3U 以前的 FX 系列 CPU 模块的晶体管输出形式中，只有 NPN 输出一种。如图 2-21 所示也是 NPN 输出，但为 64 点 CPU 模块（32 点输入和 32 点输出），输出公共端子有两组。注意输出点 Y10 ~ Y17 和 Y30 ~ Y37 省略未画出。

　　此外，在 FX5UC CPU 模块中，晶体管输出中有 PNP 型输出，其公共端子是 +V，接线如图 2-22 所示。

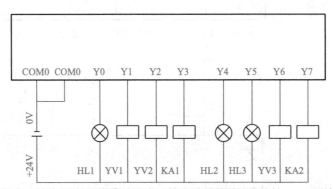

图 2-20　FX5UC CPU 模块（32 点）输出端的接线（晶体管 NPN 型输出）

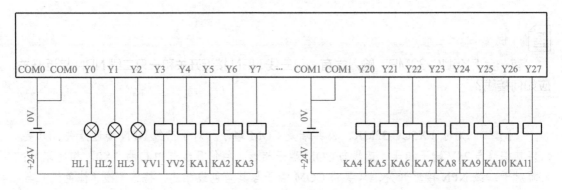

图 2-21　FX5UC CPU 模块（64 点）的输出端的接线（晶体管 NPN 型输出）

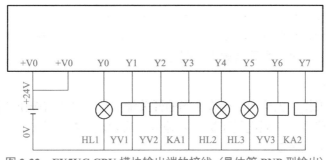

图 2-22 FX5UC CPU 模块输出端的接线（晶体管 PNP 型输出）

2.4 三菱 FX5U PLC 的扩展模块及其接线

FX5U PLC 的扩展模块有 I/O 模块、智能功能模块、扩展电源模块、总线转换模块和连接器转换模块。FX2N 系列 PLC 和 FX3 系列 PLC 使用的扩展模块可以用在 FX5U PLC 上，但使用时需要加总线转换模块。以下仅介绍常用的几种模块。

2.4.1 常用的扩展模块简介

当 CPU 模块的输入输出点不够用时，通常用添加扩展模块的办法解决，FX5U PLC 扩展模块（I/O 模块）型号的说明如图 2-23 所示。

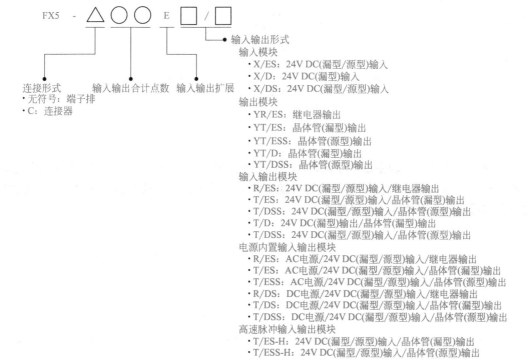

图 2-23 FX5U PLC 扩展模块（I/O 模块）型号说明

I/O 扩展模块也有多种类型，按照点数分有 8 点、16 点和 32 点三种。

按照连接形式分，有扩展电缆型和扩展连接器型两种。

按照输出形式分，有继电器输出和晶体管输出（源型和漏型）两种。

按照输入形式分，可分为源型输入和漏型输入。

（1）数字量输入扩展模块

数字量输入扩展模块主要用于接收现场的开关量信号，主要与按钮和接近开关等器件连接，模块无需外接供电。扩展电缆型数字量输入扩展模块参数见表 2-5。扩展连接器型数字量输入扩展模块参数见表 2-6。

表 2-5 扩展电缆型数字量输入扩展模块参数

型号	输入输出点数			输入形式	输出形式	连接形式	消耗电流	
	合计点数	输入点数	输出点数				DC5V	DC24V
FX5-8EX/ES	8 点	8 点		DC24V（漏型 / 源型）		端子排	75mA	50mA
FX5-16EX/ES	16 点	16 点					100mA	85mA

表 2-6 扩展连接器型数字量输入扩展模块参数

型号	输入输出点数			输入形式	输出形式	连接形式	消耗电流		
	合计点数	输入点数	输出点数				DC5V	DC24V	外部 DC24V 电源
FX5-C16EX/D	16 点	16 点		DC24V（漏型）		连接器	100mA		65mA
FX5-C16EX/DS				DC24V（漏型 / 源型）					
FX5-C32EX/D	32 点	32 点		DC24V（漏型）		连接器	120mA		130mA
FX5-C32EX/DS				DC24V（漏型 / 源型）					

（2）数字量输出扩展模块

数字量输出扩展模块主要用于向现场的设备发出开关量信号，主要与各类线圈和指示灯等器件连接，模块无需外接供电。扩展电缆型数字量输出扩展模块参数见表 2-7。扩展连接器型数字量输出扩展模块参数见表 2-8。

表 2-7 扩展电缆型数字量输出扩展模块参数

型号	输入输出点数			输入形式	输出形式	连接形式	消耗电流	
	合计点数	输入点数	输出点数				DC5V	DC24V
FX5-8EYR/ES	8 点		8 点		继电器	端子排	75mA	75mA
FX5-8EYT/ES					晶体管（漏型）			
FX5-8EYT/ESS					晶体管（源型）			

续表

型号	输入输出点数			输入形式	输出形式	连接形式	消耗电流	
	合计点数	输入点数	输出点数				DC5V	DC24V
FX5-16EYR/ES	16 点		16 点		继电器	端子排	100mA	125mA
FX5-16EYT/ES					晶体管（漏型）			
FX5-16EYT/ESS					晶体管（源型）			

表 2-8　扩展连接器型数字量输出扩展模块参数

型号	输入输出点数			输入形式	输出形式	连接形式	消耗电流	
	合计点数	输入点数	输出点数				DC5V	DC24V
FX5-C16EYT/D	16 点		16 点		晶体管（漏型）	连接器	100mA	100mA
FX5-C16EYT/D					晶体管（源型）			
FX5-C32EYT/D	32 点		32 点		晶体管（漏型）	连接器	120mA	200mA
FX5-C32EYT/D					晶体管（源型）			

（3）数字量输入输出扩展模块

数字量输入输出扩展模块也称为混合模块，就是模块上既有数字量输入点也有数字量输出点，模块无需外接供电。扩展电缆型数字量输入输出扩展模块参数见表 2-9。扩展连接器型数字量输入输出扩展模块参数见表 2-10。

表 2-9　扩展电缆型数字量输入输出扩展模块参数

型号	输入输出点数			输入形式	输出形式	连接形式	消耗电流	
	合计点数	输入点数	输出点数				DC5V	DC24V
FX5-16ER/ES	16 点	8 点	8 点	DC24V（漏型 / 源型）	继电器	端子排	100mA	125mA
FX5-16ET/ES					晶体管（漏型）			
FX5-16ET/ESS					晶体管（源型）			

表 2-10　扩展连接器型数字量输入输出扩展模块参数

型号	输入输出点数			输入形式	输出形式	连接形式	消耗电流		
	合计点数	输入点数	输出点数				DC5V	DC24V	外部 DC24V 电源
FX5-C32ET/D	32 点	16 点	16 点	DC24V（漏型）	晶体管（漏型）	连接器	120mA	100mA	65mA
FX5-C32ET/DSS				DC24V（漏型 / 源型）	晶体管（源型）				

（4）电源内置输入输出模块

电源内置输入输出模块是混合模块，这种模块上既有数字量输入点也有数字量输出点，模块外接供电。供电电源有 AC 和 DC 两种。AC 电源内置数字量输入输出扩展模块参数见表 2-11。DC 电源内置数字量输入输出扩展模块参数见表 2-12。

表 2-11　AC 电源内置数字量输入输出扩展模块参数

型号	输入输出点数			输入形式	输出形式	连接形式	电源容量	
	合计点数	输入点数	输出点数				DC5V	DC24V
FX5-32ER/ES	32 点	16 点	16 点	DC24V（漏型/源型）	继电器	端子排	965mA	250mA（310mA）
FX5-32ET/ES					晶体管（漏型）			

表 2-12　DC 电源内置数字量输入输出扩展模块参数

型号	输入输出点数			输入形式	输出形式	连接形式	电源容量	
	合计点数	输入点数	输出点数				DC5V	DC24V
FX5-32ER/DS	32 点	16 点	16 点	DC24V（漏型/源型）	继电器	端子排	965mA	310mA
FX5-32ET/DS					晶体管（漏型）			

2.4.2　常用电源内置输入输出模块的接线

FX5 PLC 常用电源内置输入输出模块的接线

电源内置输入输出模块，以前称为扩展单元，其外形、接线端子的排列和接线方法与 FX5 CPU 模块很类似，以下举几个例子进行介绍。

（1）FX5-32ER/ES 内置电源扩展模块的接线

FX5-32ER/ES 内置电源扩展模块的输入有源型和漏型输入可选，而输出是继电器输出，继电器输出的负载电源可以是交流电也可以是直流电，模块外接交流供电电源，本例的 FX5-32ER/ES 内置电源扩展模块是 16 点输入和16 点输出（本例只画出部分 I/O 点）。其端子排列如图 2-24 所示。其接线如图 2-25 和图 2-26所示。

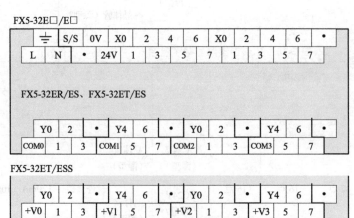

图 2-24　FX5-32E □ /E □内置电源扩展模块的端子排列

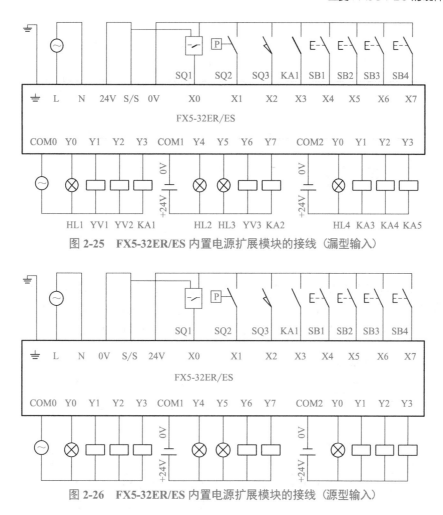

图 2-25　FX5-32ER/ES 内置电源扩展模块的接线（漏型输入）

图 2-26　FX5-32ER/ES 内置电源扩展模块的接线（源型输入）

（2）FX5-32ET/ESS 内置电源扩展模块的接线

FX5-32ET-ESS 内置电源扩展模块的输入是源型和漏型输入可选，而输出是晶体管源型输出，模块外接交流供电电源，本例的 FX5-32ET/ESS 内置电源扩展模块是 16 点输入和 16 点输出（本例只画出部分 I/O 点）。其端子排列如图 2-24 所示。其接线如图 2-27 和图 2-28 所示。

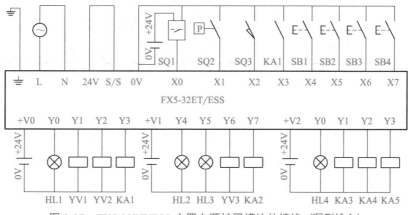

图 2-27　FX5-32ET/ESS 内置电源扩展模块的接线（漏型输入）

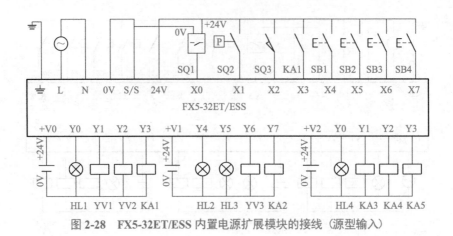

图 2-28 FX5-32ET/ESS 内置电源扩展模块的接线（源型输入）

（3）FX5-32ET/DS 内置电源扩展模块的接线

FX5-32ET/DS 内置电源扩展模块的输入是漏型输入，输出也是晶体管漏型输出，外接 +24V 直流供电电源，本例的 FX5-32ET/DS 内置电源扩展模块是 16 点输入和 16 点输出（本例只画出部分 I/O 点）。其端子排列如图 2-29 所示。其接线如图 2-30 所示。

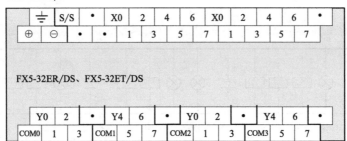

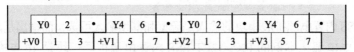

图 2-29 FX5-32E □ /D □内置电源扩展模块的端子排列

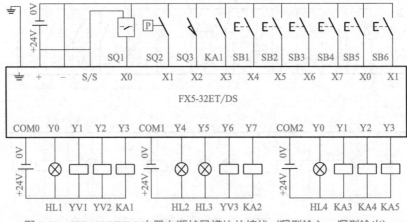

图 2-30 FX5-32ET/DS 内置电源扩展模块的接线（漏型输入，漏型输出）

（4）FX5-32ER/DS 内置电源扩展模块的接线

FX5-32ER-DS 内置电源扩展模块的输入是漏型输入，继电器输出，外接 +24V 直流供电电源，本例的 FX5-32ER/DS 是 16 点输入和 16 点输出（本例只画出部分 I/O 点）。其接线如图 2-31 所示。

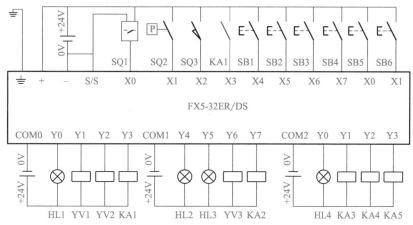

图 2-31　FX5-32ER/DS 内置电源扩展模块的接线（源型输入，继电器输出）

2.4.3　三菱 FX5U PLC 扩展模块（无内置电源）及其接线

在使用 FX5U 的 CPU 模块时，如数字量 I/O 点不够用，这种情况下就要使用数字量扩展模块，以下将对常用的数字量模块（无内置电源）的接线进行介绍。部分数字量输入、输出扩展模块的端子排列如图 2-32 所示。

FX5 PLC 扩展模块及其接线

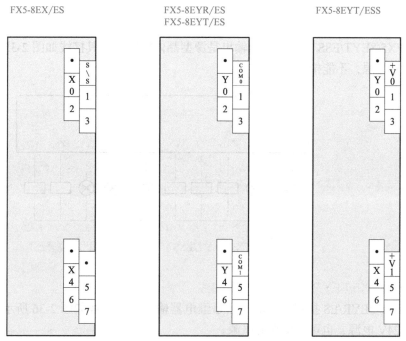

图 2-32　部分数字量输入、输出扩展模块的端子排列

(1) FX5-8EX/ES 扩展模块的接线

FX5-8EX/ES 扩展模块的输入是漏型输入，其接线如图 2-33 所示。

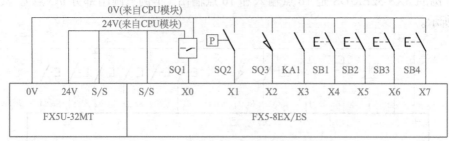

图 2-33　FX5-8EX/ES 扩展模块的接线（漏型输入）

(2) FX5-8EYT/ES 扩展模块的接线

FX5-8EYT/ES 扩展模块的输出是漏型晶体管输出，其接线如图 2-34 所示，负载电源外接 24V 电源，不能接交流电源。

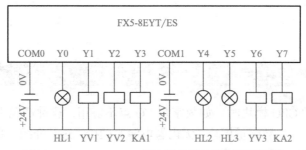

图 2-34　FX5-8EYT/ES 扩展模块的接线（漏型输出）

(3) FX5-8EYT/ESS 扩展模块的接线

FX5-8EYT/ESS 扩展模块的输出是源型晶体管输出，其接线如图 2-35 所示，负载电源外接 24V 电源，不能接交流电源。

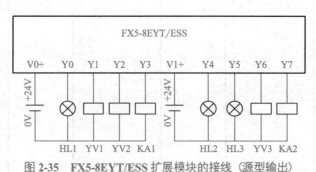

图 2-35　FX5-8EYT/ESS 扩展模块的接线（源型输出）

(4) FX5-8EYR/ES 扩展模块的接线

FX5-8EYR/ES 扩展模块的输出是继电器输出，其接线如图 2-36 所示，负载电源既可以外接 24V 电源，也可以接交流电源。

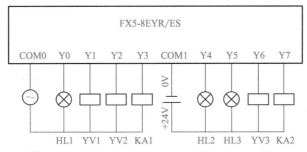

图 2-36　**FX5-8EYR/ES** 扩展模块的接线（继电器输出）

本书仅介绍 FX5 PLC 的扩展电缆型扩展模块的接线，扩展连接器型的接线未讲解。此外，16 点与 8 点输入输出扩展模块的接线类似，在此不做赘述。

2.5　三菱 FX5U PLC 的扩展适配器及其接线

2.5.1　扩展适配器简介

扩展适配器是连接在 CPU 模块左侧的用于扩展功能的适配器。目前只有模拟量模块和通信模块，其中模拟量模块比较常用。扩展适配器的用电参数见表 2-13。

FX5 PLC 的模拟量
适配器及其接线

表 2-13　扩展适配器的用电参数

型号	功能	消耗电流		
		5V DC 电源	24V DC 电源	外部 24V DC 电源
FX5-4AD-ADP	4 通道电压输入 / 电流输入	10mA	20mA	无
FX5-4DA-ADP	4 通道电压输出 / 电流输出	10mA		160mA
FX5-4AD-PT-ADP	4 通道测温电阻输入	10mA	20mA	无
FX5-4AD-TC-ADP	4 通道热电偶输入	10mA	20mA	无
FX5-232ADP	RS-232C 通信用	30mA	30mA	无
FX5-485ADP	RS-485 通信用	20mA	30mA	无

2.5.2　扩展适配器的接线

（1）适配器 FX5-4AD-ADP 的接线

适配器 FX5-4AD-ADP 模块结构紧凑，是 4 通道模拟量输入模块，只能安装在 CPU 模块的左侧，无需外接电源供电。其端子排列及各个端子的含义见表 2-14。

表 2-14　扩展适配器 FX5-4AD-ADP 的端子排列

端子排	信号名称		功能
	V1+		电压 / 电流输入
	I1+	CH1	电流输入短路用
	COM1		公共端
	V2+		电压 / 电流输入
	I2+	CH2	电流输入短路用
	COM2		公共端
	V3+		电压 / 电流输入
	I3+	CH3	电流输入短路用
	COM3		公共端
	V4+		电压 / 电流输入
	I4+	CH4	电流输入短路用
	COM4		公共端
	⏚		接地

适配器 FX5-4AD-ADP 模块的接线图如图 2-37 所示。

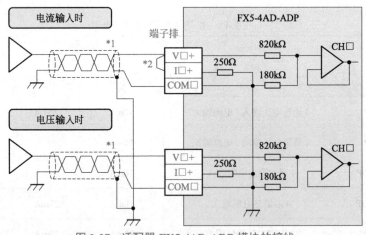

图 2-37　适配器 FX5-4AD-ADP 模块的接线

适配器 FX5-4AD-ADP 模块接线的几点说明。

① 在图 2-37 的标记 "1" 处，模拟输入线应使用双芯的屏蔽双绞电缆，且配线时与其他动力线及容易受电感影响的线隔离，否则容易受到干扰。

② 输入信号是电流时，V+ 与 I+ 的端子必须短接，如图 2-37 所示的标记 "2" 处。

（2）适配器 FX5-4DA-ADP 的接线

适配器 FX5-4DA-ADP 模块结构紧凑，是 4 通道模拟量输出模块，只能安装在 CPU 模块的左侧，需外接 +24V 电源供电。其端子排列及各个端子的含义见表 2-15。

表 2-15　扩展适配器 FX5-4DA-ADP 的端子排列

端子排	信号名称		功能
	V1+		电压输出
	I1+	CH1	电流输出
	COM1		公共端
	V2+		电压输出
	I2+	CH2	电流输出
	COM2		公共端
	V3+		电压输出
	I3+	CH3	电流输出
	COM3		公共端
	V4+		电压输出
	I4+	CH4	电流输出
	COM4		公共端
	−		不配线
电源连接器	信号名称		功能
	+		24V DC 电源（＋）
	−		24V DC 电源（−）
	⏚		接地

端子排列：V1+、I1+、COM1、V2+、I2+、COM2、V3+、I3+、COM3、V4+、I4+、COM4、−

适配器 FX5-4DA-ADP 模块的接线图如图 2-38 所示。

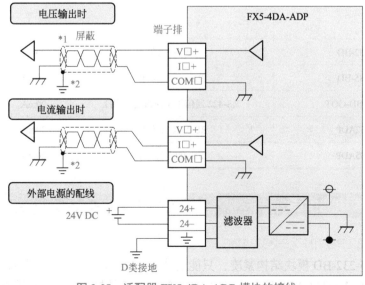

图 2-38　适配器 FX5-4DA-ADP 模块的接线

适配器 FX5-4DA-ADP 模块的接线的几点说明。

① 在图 2-38 的标记 "1" 处，模拟输出线应使用双芯的屏蔽双绞电缆，且配线时与其他动力线及容易受电感影响的线隔离，否则容易受到干扰。

② 屏蔽线应在信号接收侧一点接地，如图 2-38 所示的标记 "2" 处。

模拟量输出和输出模块的接地采用如图 2-39 所示的方式 1 和方式 2，不能采用方式 3。

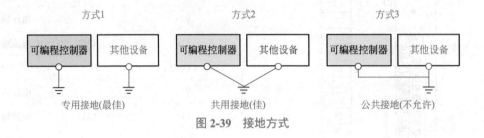

图 2-39 接地方式

2.6 三菱 FX5U PLC 的通信模块及其接线

2.6.1 通信模块简介

FX5 PLC 的通信
适配器及其接线

通信模块包含扩展板和扩展适配器。扩展板是可连接在 CPU 模块正面用于扩展功能的板。一台 CPU 模块只能安装一块，目前只有通信模块，扩展板无需外接供电电源，因其体积很小，所以几乎不占用控制柜的空间。

扩展适配器包含模拟量模块和通信模块，模拟量模块在前面章节已经介绍。通信模块的型号和耗电见表 2-16。

表 2-16 扩展板的型号和耗电

型号	功能	消耗电流	
		DC5V 电源	DC24V 电源
FX5-232-BD	RS-232C 通信用	20mA	
FX5-485-BD	RS-485 通信用	20mA	
FX5-422-BD-GOT	RS-422 通信用（GOT 连接用）	20mA	
FX5-232ADP	RS-232C 通信用	30mA	30mA
FX5-485ADP	RS-485 通信用	20mA	30mA

2.6.2 通信模块的接线

（1）FX5-232-BD 和 FX5-232-ADP 模块的接线

扩展板 FX5-232-BD 模块结构紧凑，只能安装在 CPU 模块的正面，无需外接 +24V 电源供电。扩展模块 FX5-232-ADP 安装在 CPU 的左侧，无需外接 +24V 电源供电。FX5-232-BD

和 FX5-232-ADP 端子排列及各个端子的含义见表 2-17。

表 2-17 FX5-232-BD 和 FX5-232-ADP 的端子排列

FX5-232-BD、FX5-232-ADP		信号名称	功能
D-SUB 9 针（公头）	引脚编号		
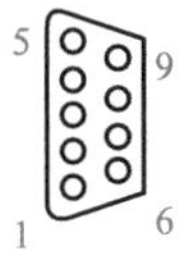	1	CD（DCD）	接收载波检测
	2	RD（RXD）	接收数据输入
	3	SD（TXD）	发送数据输出
	4	ER（DTR）	发送请求
	5	SG（GND）	信号地
	6	DR（DSR）	数据设置准备好
	7、8、9	不使用	
		FG	外壳接地

FX5-232-BD 和 FX5-232-ADP 模块的典型应用接线图如图 2-40 所示。这种接线方式称为交叉接线，即 PLC 的发送端子与控制对象的接收端子连接，PLC 的接收端子与控制对象的发送端子连接，PLC 和控制对象的 5 号端子短接（共地），很显然这种连接方式是全双工。

可编程控制器一侧		RS-232C对象设备一侧					
名称	FX5-232-BD FX5-232ADP D-SUB 9针(母头)	名称	使用CS、RS		名称	使用DR、ER	
			D-SUB 9针	D-SUB 25针		D-SUB 9针	D-SUB 25针
FG	–	FG	–	1	FG	–	1
RD(RXD)	2	RD(RXD)	2	3	RD(RXD)	2	3
SD(TXD)	3	SD(TXD)	3	2	SD(TXD)	3	2
ER(DTR)	4	RS(RTS)	7	4	ER(DTR)	4	20
SG(GND)	5	SG(GND)	5	7	SG(GND)	5	7
DR(DSR)	6	CS(CTS)	8	5	DR(DSR)	6	6

图 2-40 FX5-232-BD 和 FX5-232-ADP 模块的典型应用接线

（2）FX5-485-BD、FX5-485-ADP 和内置 RS-485 模块的接线

RS-485 模块的接线分为半双工和全双工，半双工通信时如图 2-41 所示，全双工通信时如图 2-42 所示。

RS-485 模块的接线（半双工时）的几点说明。

① 连接的双绞电缆的屏蔽层应采取 D 类接地（如图 2-41 中 1 处）。

② 在回路的两端设置终端电阻。对于内置 RS-485 端口、FX5-485-BD、FX5-485-ADP，使用终端电阻切换开关，设定为 110Ω（如图 2-41 中 2 处）。

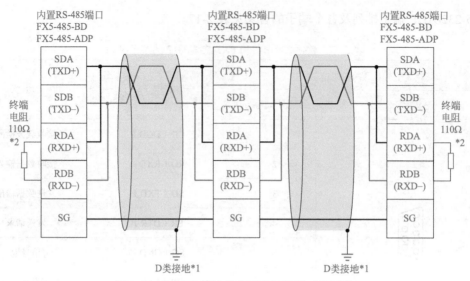

图 2-41 RS-485 模块的典型应用接线（半双工）

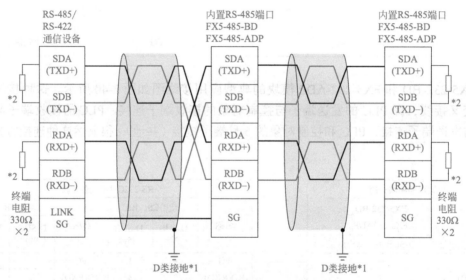

图 2-42 RS-485 模块的典型应用接线（全双工）

RS-485 模块的接线（全双工时）的几点说明。

① 连接的双绞电缆的屏蔽层应采取 D 类接地（如图 2-42 中 1 处）。

② 在回路的两端设置终端电阻。对于内置 RS-485 端口、FX5-485-BD、FX5-485-ADP，使用终端电阻切换开关，设定为 330Ω（如图 2-42 中 2 处）。

关于通信的概念读者可以参考第 6 章内容。

2.7 使用三菱 FX3 系列（以及之前）PLC 模块及其接线

FX5U 的 CPU 模块虽然可以使用 FX 系列 PLC 的部分模块，但不能直接连接到 CPU 上，需要配置一块总线转换模块（FX5-CNV-BUS 或者 FX5-CNV-BUSC）。经常使用的模块有

FX2N 的 I/O 模块（如 FX2N-8EX、FX2N-8EY）、模拟量模块（如 FX3U-4AD、FX3U-4DA）和通信模块（如 FX3U-16CCL-M 和 FX3U-64CCL）等。

以下仅介绍 FX5U CPU 可以使用的常用的模拟量模块。

2.7.1 三菱 FX3 模拟量输入模块（A/D）

模拟量输入模块就是将模拟量（如电流、电压等信号）转换成 PLC 可以识别的数字量的模块，在工业控制中应用非常广泛。FX3 系列 PLC 的 A/D 转换模块，部分可以在 FX5U 上使用，但需要安装在总线转换模块后面。本章只讲解 FX3U-4AD 模块。

FX3 模拟量输入
模块（A/D）

FX3U-4AD 可以连接在 FX3G/FX3GC/FX3U/FX3UC 可编程控制器上，是模拟量特殊功能模块。FX3U-4AD 模块有如下特性。

① 一台 FX3G/FX3GC/FX3U/FX3UC 可编程控制器上最多可以连接 8 台 FX3U-4AD 模块。

② 可以对 FX3U-4AD 各通道指定电压输入、电流输入。

③ A/D 转换值保存在 4AD 的缓冲存储区（BFM）中。

④ 通过数字滤波器的设定，可以读取稳定的 A/D 转换值。

⑤ 各通道中，最多可以存储 1700 次 A/D 转换值的历史记录。

（1）FX3U-4AD 的性能规格

FX3U-4AD 的性能规格见表 2-18。

表 2-18　FX3U-4AD 模块的性能规格

项目	规格	
	电压输入	电流输入
模拟量输入范围	DC $-10 \sim +10$V （输入电阻 200kΩ）	DC $-20 \sim +20$mA、$4 \sim 20$mA （输入电阻 250Ω）
偏置值	$-10 \sim +9$V	$-20 \sim +17$mA
增益值	$-9 \sim +10$V	$-17 \sim +30$mA
最大绝对输入	±15V	±30mA
数字量输出	带符号 16 位　二进制	带符号 15 位　二进制
分辨率	0.32μV（20V×1/64000） 2.5mV（20V×1/8000）	1.25μA（40mA×1/32000） 5.00μA（40mA×1/8000）
综合精度	●环境温度 25℃ ±5℃ 针对满量程 20V±0.3%（±60mV） ●环境温度 0 ～ 55℃ 针对满量程 20V±0.5%（±100mV）	●环境温度 25℃ ±5℃ 针对满量程 40mA±0.5%（±200μA） 4 ～ 20mA 输入时也相同（±20μA） ●环境温度 0 ～ 55℃ 针对满量程 40mA±1%（±400μA） 4 ～ 20mA 输入时也相同（±400μA）
A/D 转换时间	500μs× 使用通道数 （在 1 个通道以上使用数字滤波器时，5ms× 使用通道数）	
绝缘方式	●模拟量输入部分和可编程控制器之间，通过光耦隔离 ●模拟量输入部分和电源之间，通过 DC/DC 转换器隔离 ●各 ch（通道）间不隔离	
输入输出占用点数	8 点（在输入、输出点数中的任意一侧计算点数。）	

（2）FX3U-4AD 的输入特性

FX3U-4AD 的输入特性分为电压（–10 ～ +10V）、电流（4 ～ 20mA）和电流（–20 ～ +20mA）三种，根据各自的输入模式设定，以下分别介绍。

① 电压输入特性（范围为 –10 ～ +10V，输入模式为 0 ～ 2），其模拟量和数字量的对应关系如图 2-43 所示。

输入模式设定：　　0　　　　　　输入模式设定：　　1　　　　　　输入模式设定：　　2
输入形式：　　　电压输入　　　输入形式：　　　电压输入　　　输入形式：　　　电压输入(模拟量直接
模拟量输入范围：–10～+10V　　模拟量输入范围：–10～+10V　　　　　　　　　　　显示)
数字量输出范围：–32000～+32000　数字量输出范围：–4000～+4000　模拟量输入范围：–10～+10V
偏置、增益调整：可以　　　　偏置、增益调整：可以　　　　数字量输出范围：–10000～+10000
　　　　　　　　　　　　　　　　　　　　　　　　　　　偏置、增益调整：不可以

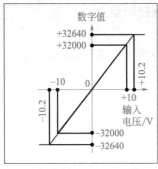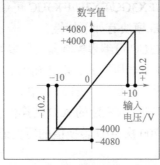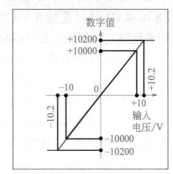

图 2-43　模拟量和数字量的对应关系（1）

② 电流输入特性（范围为 4 ～ 20mA，输入模式为 3 ～ 5），其模拟量和数字量的对应关系如图 2-44 所示。

输入模式设定：　　3　　　　　　输入模式设定：　　4　　　　　　输入模式设定：　　5
输入形式：　　　电流输入　　　输入形式：　　　电流输入　　　输入形式：　　　电流输入(模拟量直接
模拟量输入范围：4～20mA　　　模拟量输入范围：4～20mA　　　　　　　　　　　显示)
数字量输出范围：0～16000　　　数字量输出范围：0～4000　　　模拟量输入范围：4～20mA
偏置、增益调整：可以　　　　偏置、增益调整：可以　　　　数字量输出范围：4000～20000
　　　　　　　　　　　　　　　　　　　　　　　　　　　偏置、增益调整：不可以

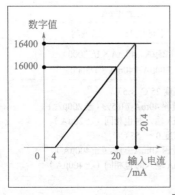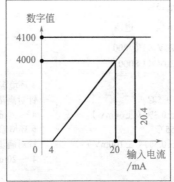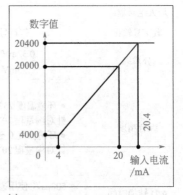

图 2-44　模拟量和数字量的对应关系（2）

③ 电流输入特性（范围为 –20 ～ +20mA，输入模式为 6 ～ 8），其模拟量和数字量的对应关系如图 2-45 所示。

输入模式设定:	6	输入模式设定:	7	输入模式设定:	8
输入形式:	电流输入	输入形式:	电流输入	输入形式:	电流输入(模拟量直接显示)
模拟量输入范围:	−20～+20mA	模拟量输入范围:	−20～+20mA	模拟量输入范围:	−20～+20mA
数字量输出范围:	−16000～+16000	数字量输出范围:	−4000～+4000	数字量输出范围:	−20000～+20000
偏置、增益调整:	可以	偏置、增益调整:	可以	偏置、增益调整:	不可以

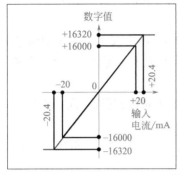
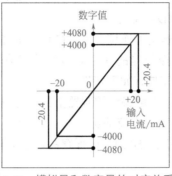
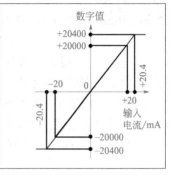

图 2-45 模拟量和数字量的对应关系（3）

（3）FX3U-4AD 的接线

FX3U-4AD 的接线如图 2-46 所示，图中仅绘制了 2 个通道。注意：当输入信号是电压信号时，仅仅需要连接 V+ 和 VI− 端子，而信号是电流信号时，V+ 和 I+ 端子应短接。

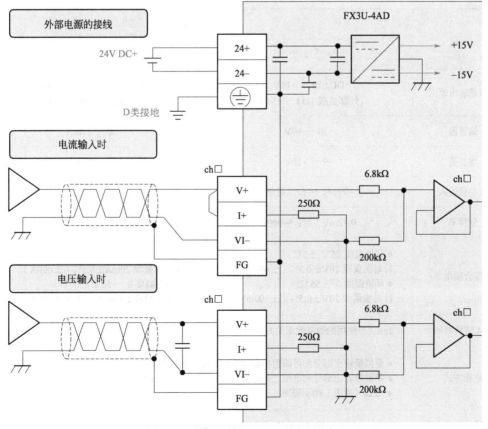

图 2-46 模拟量模块 FX3U-4AD 的接线

2.7.2 三菱 FX3 模拟量输出模块（D/A）

FX3 模拟量输出模块（D/A）

模拟量输出模块就是将 PLC 可以识别的数字量转换成模拟量（如电流、电压等信号）的模块，在工业控制中应用非常广泛。FX3 系列 PLC 的 D/A 转换模块，部分可以在 FX5U 上使用，但需要安装在总线转换模块后面。本书仅介绍 FX3U-4DA 模块。

FX3U-4DA 模块可连接在 FX3G/FX3GC/FX3U/FX3UC 可编程控制器上，是将来自可编程控制器的 4 个通道的数字值转换成模拟量值（电压 / 电流）并输出的模拟量特殊功能模块。其具有如下特性。

① FX3G/FX3GC/FX3U/FX3UC 可编程控制器上最多可以连接 8 台 FX3U-4DA 模块。

② 可以对各通道指定电压输出、电流输出。

③ 将 FX3U-4DA 的缓冲存储区（BFM）中保存的数字值转换成模拟量值（电压、电流），并输出。

④ 可以用数据表格的方式，预先对决定好的输出形式做设定，然后根据该数据表格进行模拟量输出。

（1）FX3U-4DA 的性能规格

FX3U-4DA 的性能规格见表 2-19。

表 2-19 FX3U-4DA 模块的性能规格

项目	规格	
	电压输出	电流输出
模拟量输出范围	DC −10 ～ +10V（外部负载 1kΩ ～ 1MΩ）	DC 0 ～ 20mA、4 ～ 20mA（外部负载 500Ω 以下）
偏置值	−10 ～ +9V	0 ～ 17mA
增益值	−9 ～ +10V	3 ～ 30mA
数字量输入	带符号 16 位二进制	15 位二进制
分辨率	0.32mV（20V/64000）	0.63μA（20mA/32000）
综合精度	● 环境温度 25℃ ±5℃ 针对满量程 20V±0.3%（±60mV） ● 环境温度 0 ～ 55℃ 针对满量程 20V±0.5%（±100mV）	● 环境温度 25℃ ±5℃ 针对满量程 20mA±0.3%（±60μA） ● 环境温度 0 ～ 55℃ 针对满量程 20mA±0.5%（±100μA）
D/A 转换时间	1ms（与使用的通道数无关）	
绝缘方式	● 模拟量输出部分和可编程控制器之间，通过光耦隔离 ● 模拟量输出部分和电源之间，通过 DC/DC 转换器隔离 ● 各 ch（通道）间不隔离	
输入输出占用点数	8 点（在输入、输出点数中的任意一侧计算点数）	

（2）FX3U-4DA 的性能规格

FX3U-4DA 的输出特性分为电压（-10 ～ +10V）、电流（0 ～ 20mA）和电流（4 ～ +20mA）三种，根据各自的输出模式设定，以下分别介绍。

① 电压输出特性（范围为 -10 ～ +10V，输出模式为 0、1），其模拟量和数字量的对应关系如图 2-47 所示。

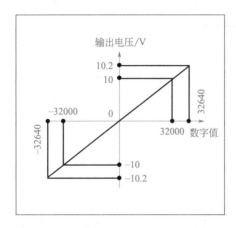
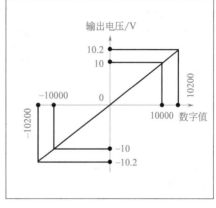

图 2-47　模拟量和数字量的对应关系（1）

② 电流输出特性（范围为 0 ～ 20mA，输出模式为 2、4），其模拟量和数字量的对应关系如图 2-48 所示。

③ 电流输出特性（范围为 4 ～ +20mA，输出模式为 3），其模拟量和数字量的对应关系如图 2-49 所示。

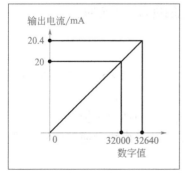
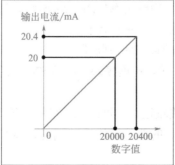
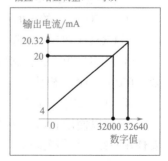

图 2-48　模拟量和数字量的对应关系（2）

图 2-49　模拟量和数字量
的对应关系（3）

(3) FX3U-4DA 的接线

FX3U-4DA 的接线如图 2-50 所示，图中仅绘制了 2 个通道。

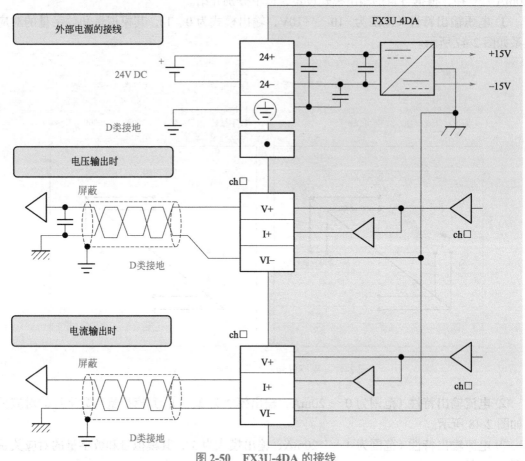

图 2-50　FX3U-4DA 的接线

2.8　三菱 FX5U PLC 的系统构成

一个典型 FX5U PLC 的系统构成实例如图 2-51 所示。对此图进行如下说明。

① FX5U CPU 的正面可以配置一块扩展板。

② FX5U CPU 的左侧可以配置扩展适配器。

③ FX5U CPU 的右侧可以配置扩展模块（包括 FX5U 的 I/O 模块、FX5U 的扩展电源模块、FX5U 的智能模块）。

④ 当扩展模块离 CPU 模块较远时，可以配置扩展延长电缆，但只能有一根。

⑤ 可以使用 FX3 系列 PLC 的部分模块（AD 转换模块、DA 转换模块和通信模块），但要使用总线转换器模块。

⑥ 进行 CC-Link 通信，需要使用 FX3 系列的 CC-Link 模块（分主站和从站模块）。

⑦ 当系统的电源容量不够时，可以配置扩展电源模块。

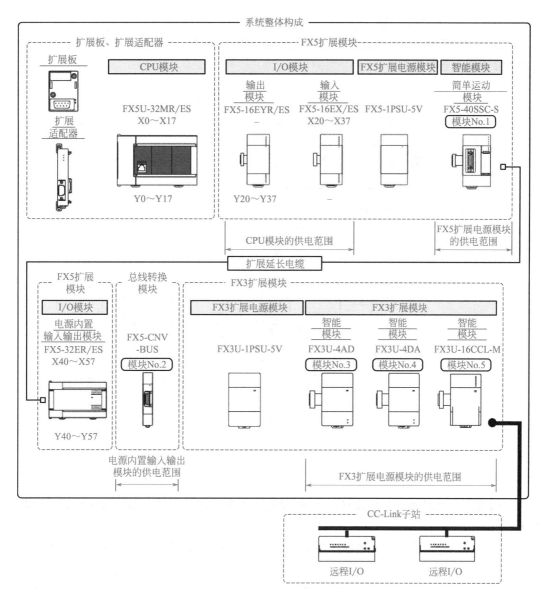

图 2-51 FX5U PLC 的系统构成实例

2.8.1 系统构成上的规则

一个 FX5U PLC 系统能完成什么功能，能配置哪些模块，可以配置多少模块，这些问题在工程实践中是必须要解决的，FX5U PLC 的系统构成有其特有的规则，下面进行介绍。

（1）扩展设备台数的限制

扩展设备台数的限制实例如图 2-52 所示。

注意： 扩展模块最多 16 台，但扩展电源模块、连接器转换模块不含在连接台数中。

FX5U PLC 系统构成上的规则

（2）输入输出点数的限制

FX5U CPU 模块可在扩展设备输入输出点数（最大 256 点）与远程 I/O 点数（最大 384 点）合计 512 点以下进行控制。

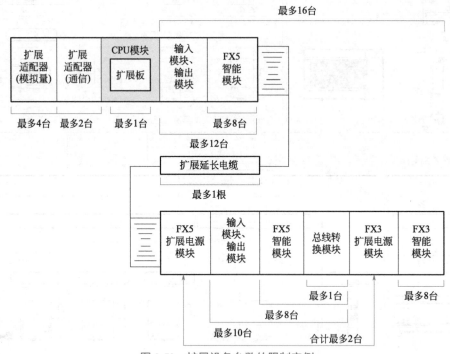

图 2-52 扩展设备台数的限制实例

（3）消耗电流的限制

未内置电源的扩展设备的电源由 CPU 模块、电源内置输入输出模块或扩展电源模块等供电。

扩展设备的连接台数需要根据此电源容量确定。消耗电流的供电实例如图 2-53 所示。

图 2-53 消耗电流的供电实例

以下用 2 个例子介绍控制系统电流消耗的计算方法。

【例 2-4】

有一个控制系统，使用了的模块为 FX5U-32MT/ES、FX5-232ADP、FX5-16EYT/ES、FX5-16EX/ES、FX5-40-SSC-S，示意图如图 2-54 所示，计算本系统的电源消耗，判断电源是否足够？

图 2-54 例 2-4 示意图

【解】 本例的电源由 CPU 模块供给，电流消耗的计算过程见表 2-20。

表 2-20 电流消耗的计算过程（1）

机型	型号	消耗电流	
		DC5V 电源	DC24V 电源
扩展适配器	FX5-232ADP	30mA	30mA
输出模块	FX5-16EYT/ES	100mA	125mA
输入模块	FX5-16EX/ES	100mA	
简单运动模块	FX5-40SSC-S		
电流消耗小计		230mA	155mA
FX5U-32MT/ES 模块总供给电量		900mA	480mA
剩余电量		670mA	325mA

【例 2-5】

有一个控制系统，使用的模块为 FX5U-32MT/ES、FX5-232-BD、FX5-232ADP、FX5-16EYT/ES、FX5-C16EX/D、FX5-C16EYT/D、FX5-CNV-BUSC 和 FX3U-4AD，示意图如图 2-55 所示，计算本系统的电源消耗，判断电源是否足够?

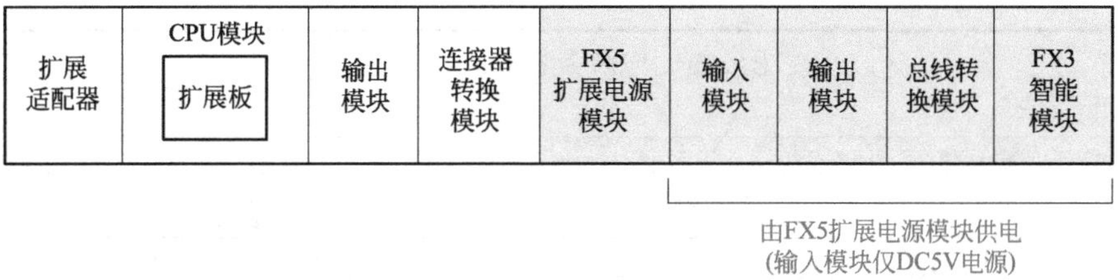

图 2-55 例 2-5 示意图

【解】 本例的电源由 CPU 模块和 FX 扩展电源模块供给。CPU 模块的电量足够不计算。本例仅计算 FX 扩展电源模块的电流消耗。电流消耗的计算过程见表 2-21。

表 2-21 电流消耗的计算过程（2）

机型	型号	消耗电流	
		DC5V 电源	DC24V 电源
输出模块	FX5-C16EYT/D	100mA	100mA
总线转换模块	FX5-CNV-BUSC	150mA	
模拟量输入	FX3U-4AD	110mA	
电流消耗小计		460mA	100mA
FX 扩展电源模块总供给电量		1200mA	300mA
剩余电量		740mA	200mA

这个题目还有一个简单做法就是，利用 GX Work3 自动计算，选中菜单栏的"编辑"→"检查"，单击"电源容量 /I/O 点数"，弹出如图 2-56 所示的界面，单击"执行"按钮，弹出如图 2-57 所示的界面，图中显示 5V 电剩余 850mA，再减去 FX3-4AD 模块消耗的 110mA，剩余 740mA；24V 剩余 200mA。可见手动计算与自动计算是一致的，建议自动计算，比较方便。

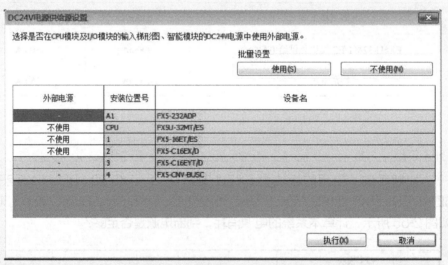

图 2-56 电源容量 /I/O 点数（1）

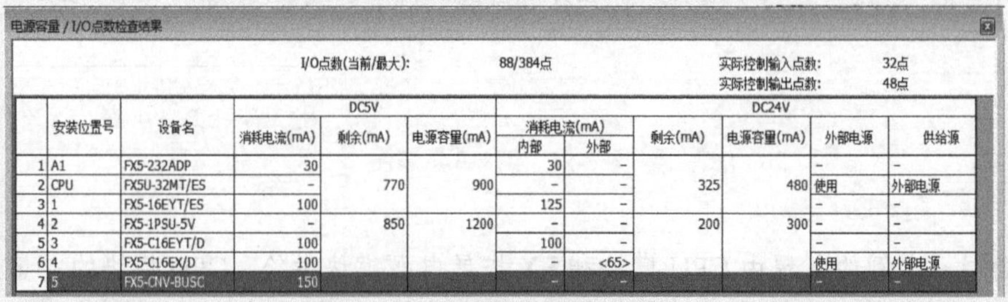

图 2-57 电源容量 /I/O 点数（2）

2.8.2 系统上的编号和分配

这里的编号是针对 FX5U CPU 模块的系统中的输入输出编号（如输入编号 X0、输出编号 Y0）、模块编号（如 2 号模块）进行说明。这部分内容，对于编写程序至关重要，初学者容易出错。

（1）模块的输入输出编号

① 输入输出编号是分配到模块输入"X"和输出"Y"的 8 进制编号。

② 输入输出编号用于 I/O 模块与 CPU 模块交换 ON/OFF 数据。

③ CPU 模块的输入输出编号（X，Y）为 8 进制，输入输出编号如下所示自动以 8 进制编号进行分配。分配如下：

输入：X0 ～ X7、X10 ～ X17、X20 ～ X27、……、X70 ～ X77、X100 ～ X107……

输出：Y0 ～ Y7、Y10 ～ Y17、Y20 ～ Y27、……、Y70 ～ Y77、Y100 ～ Y107……

④ 扩展了输入输出时的编号。扩展的 I/O 模块继前段输入编号和输出编号后分别被分配到输入编号和输出编号。但是，末位数必须从 0 开始分配。

（2）扩展模块的模块编号

智能功能模块或总线转换模块的模块编号，在上电时由 CPU 模块自动按照离 CPU 模块远近的顺序分配 No.1 ～ No.16（由近至远）。具体原则如下。

① 连接到 CPU 模块的智能功能模块、总线转换模块、智能功能模块中，按照离 CPU 模块远近的顺序，由近至远分配为 No.1、No.2、……、No.16。注意无 No.0，这点不同于 FX3 系列。

② 不分配模块 No. 的产品。

下述扩展设备不分配模块 No.。

• I/O 模块：FX5-16EX/ES、FX5-16EYT/ES 等。

• 扩展板：FX5-232-BD、FX5-485-BD 等。

• 扩展适配器：FX5-232ADP、FX5-485ADP 等。

• 连接器转换模块：FX5-CNV-IF。

• 连接器转换适配器：FX5-CNV-BC。

• 扩展电源模块：FX5-1PSU-5V、FX5-C1PS-5V、FX3U-1PSU-5V。

如图 2-58 所示，输入和输出扩展模块不分配模块 No.，从智能模块开始分配模块 No.。

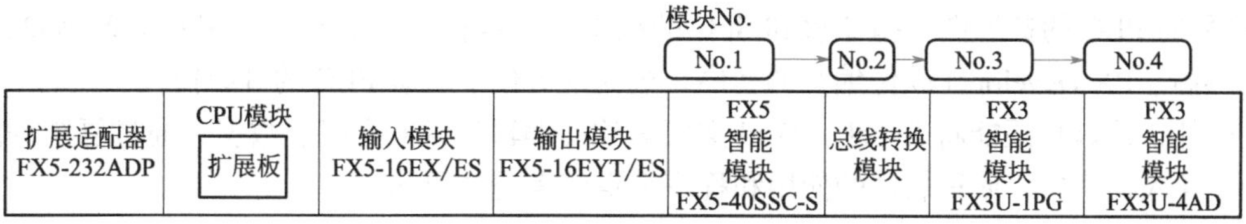

图 2-58 示意图

第3章 ▶▶ 编程软件 GX Works3 应用

PLC 是一种特殊的工业计算机，不是只有硬件，还必须有软件程序，PLC 的程序分为系统程序和用户程序，系统程序已经固化在 PLC 内部。一般而言用户程序要用编程软件输入，编程软件是编写、调试用户程序不可或缺的软件，本章介绍三菱可编程控制器的编程软件 GX Works3 的安装、使用，为后续章节奠定学习基础。

3.1 GX Works3 编程软件的安装

3.1.1 GX Works3 编程软件的概述

目前用于 FX5U PLC 的编程软件是 GX Works3。相较于 GX Works2，GX Works3 编程软件功能更强大，应用更广泛，而且使用方法与其有较大的区别。

（1）软件简介

GX Works3 编程软件可以在三菱电机自动化（中国）有限公司的官方网站上免费下载，但下载前需要注册用户，可免费申请安装系列号。此软件的免费下载界面如图 3-1 所示。如读者不能登录或下载，可能的原因是浏览器版本过低。

GX Works3 编程软件能够完成 Q 系列、L 系列、LH 系列、R 系列、NC 系列、FX5 系列、FX 系列的 PLC 的梯形图、指令表和 SFC 的编辑。该编程软件能打开使用 GX Works2、GX Developer、PX Developer 软件编写的程序，极大地方便了老版 PLC 的升级换代。

此外，该软件还能将 Excel、Word 文档等软件编辑的说明文字、数据，通过复制等简单的操作导入程序中，使得软件的使用和程序编辑变得更加便捷。

（2）GX Works3 编程软件的特点

GX Works3 是针对顺控程序的设计及维护提供综合性支持的软件。使用图形，操作起来较为直观，只需"选择"即可完成简单编程。通过可排除故障的诊断功能，实现工程成本的削减，具体如下。

① 使用部件库简单地进行系统设计。GX Works3 中只需进行拖和放操作选择部件就可以做成模块配置图，轻松进行系统设计。

图 3-1　GX Works3 软件的免费下载界面

② 可自动生成模块参数。制作模块配置图时，只需双击模块，即可自动生成模块参数。另外，可在对话工作窗口中显示并设定相关的参数。

③ 支持主要程序语言。GX Works3 支持以 IEC 为标准的主要程序语言。在同一工程中，可以同时使用不同的程序语言。另外，程序中使用的标签和软元件，可以在不同语言的程序里共享使用。

④ 可减轻编程负担的标签功能。GX Works3 中，除了利用软元件进行编程，还可使用全局标签、本地标签和模块标签。

全局标签可在多个程序之间，或者与其他 MELSOFT 软件之间共享使用。本地标签可在已登录的程序及 FB 中使用。模块标签持有各种智能功能模块的缓冲存储器信息。因此，编程时可无须在意缓冲存储器的地址。

⑤ 轻松设定参数。至今为止需要编程来设定各设备的内容，在 MELSEC iQ-F 系列中可以通过表格形式设定。由此不仅是内置功能还包括扩展设备，只需输入各参数数值，便可轻松方便地实现设定。程序的执行触发也可通过参数设定实现。

⑥ 灵活的内部软元件。

a. 新增设了自锁继电器、链锁继电器，并增加了定时器和计数器等软元件。可使用内部存储中的软元件，并可变更其点数的分配。

b. 仍可使用方便的特殊软元件。原来的特殊软元件仍可直接使用，在此基础上与上位机型互换的系统软元件等总共增加了 12000 点。

c. 自锁范围的设定可自定义。由于可设定每个软元件的自锁范围，清除操作时可选择自锁的清除范围。

d. 方便的定时器、计数器的设定。通过指令的写入方法和软元件的种类，可以决定定时器和计数器的特性，因此编写程序时可不在意软元件编号。

⑦ 强大的模拟软件。使用 GX Simulator3 时，可通过电脑中的虚拟可编程控制器调试程序。可在实机动作前进行确认，十分便利。

⑧ 统一了简单运动模块的软件设定工具。在 GX Works3 中配套了简单运动的软件设定工具，仅通过 GX Works3 就可设定简单运动模块的参数、定位数据、伺服参数，可轻松实现伺服的启动和调整。

⑨ 大幅度增加了专用指令。从 FX3 系列的 510 种指令，MELSEC iQ-F 系列大幅追加专用指令，扩大至 1014 种。

⑩ 有助于削减工时的 MELSOFT Library。GX Works3 附带了所有模块 FB（本公司设备用 FB），因此安装后即可立即将多个库运用在编程中。

备有用于控制各模块的模块 FB。用于控制各模块并将程序组态化的产品即为"模块FB"。将反复使用的程序组态化后，将无需从头编程，从而可削减编程工时。

3.1.2　GX Works3 编程软件的安装

GX Works3
软件安装与卸载

（1）计算机的软硬件条件

① 软件：Windows XP/7.0/10。

② 硬件：至少得有 4GB 内存，以及 2.4GB 空余的硬盘。

（2）安装方法

① 安装文件。先单击主目录中的可执行文件 SETUP.EXE，弹出"欢迎使用 GX Works3 安装程序"界面，如图 3-2 所示；单击"下一步"按钮，弹出"用户信息"界面，如图 3-3 所示，在"姓名"中填入操作者的姓名，也可以是任意字符；在"公司名"中填入您的公司名称，也可以是系统任意字符；在"产品 ID"中输入申请到的 ID 号即可，最后单击"下一步"按钮即可。

图 3-2　欢迎界面

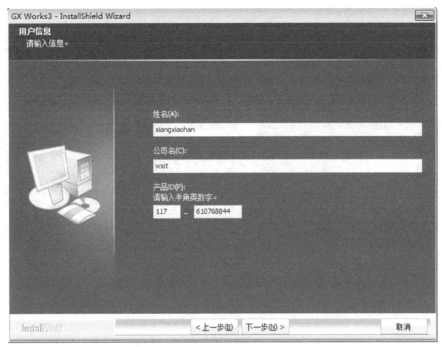

图 3-3　用户信息

②确定要安装的软件和目录。如图 3-4 所示，选择"GX Works3"，单击"下一步"按钮，弹出如图 3-5 所示的界面，如需要更改安装目录，则单击"更改"按钮，否则使用默认安装目录，然后单击"下一步"按钮。

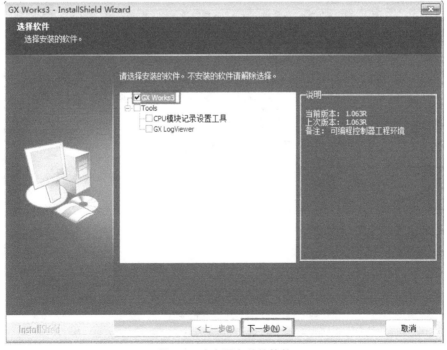

图 3-4　确定要安装的软件

图 3-5　确定安装目录

③ 安装进行。如图 3-6 所示，单击"下一步"按钮，开始进行安装，安装进行的各个阶段画面如图 3-7、图 3-8 所示，这个过程不需要人为干预，为自动完成。

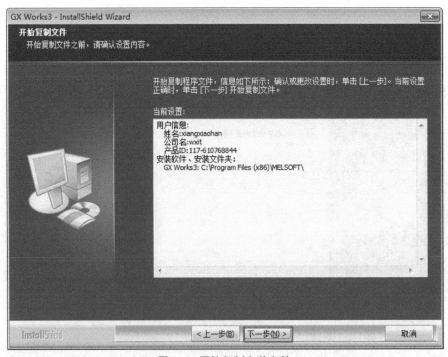

图 3-6　开始复制安装文件

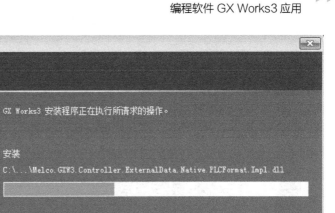

图 3-7 安装正在进行（1）

图 3-8 安装正在进行（2）

④ 安装完成。如图 3-9 所示，单击"下一步"按钮，弹出如图 3-10 所示的界面表示软件已经安装完成，单击"完成"按钮即可。

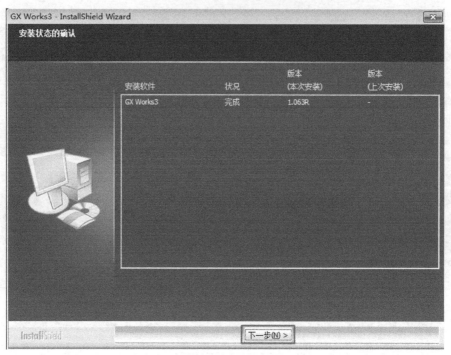

图 3-9　安装状态确认

图 3-10　安装完成

3.1.3　GX Works3 编程软件的卸载

在打开 Windows 操作系统的控制面板，再打开"程序和功能"选项，选中"GX

Works3"（标记①处），最后单击"卸载"（标记②处）按钮，如图 3-11 所示。如图 3-12 所示，单击"是"按钮。

图 3-11　选择卸载的程序（1）

图 3-12　选择卸载的程序（2）

在图 3-13 中，选择"GX Works3"，单击"下一步"按钮，卸载开始进行，如图 3-14 所示，此过程自动完成，无需人为干预。卸载完成后，弹出如图 3-15 所示的界面，单击"完成"按钮即可。

图 3-13　选择卸载的程序（3）

图 3-14　卸载开始

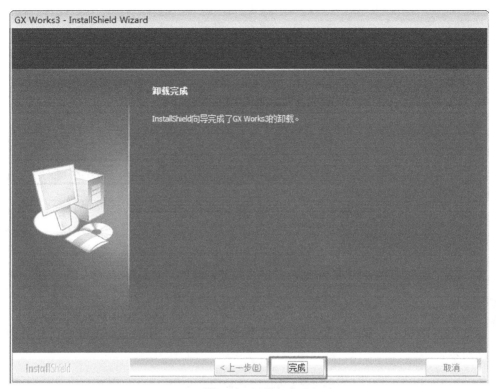

图 3-15 卸载完成

3.2 GX Works3 编程软件

3.2.1 GX Works3 编程软件工作界面的打开

打开工作界面通常有三种方法，一是从开始菜单中打开，二是直接双击桌面上的快捷图标打开，三是通过双击已经创建完成的程序打开，以下先介绍前两种方法。

① 用鼠标左键单击"所有程序"→"MELSOFT"→"GX Works3"→"GX Works3"，如图 3-16 所示，弹出 GX Works3 工作界面，如图 3-17 所示。

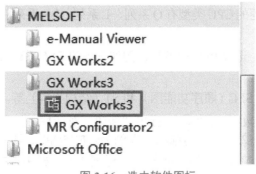

图 3-16 选中软件图标

编辑工程（新建、
打开和保存）

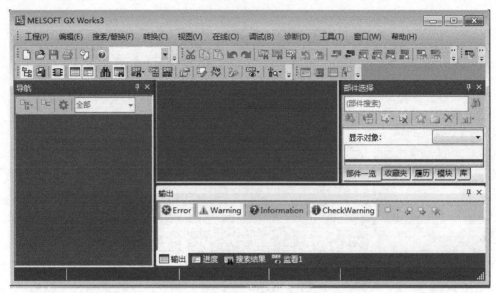

图 3-17 GX Works3 工作界面

② 如图 3-18 所示，双击桌面上的"GX Works3"图标，弹出 GX Works3 工作界面，如图 3-17 所示。

图 3-18 用鼠标左键双击"GX Works3"

3.2.2 创建新工程

① 在创建新工程前，先将对话框中的内容进行简要说明。

a. 系列：选择 PLC 的 CPU 类型，三菱的 CPU 类型有 Q 系列、L 系列、LH 系列、R 系列、NC 系列、FX5 系列等。

b. 机型：根据已经选择的 PLC 系列，选择 PLC 的型号，例如三菱的 FX5 系列有 FX5U、FX5UJ 等型号。

c. 程序语言：编写程序使用梯形图、SFC（顺序功能图）和 ST（结构文本）等。

② 单击工具栏上的"新建"（标记①处）按钮 □，弹出"新建"对话框，如图 3-19 所示。先点击下三角，选中"系列"（标记②处）中的选项，本例为：FX5CPU；再选中"机型"（标记③处）中的选项，本例为：FX5U；在"程序语言"（标记④处）栏中选择"梯形图"，再单击"确定"（标记⑤处）按钮，就创建了一个新工程。

图 3-19　创建新工程

3.2.3　保存工程

　　保存工程是至关重要的，在构建工程的过程中，要养成常保存工程的好习惯。保存工程很简单，如果一个工程已经存在，只要单击"保存"按钮 ![保存] 即可，如图 3-20 所示。如果这个工程没有保存过，那么单击"保存"按钮后会弹出"另存为"界面，如图 3-21 所示，在"文件名"中输入要保存的工程名称，本例为 4 秒闪烁，单击"保存"按钮即可，文件名的后缀是自动生成的，无需输入。

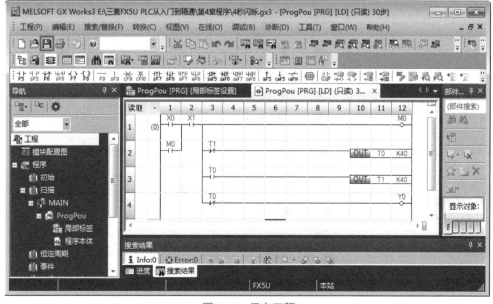

图 3-20　保存工程

图 3-21 "另存为"选项卡

3.2.4 打开工程

打开工程就是读取已保存的工程的程序。操作方法是在编程界面上点击"工程"→"打开",如图 3-22 所示,之后弹出打开工程对话框,如图 3-23 所示,先选取要打开的工程,再单击"打开"按钮,被选取的工程(本例为"4秒闪烁")便可打开。

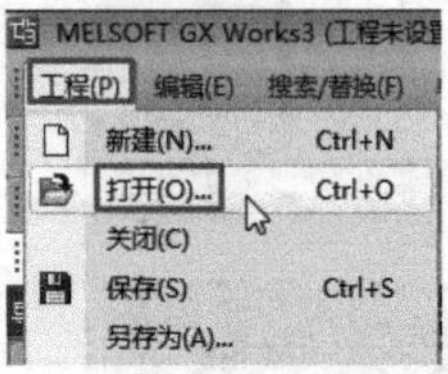

图 3-22 打开工程

图 3-23 打开工程对话框

3.2.5 程序的输入方法

要编译程序，必须要先输入程序，程序的输入有四种方法，以下分别进行介绍。

程序的输入方法

（1）直接从工具栏输入

在软元件工具栏中选择要输入的软元件，假设要输入"常开触点 X0"，将光标移到"①"处，单击工具栏中的"⊣⊦ F5"（标记②处）按钮，弹出"梯形图输入"对话框，输入"X0"（标记③处），单击确定（标记④处）按钮，如图 3-24 所示。之后，常开触点出现在相应位置，如图 3-25 所示，不过此时的触点是灰色的。

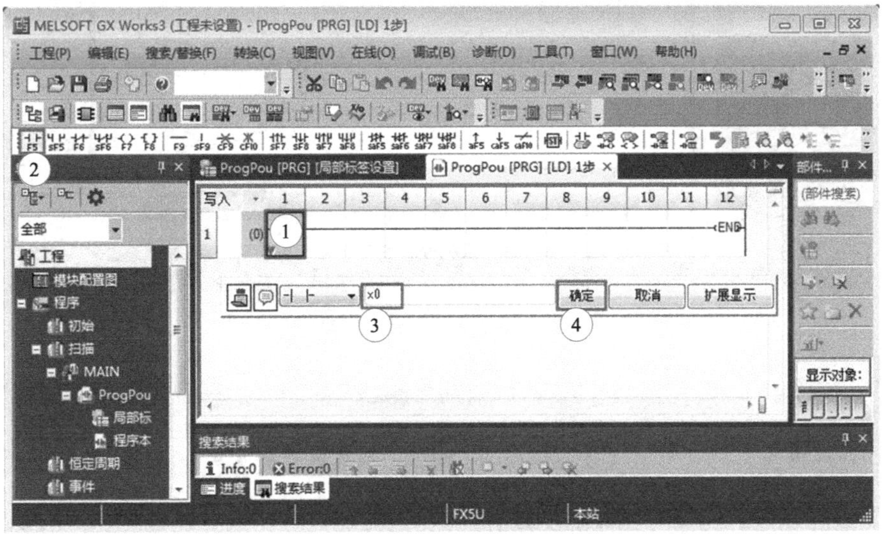

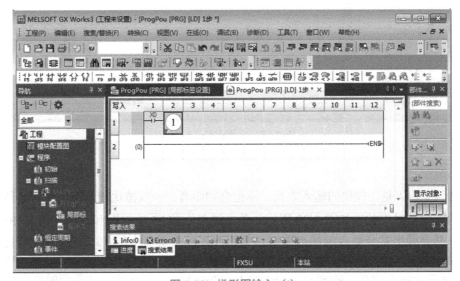

图 3-24　"梯形图输入"对话框

图 3-25　梯形图输入（1）

（2）直接双击输入

如图 3-25 所示，双击"①"处，弹出"梯形图输入"对话框，单击下拉按钮，选择输出线圈（标记②处），之后在"梯形图输入"对话框中输入"Y0"（标记③处），单击"确定"（标记④处）按钮，如图 3-26 所示。则一个输出线圈"Y0"输入完成，如图 3-27 所示。

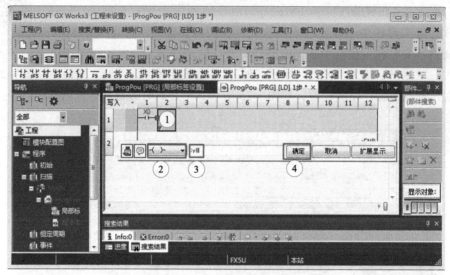

图 3-26　梯形图输入（2）

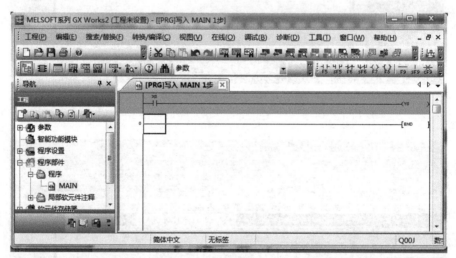

图 3-27　梯形图输入（3）

（3）用键盘上的功能键输入

用功能键输入是比较快的输入方式，不适合初学者，一般被比较熟练的编程者使用。软元件和功能键的对应关系如图 3-28 所示，单击键盘上的 F5 功能键和单击按钮 的作用是一致的，都会弹出常开触点的梯形图对话框，同理单击键盘上的 F6 功能键和单击按钮 的作用是一致的，都会弹出常闭触点的梯形图对话框。sF5、cF9、aF7、caF10 中的 s、c、a、ca 分别表示按下键盘上的 Shift、Ctrl、Alt、Ctrl+Alt。caF10 的含义是同时按下键盘上的 Ctrl、Alt 和 F10，就是运算结果取反。

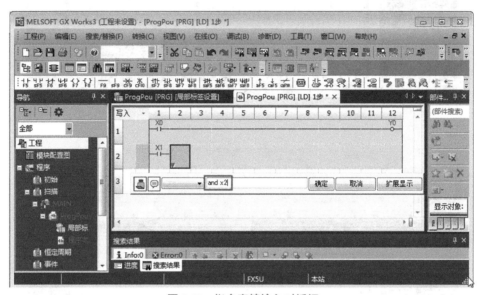

图 3-28　软元件和功能键的对应关系

（4）指令直接输入对话框

指令直接输入对话框方式如图 3-29 所示，只要在要输入的空白处输入 "and x2"（指令表），则自动弹出梯形图对话框，单击"确定"按钮或者单击键盘的"回车"按钮即可。指令直接输入对话框方式是高效的输入方式，适合对指令表比较熟悉的用户，笔者强烈推荐使用。

图 3-29　指令直接输入对话框

◎ **关键点**　　· · · · · · · · ·

用指令输入，再使用快捷键是非常高效的输入方式，因此笔者建议读者花时间掌握。

3.2.6　连线的输入和删除

在 GX Works3 的编程软件中，连线的输入用 $\boxed{F9}$ 和 $\boxed{sF9}$ 功能键，而删除连线用 $\boxed{cF9}$ 和 $\boxed{cF10}$ 功能键。$\boxed{F9}$ 是输入水平线功能键，$\boxed{sF9}$ 是输入垂直线功能键，$\boxed{cF9}$ 是删除水平线功能键，$\boxed{cF10}$ 是删除垂直线功能键。以下用一个例子说明连接竖线的方法。要在如图 3-30 的"①"处加一条竖线，先把光标移到"①"处，单击功能键 F9，弹出竖线输入对话框，"输入 1"，单击"确定"（标记②处）按钮即可。

连线的输入和删除

此外，GXWorks3 增加了"拖拽"功能，在图 3-31 中的小方框标记"①"处，按住鼠标的左键拖拽到标记"②"处，释放鼠标，也可以获得连线。同理，反向拖拽也可以删除连线。拖拽功能极大提高了程序的输入效率。

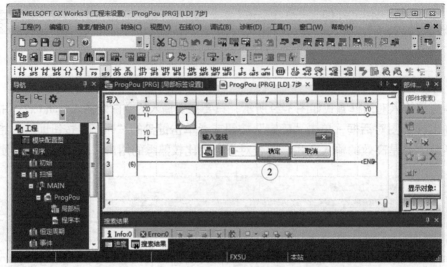

图 3-30　连接竖线

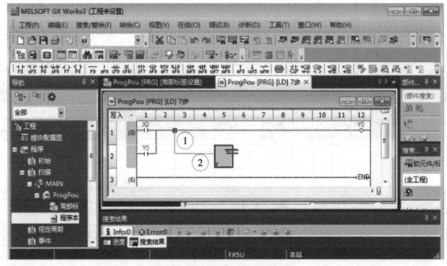

图 3-31　连接竖线（拖拽法）

3.2.7　注释

注释和注释编辑

一个程序，特别是比较长的程序，要容易被别人读懂，做好注释是很重要的。注释编辑的实现方法是：单击"编辑"→"创建文档"→"软元件 / 标签注释编辑"，如图 3-32 所示，或者单击工具栏上的"软元件 / 标签注释编辑"按钮 ，梯形图的间距加大。

双击要注释的软元件，弹出注释输入对话框，如图 3-33 所示，输入 Y0 的注释（本例为"MOTOR"），单击"确定"按钮，弹出如图 3-34 所示的界面，可以看到 Y0 下方有"MOTOR"字样，其他的软元件的注释方法类似。

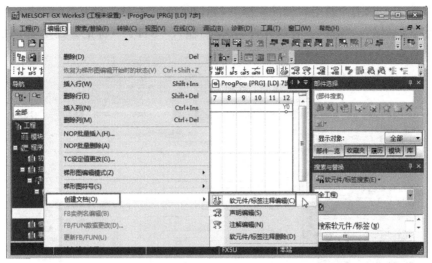

图 3-32　注释编辑的方法（1）

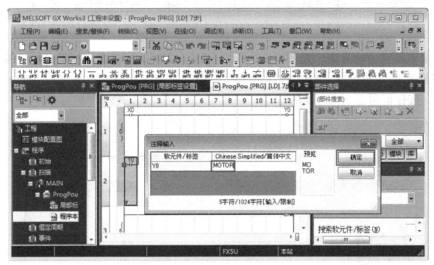

图 3-33　注释编辑的方法（2）

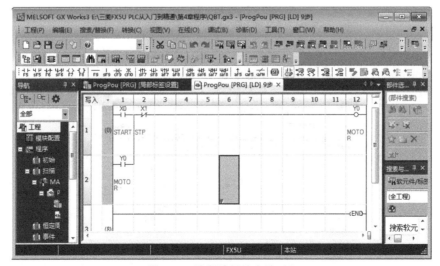

图 3-34　注释编辑的方法（3）

在导航窗口，双击"通用软元件注释"（标记①处），在软元件名 X0 后输入"START"，在软元件名 X1 后输入"STP"，在软元件名 X2 后输入"STP1"（标记②处），如图 3-35 所示。

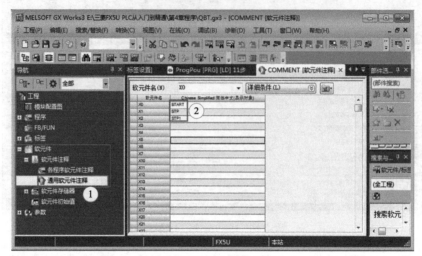

图 3-35　注释编辑的方法（4）

注释编辑还有一种方法，如图 3-36 所示，双击"X0"，再单击"扩展显示"按钮，弹出如图 3-37 所示的界面，在"X0"后面的方框中输入注释内容即可，本例为"start"，最后单击"确定"按钮即可。

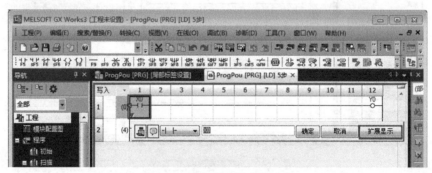

图 3-36　注释编辑的方法（5）

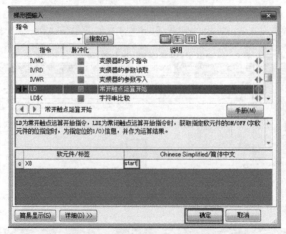

图 3-37　注释编辑的方法（6）

　　声明和注解编辑的方法与元件注释类似，主要用于大程序的注释说明，以利于读懂程序和运行监控。具体做法是：单击"编辑"→"创建文档"→"声明 / 注释批量编辑"，或者在工具栏单击"声明 / 注释批量编辑"按钮，如图 3-38 所示，之后弹出声明 / 注释批量编辑界面，如图 3-39 所示，输入每一段程序的说明，单击"确定"按钮，最终程序的注释如图 3-40 所示。

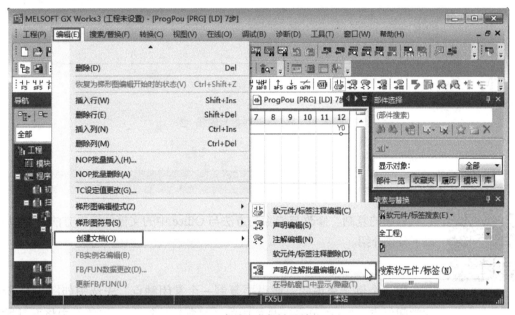

图 3-38　声明 / 注释批量编辑（1）

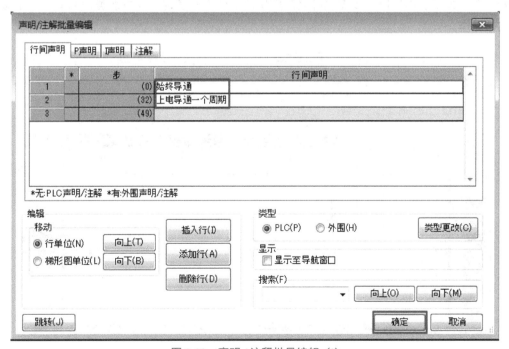

图 3-39　声明 / 注释批量编辑（2）

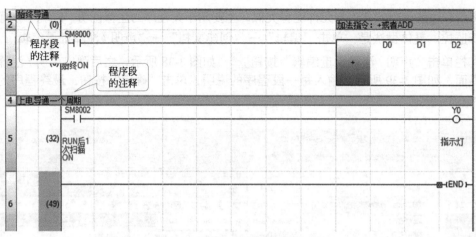

图 3-40　声明 / 注释批量编辑（3）

3.2.8　程序的复制、修改与清除

程序的复制、
修改与清除

　　程序的复制、修改与清除的方法与 Office 中的文档的编辑方法是类似的，以下分别介绍。

　　（1）复制

　　用一个例子来说明，假设要复制一个常闭触点。先选中如图 3-41 所示的常闭触点 X2，再单击工具栏中的"复制"按钮 🖺，接着选中将要粘贴的地方，如图 3-42 所示，最后单击工具栏中的"粘贴"按钮 🖺，这样常闭触点 X2 就复制到另外一个位置了。当然以上步骤也可以使用快捷键的方式实现，此方法类似 Office 中的复制和粘贴操作。

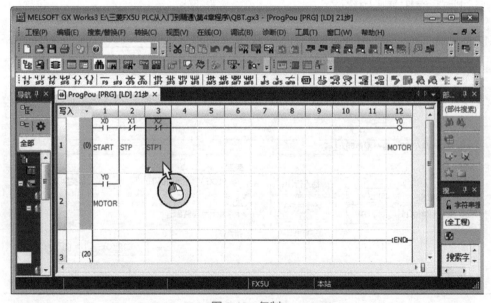

图 3-41　复制

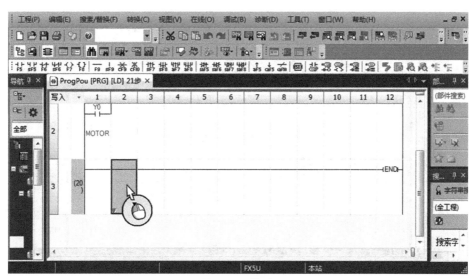

图 3-42 粘贴

（2）修改

编写程序时，修改程序是不可避免的，如行插入和列插入等。例如要在如图 3-42 所示的 END 的上方插入一行，先选中最后一行，再单击"编辑"→"插入行"，如图 3-43 所示，可以看到 END 上方插入了一行，如图 3-44 所示。列插入和行插入是类似的，在此不再赘述。

行的删除。例如要在如图 3-44 所示的 Y0 触点的下方删除一行。先选中常开触点 Y0 下方的一行（标记①处），再单击"编辑"（标记②处）→"删除行"（标记③处），如图 3-45 所示，则可以实现常开触点 Y0 下方删除一行。

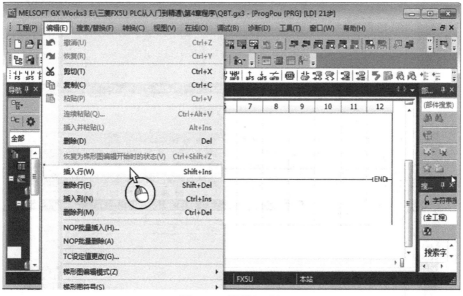

图 3-43 行插入（1）

撤销操作。撤销操作就是把上一步的操作撤销。操作方法是：单击"操作返回到原来"按钮 ，如图 3-46 所示。

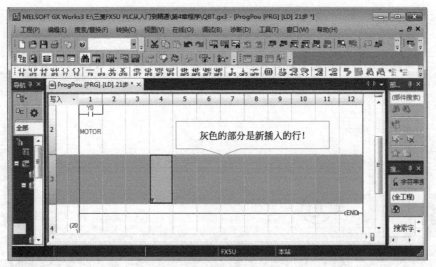

图 3-44　行插入 (2)

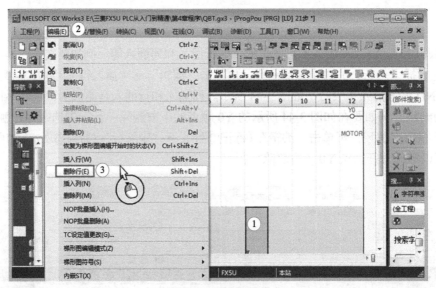

图 3-45　行删除

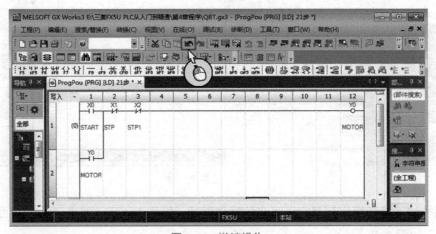

图 3-46　撤销操作

3.2.9 软元件搜索与替换

软元件搜索与替换与 Office 中的"搜索与替换"的功能和使用方法一致，以下分别介绍。

（1）软元件的搜索

如果一个程序比较长，肉眼查找一个软元件是比较困难的，但使用 GX Works3 软件中的搜索功能就很方便了。使用方法是：单击"搜索/替换"（标记①处）→"软元件/标签搜索"（标记②处），如图 3-47 所示，弹出"搜索与替换"对话框，在方框中输入要搜索的软元件（本例为 X0）（标记③处），单击"搜索下一个"（标记④处）按钮，可以看到，光标移到要搜索的软元件上，如图 3-48 所示。

软元件搜索与替换

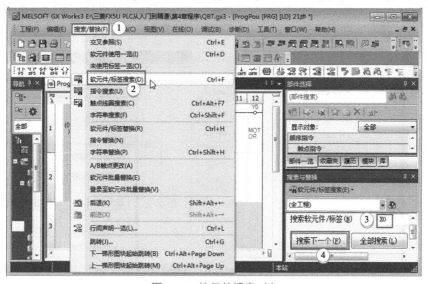

图 3-47 软元件搜索（1）

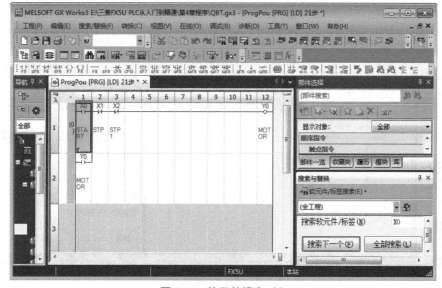

图 3-48 软元件搜索（2）

（2）软元件的替换

如果一个程序比较长，要将一个软元件替换成另一个软元件，使用 GX Works3 软件中的替换功能就很方便，而且不容易遗漏。操作方法是：单击"搜索 / 替换"（标记①处）→"软元件 / 标签替换"（标记②处），如图 3-49 所示，弹出"搜索与替换"对话框，在"搜索软元件 / 标签"方框中输入被替换的软元件（本例为 X0），在"替换软元件 / 标签"对话框中输入新软元件（本例为 X3）（标记③处），单击"全部替换"（标记④处）按钮，则程序中的旧的软件"X0"被新的软元件"X3"全部替换，如图 3-50 所示。

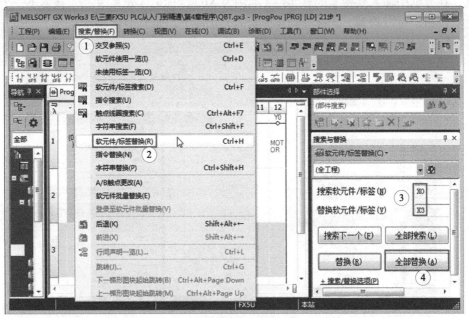

图 3-49　软元件替换（1）

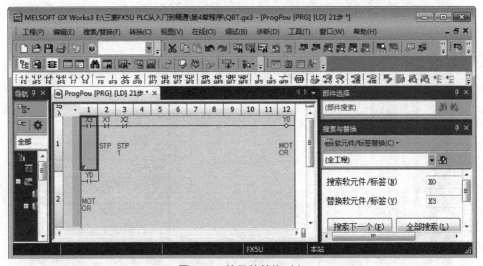

图 3-50　软元件替换（2）

3.2.10 常开常闭触点互换

在许多编程软件中常开触点称为 A 触点，常闭触点称为 B 触点，所以有的资料上将常开常闭触点互换称为 A/B 触点互换。操作方法是：单击"搜索 / 替换"（标记①处）→"A/B 触点更改"（标记②处），弹出"搜索与替换"对话框，在"替换软元件 / 标签"方框中输入要替换的软元件（标记③处），最后单击"替换"（标记④处）按钮，如图 3-51 所示，则图中的 X3 常开触点替换成 X3 常闭触点。替换完成后弹出如图 3-52 所示的界面。

常开常闭触点互换

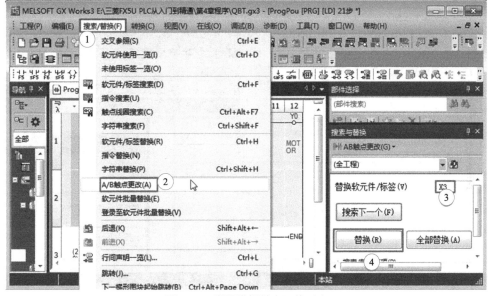

图 3-51 常开常闭触点互换（1）

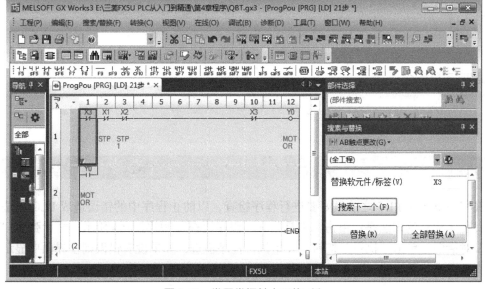

图 3-52 常开常闭触点互换（2）

3.2.11 程序转换

程序的转换和检查

程序输入完成后，程序转换是必不可少的，否则程序既不能保存，也不能下载。当程序没有经过转换时，程序编辑区是灰色的，但经过转换后，程序编辑区则是白色的。程序转换有三种方法。第一种方法最简单，只要单击键盘上的 F4 功能键即可。第二种方法是单击"转换"按钮 🔲 或者"全部转换"按钮 🔲 即可。第三种方法是：单击"转换"（标记①处）→ "转换"（标记②处），如图 3-53 所示。

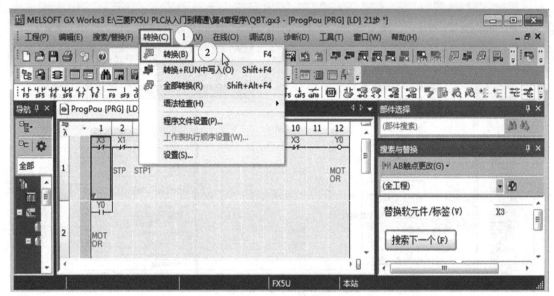

图 3-53 程序转换

🎯 **关键点** ． ． ． ． ． ． ． ．

当程序有语法错误时，程序转换是不能被执行的，但有语法错误可以保存程序，后者是以往的程序所不具备的。

3.2.12 程序检查

在程序下载到 PLC 之前最好要进行程序检查，以防止程序中的错误造成 PLC 无法正常运行。程序检查的方法是：单击"工具"→"程序检查"，如图 3-54 所示，之后弹出"程序检查"对话框，单击"执行"按钮，开始执行程序检查，如果没有错误则在界面中显示"程序检查已完成。无错误。"字样，如图 3-55 所示。

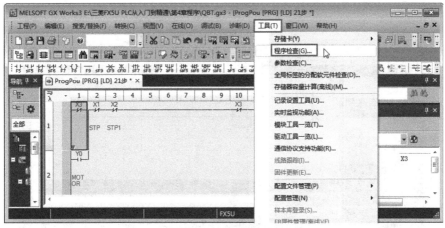

图 3-54　程序检查（1）

图 3-55　程序检查（2）

3.2.13　程序的下载和上传

程序下载是把编译好的程序写入到 PLC 内部，而上传（也称上载）是把 PLC 内部的程序读出到计算机的编程界面中。在上传和下载前，先要将 PLC 的编程口和计算机的通信口用编程电缆进行连接，FX5 系列 PLC 使用的编程电缆是网线（带 RJ45 接头）。

程序的下载和上传

（1）下载程序

如图 3-56 所示的界面，先双击导航栏的 "Connection" 按钮，弹出如图 3-57 所示的界面，选择 "直接连接设置"（标记①处）→ "以太网"（标记②处）选项，再在 "适配器"（标记③处）选项中选择读者的计算机的有线网卡，再单击 "通信测试"（标记④处）按钮，弹出通信测试成功画面，最后单击 "确定"（标记⑤处）按钮，目标连接建立。

在工具栏上单击 "下载" 按钮 ，弹出如图 3-58 所示的下载画面，选择 "参数 + 程序" 按钮，单击 "执行" 按钮，弹出是否执行写入界面，如图 3-59 所示，单击 "是" 按钮。弹出如图 3-60 所示的画面，单击 "全部是" 按钮。程序开始写入，如图 3-61 所示，当程序写入完成，单击 "关闭" 按钮，之后弹出如图 3-62 所示的是否执行远程运行界面，单击 "确定" 按钮。程序下载完成。

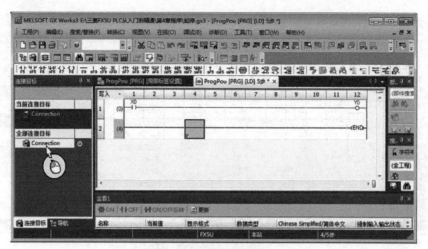

图 3-56　建立目标连接

图 3-57　建立目标连接设置

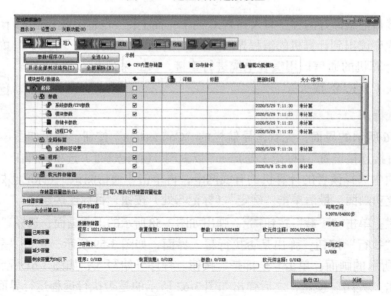

图 3-58　PLC 写入

图 3-59　是否执行写入

图 3-60　覆盖已有的程序

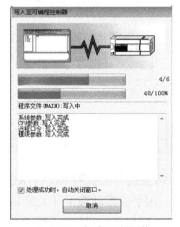

图 3-61　程序正在下载

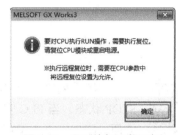

图 3-62　是否执行远程运行

（2）上传程序

先单击工具栏中的"PLC 读取"按钮，弹出 PLC 读取界面如图 3-63 所示，选择"参

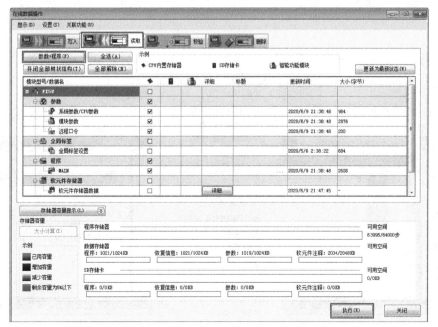

图 3-63　PLC 读取

数 + 程序"按钮,单击"执行"按钮,弹出是否执行读取界面,如图 3-64 所示,单击"全部是"按钮。程序开始读取,当程序读取完成,弹出如图 3-65 所示的界面,单击"确定"按钮,程序上传完成。

图 3-64 是否执行 PLC 读取

图 3-65 PLC 读取完成

3.2.14 远程操作（RUN/STOP）

远程操作
（RUN/STOP）

　　　　FX5 系列 PLC 上有拨指开关,可以将拨指开关拨到 RUN、RESET 或者 STOP 状态,当 PLC 安装在控制柜中时,用手去搬动拨指开关就显得不那么方便,GX Works3 编程软件提供了 RUN、RESET、STOP 相互切换的远程操作功能,具体做法是:单击"在线"→"远程操作",如图 3-66 所示,弹出远程操作界面,如图 3-67 所示,要将目前的"RUN"状态改为"STOP"状态,则先选中"STOP"选项,再单击"执行"按钮,弹出是否要执行远程操作界面,如图 3-68 所示,单击"是"按钮,PLC 的由目前的"RUN"状态改为"STOP"状态。

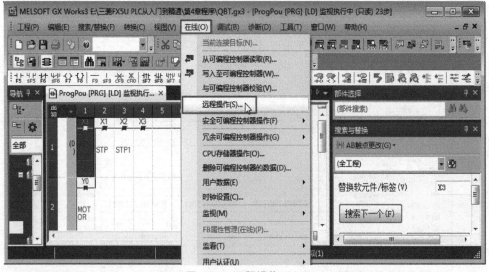

图 3-66 远程操作（1）

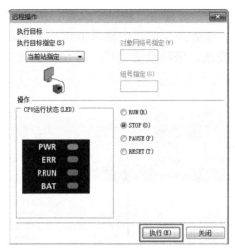

图 3-67 远程操作（2）

图 3-68 远程操作（3）

3.2.15 在线监视

在线监视是通过电脑界面，实时监视 PLC 的程序执行情况。操作方法是单击"监视模式"按钮 ，可以看到如图 3-69 的界面中弹出监视状态的小窗，所有的闭合状态的触点显示为蓝色方块（如 SM400 常开触点），实时显示所有的字中所存储数值的大小（如 D100 中的数值为 888）。

在线监视

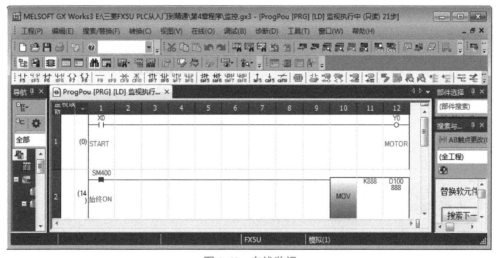

图 3-69 在线监视

3.2.16 设置密码

（1）设置密码

为了保护知识产权和设备的安全运行设置密码是有必要的。操作方法是：单击"工程"→"安全性"→"块口令设置",如图 3-70 所示,弹出"块口令设置"界面如图 3-71 所示,单击"登录"按钮,弹出"口令登录"对话框,在其中输入 8 位或者 16 位由数字和 A ～ F 字母组成的密码,单击"确定"按钮,密码设置完成,弹出如图 3-72 所示的界面。

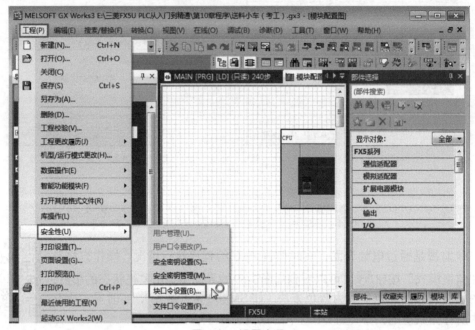

图 3-70　设置密码

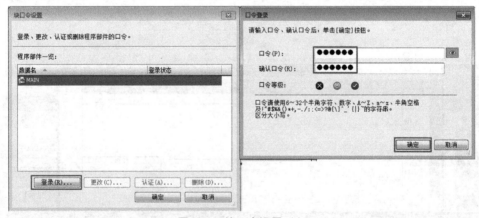

图 3-71　块口令设置（1）

（2）取消密码

如果 PLC 的程序进行了加密,如果要查看和修改程序,首先要取消密码,取消密码的方法是:单击"工程"→"安全性"→"块口令设置",如图 3-70 所示,弹出"块口令设置"界面如图 3-73 所示,选择程序块"MAIN",单击"删除"按钮,弹出"删除口令"对话框,在其中输入 8 位或者 16 位由数字和 A ～ F 字母组成的密码（以前设置的密码）,单击"确定"按钮,密码删除完成,如图 3-74 所示。

图 3-72 块口令设置（2）

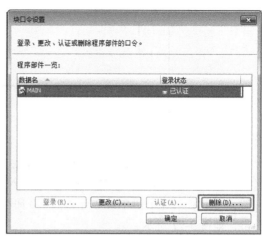

图 3-73 块口令设置（3）

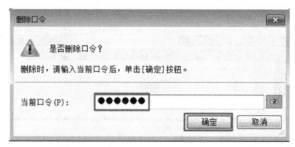

图 3-74 删除口令

🎯 **关键点** · · · · · · · · ·

设置密码并不能完全保证程序的安全，很多网站上都提供 PLC 的解密软件，可以破解 PLC 的密码，在此强烈建议读者要尊重他人的知识产权。

3.2.17 仿真

安装了 GX Works3 软件，就具有了仿真功能，此仿真功能可以在计算机中模拟可编程控制器运行和测试程序。仿真器提供了简单的用户界面，用于监视和修改在程序中使用的各种参数（如开关量输入和开关量输出）。可以在 GX Works3 软件中使用各种软件功能，如使用变量表监视、修改变量和断点测试功能。

FX5 PLC 程序的调试 - 仿真

GX Works3 软件仿真功能使用比较简单，以下用一个简单的例子介绍其使用方法。

 【例 3-1】

将如图 3-75 所示的程序，用 GX Works3 软件的仿真功能进行仿真。

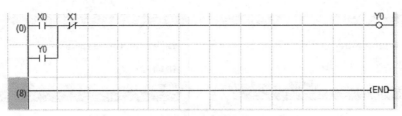

图 3-75 程序

【解】 单击软件工具栏中的"开始仿真按钮" ，打开当前值更改界面，如图 3-76 所示，在"监看1"中选中"X0"，再输入"ON"（输入 1 或者 TRUE 也行），单击"回车"键，可以看到梯形图中的常开触点 X0 闭合，线圈 Y0 得电，自锁后 Y0 线圈持续得电输出，如图 3-77 所示。

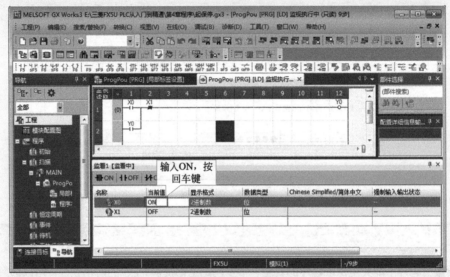

图 3-76 当前值更改

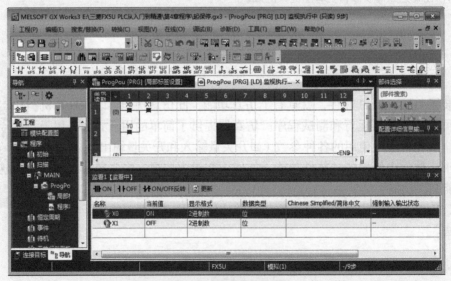

图 3-77 程序仿真效果

3.3 模块的配置

模块的配置（有的 PLC 中也称为硬件组态）是 GX Works3 软件的一个特色，通过模块配置可以决定模块的安装位置、设定模块的参数，从而减少编写程序，提高了工程效率。以下用一个例子介绍模块的配置的过程。

模块的配置

【例 3-2】

有一个控制系统，使用了的模块为 FX5U-32MT/ES、FX5-232-BD、FX5-232ADP、FX5-16EYT/ES、FX5-16EX/ES、FX5-40SSC-S、FX5-CNV-BUS、FX3U-4AD，要求配置此系统。并指出 FX5-16EYT/ES、FX5-16EX/ES、FX5-40SSC-S、FX5-CNV-BUS、FX3U-4AD 模块的 No.。

【解】 ① 首先打开 GX Works3，在导航窗口中选中并双击"模块配置图"，弹出如图 3-78 所示的界面。

图 3-78 模块配置图

② 将通信适配器中的 FX5-232-ADP 模块从标记"①"处拖拽到标记"②"处，如图 3-79 所示。配置完成后如图 3-80 所示。

③ 此系统模块的 No. 说明如下。

a. FX5-16EYT/ES 和 FX5-16EX/ES 无模块的 No.。

b. FX5-40SSC-S 模块的 No. 为 1。

c. FX5-CNV-BUS 模块的 No. 为 2。

d. FX3U-4AD 模块的 No. 为 3。

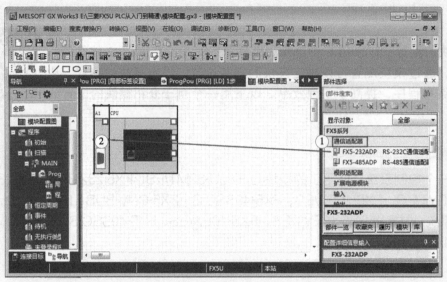

图 3-79 配置 FX5-232-ADP 模块（1）

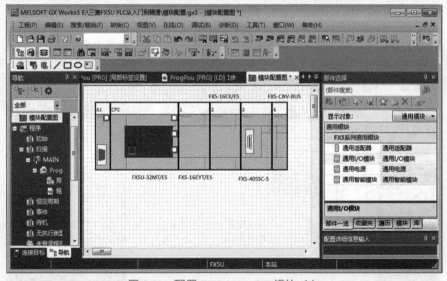

图 3-80 配置 FX5-232-ADP 模块（2）

3.4 用 GX Works3 建立一个完整的工程

以如图 3-81 所示的梯形图为例，介绍一个用 GX Works3 建立工程、输入梯形图、调试程序和下载程序的完整过程。

用 **GX Works3** 建立
一个完整的工程

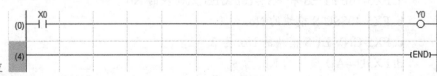

图 3-81 梯形图

（1）新建工程

先打开 GX Works3 编程软件，如图 3-82 所示。单击"工程"（标记①处）→ "新建"（标记②处）菜单，如图 3-83 所示，弹出"新建"对话框，如图 3-84 所示，在系列中选择所选用的 PLC 系列，本例为"FX5CPU"；机型中输入具体类型，本例为"FX5U"；程序语言选择"梯形图"，单击"确定"按钮，完成创建一个新的工程。

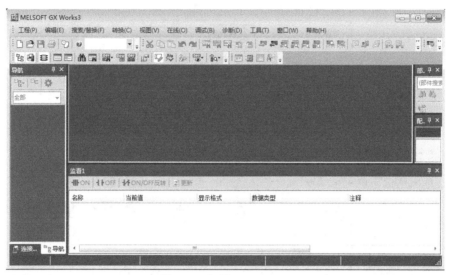

图 3-82　打开 GX Works3

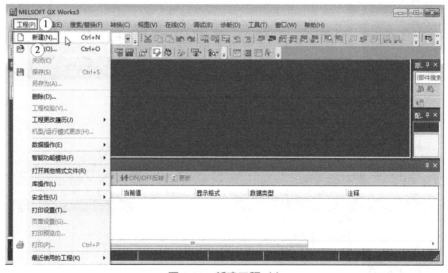

图 3-83　新建工程（1）

（2）输入梯形图

如图 3-85 所示，将光标移到"①"处，单击工具栏中的常开触点按钮 ⊥ （标记②处）（或者单击功能键 F5），弹出"梯形图输入"，在中间输入"X0"（标记③处），单击"确定"（标记④处）按钮。如图 3-86 所示，将光标移到"①"处，单击工具栏中的线圈按钮 ⊷ （或者单击功能键 F7），弹出"梯形图输入"，选择线圈（标记②处），在中间输入"Y0"（标记

③处），单击"确定"（标记④处）按钮，梯形图输入完成。

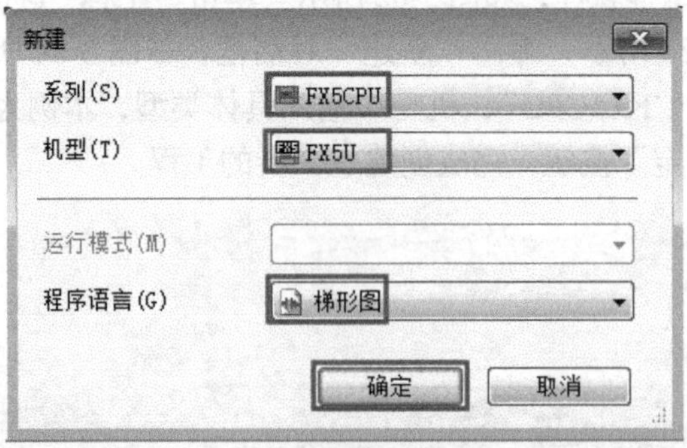

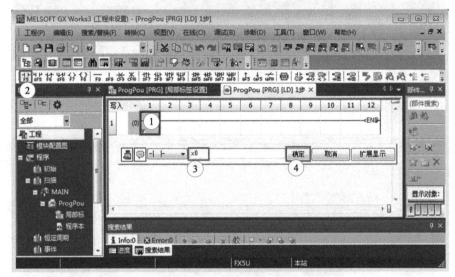

图 3-84　新建工程（2）

图 3-85　输入程序（1）

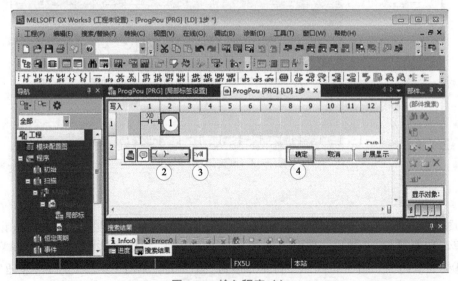

图 3-86　输入程序（2）

（3）程序转换

如图 3-87 所示，刚输入完成的程序，程序区是灰色的，是不能下载到 PLC 中去的，还必须进行转换。如果程序没有语法错误，只要单击转换按钮 即可完成转换，转换成功后，程序区变成白色，如图 3-88 所示。

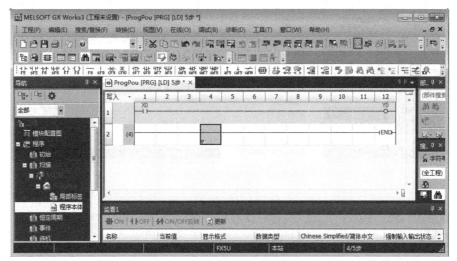

图 3-87 程序编译

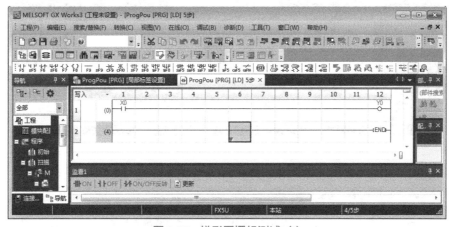

图 3-88 梯形图逻辑测试（1）

（4）梯形图逻辑测试（仿真）

如图 3-88 所示，单击梯形图逻辑测试启动 / 停止按钮 ，启动梯形图逻辑测试功能。如图 3-89 所示，选中梯形图中的常开触点 "X0"（标记①处），单击鼠标右键，弹出快捷菜单，单击 "调试"（标记②处）菜单，单击 "当前值更改"（标记③处）选项，可以看到，如图 3-90 中所示常开触点 X0 接通，线圈 Y0 得电。单击 "当前值更改" 按钮，可以看到梯形图中的常开触点 X0 断开，线圈 Y0 断电。

（5）下载程序

如图 3-91 所示的界面，先双击导航栏的 "Connection" 按钮，弹出如图 3-92 所示的界面，选择 "直接连接设置"（标记①处）→ "以太网"（标记②处）选项，再在 "适配器"（标记③处）选项中选择读者的计算机的有线网卡，再单击 "通信测试"（标记④处）按钮，弹出通信测试成功画面，最后单击"确定"（标记⑤处）按钮，目标连接建立。

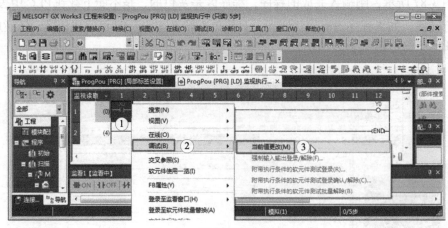

图 3-89　梯形图逻辑测试（2）

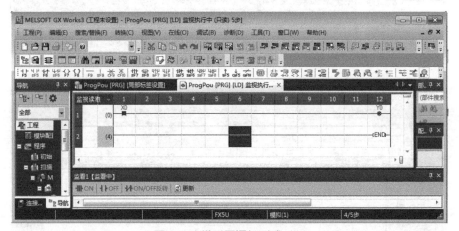

图 3-90　梯形图逻辑测试（3）

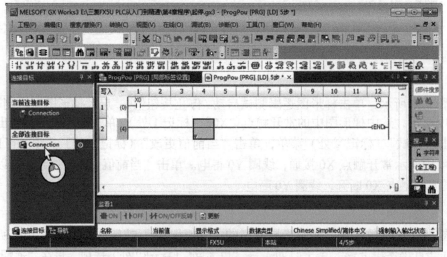

图 3-91　建立目标连接

图 3-92　建立目标连接设置

在工具栏上单击"下载"按钮　，弹出如图 3-93 所示的下载画面，选择"参数+程序"按钮，单击"执行"按钮，弹出是否执行写入界面，如图 3-94 所示，单击"是"按钮。弹出如图 3-95 所示的画面，单击"全部是"按钮。程序开始写入，如图 3-96 所示，当程序写入完成，单击"关闭"按钮，之后弹出如图 3-97 所示的是否执行远程运行界面，单击"确定"按钮。程序下载完成。

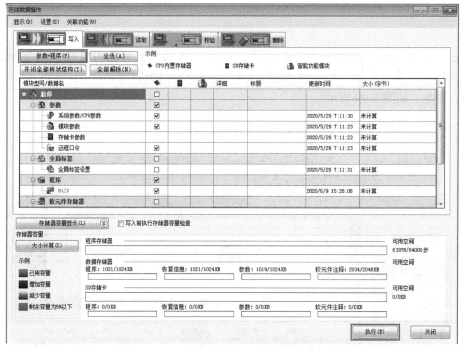

图 3-93　PLC 写入

图 3-94　是否执行写入

图 3-95　覆盖已有的程序

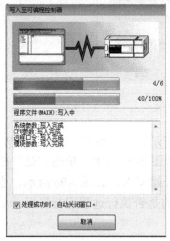

图 3-96　程序正在下载

图 3-97　是否执行远程运行

（6）监视

单击工具栏中的"监视开始"按钮，如图 3-98 所示，界面可监视 PLC 的软元件和参数。当外部的常开触点"X0"闭合时，GX Works3 编程软件界面中的"X0"闭合，线圈"Y0"也得电，如图 3-99 所示。

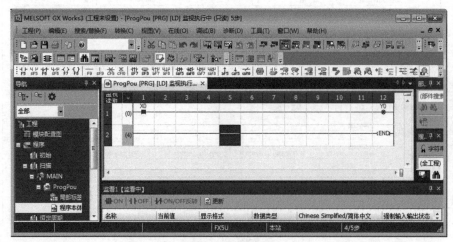

图 3-98　监视开始

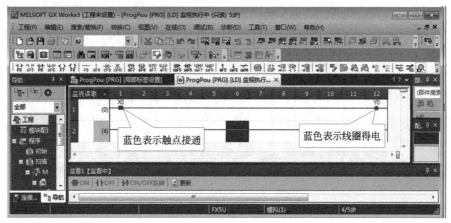

图 3-99 监视中

用户程序是用户根据控制要求，利用 PLC 厂家提供的程序编辑语言编写的应用程序。因此，所谓编程就是编写用户程序。编写程序离不开指令，三菱 FX5U PLC 提供了丰富的用户指令，功能非常强大。本章将对编程指令、存储区分配和指令系统进行介绍。限于篇幅只介绍部分常用的指令，其他指令读者可以参考三菱的用户手册（指令篇）。

4.1 三菱 FX5U PLC 的编程基础

4.1.1 编程语言简介

PLC 的控制作用是靠执行用户程序来实现的，因此须将控制系统的控制要求用程序的形式表达出来。程序编制就是通过 PLC 的编程语言将控制要求描述出来的过程。

国际电工委员会（IEC）规定的 PLC 的编程语言有 5 种，分别是梯形图（LAD）编程语言、指令语句表（STL）编程语言、顺序功能图（SFC）编程语言（也称状态转移图）、功能块图（FBD）编程语言、结构文本（ST）编程语言，其中最为常用的是前 3 种，下面将分别介绍这 5 种编程语言。

（1）梯形图（LAD）编程语言

梯形图编程语言是目前用得最多的 PLC 编程语言。梯形图是在继电器 - 接触器控制电路的基础上简化符号演变而来的，也就是说，它是借助类似于继电器的常开、常闭触点，线圈及串联与并联等术语和符号，根据控制要求连接而成的表示 PLC 输入与输出之间逻辑关系的图形。在简化的同时还增加了许多功能强大、使用灵活的基本指令和功能指令等，同时将计算机的特点结合进去，使得编程更加容易，而实现的功能却大大超过传统继电器控制电路。梯形图形象、直观、实用。触点、线圈的表示符号见表 4-1。

表 4-1　触点、线圈的表示符号

符号	说明	符号	说明
─┤├─	常开触点	▭▭▭	功能指令用

续表

符号	说明	符号	说明
─┤╱├─	常闭触点	( )	编程软件的线圈
◯	输出线圈	[ ]	编程软件中功能指令用

FX5U PLC 的一个梯形图例子如图 4-1 所示。

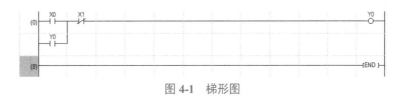

图 4-1　梯形图

（2）指令语句表（STL）编程语言

指令语句表编程语言是一种类似于计算机汇编语言的助记符编程方式，用一系列操作指令组成的语句将控制流程表达出来，并通过编程器送到 PLC 中去。需要指出的是，不同厂家的 PLC 的指令语句表使用助记符有所不同。以下用图 4-1 所示的梯形图来说明指令语句表语言，见表 4-2。

表 4-2　指令语句表编程语言

助记符	编程软元件	说明
LD	X0	逻辑行开始，输入 X0 常开触点
OR	Y0	并联常开触点
ANI	X1	串联常闭触点
OUT	Y0	输出线圈 Y0
END		结束程序

指令语句表是由若干个语句组成的程序。语句是程序的最小独立单元。PLC 的指令语句表的表达式与一般的微机编程语言的表达式类似，也是由操作码和操作数两部分组成。操作码由助记符表示如 LD、ANI 等，用来说明要执行的功能。操作数一般由标识符和参数组成。标识符表示操作数的类型，例如表明输入继电器、输出继电器、定时器、计数器和数据寄存器等。参数表明操作数的地址或一个预先设定值。有的新型 PLC（如 iQ-F 和 S7-1200）不支持指令表，指令表使用将越来越少，有被淘汰的趋势。

（3）顺序功能图（SFC）编程语言

顺序功能图编程语言是一种比较通用的流程图编程语言，主要用于编制比较复杂的顺序控制程序。顺序功能图提供了一种组织程序的图形方法，在顺序功能图中可以用别的语言嵌套编程。其最主要的部分是步、转换条件和动作三种元素，如图 4-2 所示。顺序功能图是用来描述开关量控制系统的功能，根据它可以很容易地画出顺序控制梯形图。

（4）功能块图（FBD）编程语言

功能块图编程语言是一种类似于数字逻辑门的编程语言，用类似与门、或门的方框表示逻辑运算关系，方框的左侧为逻辑运算输入变量，右侧为输出变量，输入、输出端的小圆圈表示"非"运算，方框被"导线"连接在一起，信号从左向右流动。西门子系列的 PLC 把功能块图作为三种最常用的编程语言之一，在其编程软件中配置，如图 4-3 所示，是西门子 S7-200 PLC 的功能块图。

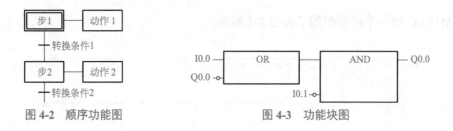

图 4-2 顺序功能图　　　　　图 4-3 功能块图

（5）结构文本（ST）编程语言

随着 PLC 的飞速发展，如果很多高级的功能还用梯形图表示，会带来很大的不便。为了增强 PLC 的数字运算、数据处理、图标显示和报表打印等功能，为了方便用户的使用，许多大中型 PLC 配备了 PASCAL、BASIC 和 C 等语言。这些编程方式叫做结构文本，与梯形图相比，结构文本有很大的优点。

① 能实现复杂的数学运算，编程逻辑也比较容易实现。

② 编写的程序简洁和紧凑。

除了以上的编程语言外，有的 PLC 还有状态图、连续功能图等编程语言。有的 PLC 允许一个程序中有多种语言，如西门子的指令表功能比梯形图功能强大，所以其梯形图中允许有不能被转化成梯形图的指令表。

4.1.2　三菱 FX5U PLC 内部软元件

在 FX5U PLC 中，对于每种继电器都用一定的字母来表示，X 表示输入继电器，Y 表示输出继电器，M 表示内部继电器，D 表示数据继电器，T 表示时间继电器，S 表示步进继电器，等。对这些软继电器进行编号，X 和 Y 的编号用八进制表示。本节主要对 FX5U CPU 的内部继电器进行说明。FX5U CPU 的内部软元件见表 4-3。

表 4-3　FX5U CPU 的内部软元件

项目		进制	最大点数	
用户软元件点数	输入继电器（X）	8	1024 点	分配到输入输出 X、Y 的合计为最大 256 点
	输出继电器（Y）	8	1024 点	
	内部继电器（M）	10	32768 点（可通过参数更改）	
	锁存继电器（L）	10	32768 点（可通过参数更改）	
	链接继电器（B）	16	32768 点（可通过参数更改）	

续表

项目			进制	最大点数
用户软元件点数	报警器（F）		10	32768 点（可通过参数更改）
	链接特殊继电器（SB）		16	32768 点（可通过参数更改）
	步进继电器（S）		10	4096 点（固定）
	定时器类	定时器（T）	10	1024 点（可通过参数更改）
	累计定时器类	累计定时器（ST）	10	1024 点（可通过参数更改）
	计数器类	计数器（C）	10	1024 点（可通过参数更改）
		长计数器（LC）	10	1024 点（可通过参数更改）
	数据寄存器（D）		10	8000 点（可通过参数更改）
	链接寄存器（W）		16	32768 点（可通过参数更改）
	链接特殊寄存器（SW）		16	32768 点（可通过参数更改）
系统软元件点数	特殊继电器（SM）		10	10000 点（固定）
	特殊寄存器（SD）		10	12000 点（固定）
模块访问软元件	智能功能模块软元件		10	65536 点（以 U □ /G □ 指定）
变址寄存器点数	变址寄存器（Z）		10	24 点
	超长变址寄存器（LZ）		10	12 点
文件寄存器点数	文件寄存器（R）		10	32768 点（可通过参数更改）
嵌套点数	嵌套（N）		10	15 点（固定）
指针点数	指针（P）		10	4096 点
	中断指针（I）		10	178 点（固定）
其他	10 进制常数（K）	带符号	—	16 位时：−32768 ～ +32767；32 位时：−2147483648 ～ +2147483647
		无符号	—	16 位时：0 ～ 65535；32 位时：0 ～ 4294967295
	16 进制常数（H）		—	16 位时：0 ～ FFFF；32 位时：0 ～ FFFFFFFF
	实数常数（E）	单精度	—	E−3.40282347+38 ～ E−1.17549435-38、0、E1.17549435-38 ～ E3.40282347+38
	字符串		—	Shift JIS 代码 最大半角 255 字符（含 NULL 在内 256 字符）

（1）输入继电器（X）

输入继电器与输入端相关联，它是专门用来接收 PLC 外部开关信号（按钮、行程开关和接近开关）的元件。PLC 通过输入接口将外部输入信号状态（接通时为 "1"，断开时为 "0"）读入并存储在输入映象寄存器中。如图 4-4

软元件 X、Y、M、B、SB

所示，当按钮闭合时，硬件线路中的 X1 线圈得电，经过 PLC 内部电路一系列的变换，使得梯形图（软件）中 X1 常开触点闭合，而常闭触点 X1 断开。正确理解这一点是十分关键的。

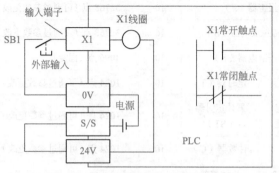

图 4-4 输入继电器 X1 的等效电路

输入继电器是用八进制编号的，如 X0 ~ X7，不可出现 X8 和 X9（其他系统可能有），FX5U/FX5UC CPU 输入 / 输出继电器编号见表 4-4，可见输入最多扩展到 248 点，输出最多到 248 点。但 Q 系列用十六进制编号，则可以有 X8 和 X9。

表 4-4　FX5U/FX5UC CPU 输入 / 输出继电器编号

型号	FX5U-32M FX5UC-32M	FX5U-64M FX5UC-64M	FX5U-80M	FX5UC-96M
输入继电器 X	X0 ~ X17	X0 ~ X37	X0 ~ X47	X0 ~ X57
输出继电器 Y	Y0 ~ Y17	Y0 ~ Y37	Y0 ~ Y47	Y0 ~ Y57

（2）输出继电器（Y）

输出继电器是用来将 PLC 内部信号输出传送给外部负载（用户输出设备）。输出继电器线圈是由 PLC 内部程序的指令驱动，其线圈状态传送给输出单元（如继电器和指示灯），再由输出单元对应的硬触点来驱动外部负载，其等效电路如图 4-5 所示。简单地说，当梯形图的 Y0 线圈（软件）得电时，经过 PLC 内部电路的一系列转换，使得继电器 Y0 常开触点（硬件，即真实的继电器，不是软元件）闭合，从而使得 PLC 外部的输出设备得电。正确理解这一点是十分关键的。

输出继电器是用八进制编号的，如 Y0 ~ Y7，不可以出现 Y8 和 Y9。但 Q 系列用十六进制编号，则可以有 Y8 和 Y9。

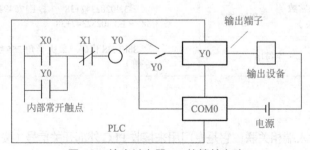

图 4-5 输出继电器 Y0 的等效电路

以下将对 PLC 是怎样读入输入信号和输出信号的做一个完整的说明，输入输出继电器的等效电路如图 4-6 所示。当按钮闭合时，硬件线路中的 X0 线圈得电，经过 PLC 内部电路一系列的转换，使得梯形图（软件）中 X0 常开触点闭合，从而 Y0 线圈得电，自锁。由于梯形图的 Y0 线圈（软件）得电时，经过 PLC 内部电路的一系列转换，使得继电器 Y0 常开触点（硬件，即真实的继电器，不是软元件）闭合，从而使得 PLC 外部的输出设备得电。这实际就是信号从输入端送入 PLC，经过 PLC 逻辑运算，把逻辑运算结果送到输出设备的一个完整的过程。同时，图 4-6 也显示了 PLC 工作的三个阶段，即输入扫描、程序执行和输出刷新。

PLC 的工作原理

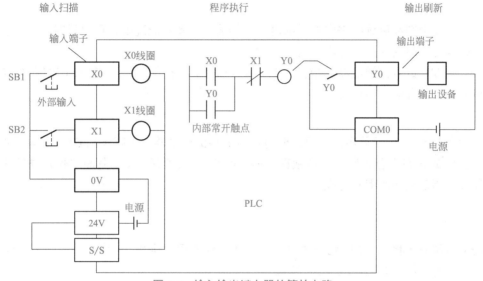

图 4-6　输入输出继电器的等效电路

> ◎ **关键点** ·········
>
> 　　如图 4-6 所示，左侧的 X0 线圈和右侧的 Y0 触点都是真实硬件，而中间的梯形图是软件，弄清楚这点十分重要。

（3）内部继电器（M）

内部继电器是 PLC 中数量最多的一种继电器，一般的内部继电器与继电器控制系统中的中间继电器相似。内部继电器不能直接驱动外部负载，负载只能由输出继电器的外部触点驱动。内部继电器的常开与常闭触点在 PLC 内部编程时可无限次使用。内部继电器采用 M 与十进制数共同组成编号（只有输入／输出继电器才用八进制数）。

FX5U CPU 共有 32768 点内部继电器。内部继电器在 PLC 运行时，如果电源突然断电，则全部线圈均断电（OFF）。当电源再次接通时，除了因外部输入信号而变为通电（ON）的以外，其余的仍将保持断电状态，它们没有断电保护功能。内部继电器常在逻辑运算中作为辅助运算、状态暂存、移位等。

📋 【例 4-1】

图 4-7 的梯形图，Y0 控制一盏灯，试分析：当系统上电后，接通 X0 和系统断电后接着系统又上电，灯的明暗情况。

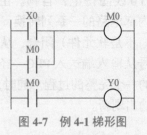

【解】 当系统上电后接通 X0，M0 线圈带电，并自锁，灯亮；系统断电后接着系统又上电，M0 线圈断电，灯不亮。

图 4-7 例 4-1 梯形图

说明: 梯形图在后续课程中将详细讲解，如读者在此不能理解，可以暂时跳过去，待学完后续课程，再阅读这部分的梯形图。

FX5U CPU 的内部继电器的数量比 FX3 之前的 PLC 要多，而且 FX5U CPU 的断电保持型继电器和特殊继电器不在内部继电器 M 中，以下将分别讲解。

（4）锁存器（L）

锁存器是 CPU 内部使用的，可以断电保持的辅助继电器，也就是当 CPU 断电后重新上电锁存器中的状态不会改变，即被锁存。FX3 的 CPU 无锁存器 L，其断电保持功能由内部继电器 M（指定编号范围）完成。

📋 【例 4-2】

图 4-8 的梯形图，Y0 控制一盏灯，试分析：当系统上电后，接通 X0 和系统断电后接着系统又上电，灯的明暗情况，L0 的情况。

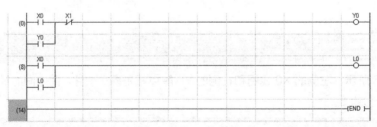

图 4-8 例 4-2 梯形图

【解】 当系统上电后接通 X0，Y0 和 L0 线圈带电，并自锁，灯亮；系统断电后接着系统又上电，Y0 线圈断电，灯不亮，但线圈 L0 仍然得电。

（5）链接继电器（B）

链接继电器是网络模块与 CPU 之间作为刷新位数据时，在 CPU 中使用的软元件。在 CPU 中的软元件 B 与网络模块的链接继电器 LB 互发数据，进行通信。其刷新范围可以在模块的参数中设置。其具体的使用将在通信部分讲解。FX5U CPU 共有 32768 点链接继电器 B。

B 与 M 的用法类似，其区别在于 M 是十进制，而 B 是十六进制，B 采用十六进制的原因是为了方便通信。

(6) 链接特殊继电器（SB）

网络模块的通信状态和异常状态会被输出到网络内部的链接特殊继电器 SB 中。FX5U CPU 共有 32768 点链接特殊继电器 SB。

(7) 报警继电器（F）

报警继电器是用户创建的，用于检测设备异常和故障的程序中使用的特殊内部继电器。当报警器置于 ON 时，报警检测器（SM62）置位，即为 ON。报警编号 SM62～SD79 将存储变为 ON 的报警器个数和编号。存储方法是先进先出。FX5U CPU 共有 32768 点报警继电器 F。报警继电器 F 的应用实例如图 4-9 所示。

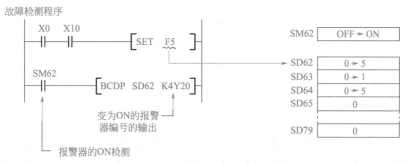

图 4-9 报警继电器 F 的应用实例

(8) 步进继电器（S）

步进继电器用来记录系统运行中的状态，是编制顺序控制程序的重要编程元件，它与后述的步进顺控指令 STL 配合应用。共 4095 点。

定时器 T/ST 和
计数器 C/LC

(9) 定时器（T/ST）

PLC 中的定时器 T 相当于继电器控制系统中的通电型时间继电器。它可以提供无限对常开常闭延时触点，这点有别于中间继电器，中间继电器的触点通常少于 8 对。定时器中有一个设定值寄存器（一个字长）、一个当前值寄存器（一个字长）和一个用来存储其输出触点的映像寄存器（一个二进制位），这三个量使用同一地址编号。但使用场合不一样，意义也不同。

FX5U 中定时器可分为通用定时器（T）、累积型定时器（ST）两种。它们是通过对一定周期的时钟脉冲的进行累计而实现定时的，时钟脉冲有周期为 1ms（对应指令 OUTHS）、10ms（对应指令 OUTH）和 100ms（对应指令 OUT）三种，当所计数达到设定值时触点动作。设定值可用常数 K 或数据寄存器 D 的内容来设置。通用定时器（T）和累积型定时器（ST）都有 1024 点。

【例 4-3】

当压下启动按钮 SB1 后电动机 1 启动，2s 后电动机 1 停止，电动机 2 启动，任何时候压下按钮 SB2 时，电动机 1 和 2 都停止运行。

【解】 原理图如图 4-10 所示，梯形图如图 4-11 所示。

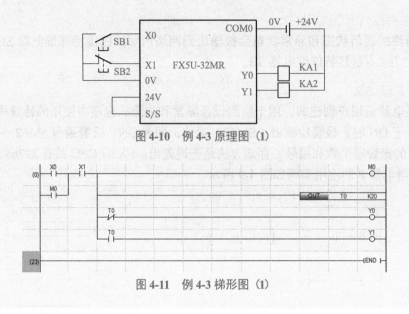

图 4-10 例 4-3 原理图 (1)

图 4-11 例 4-3 梯形图 (1)

特别说明： 由于图 4-10 原理图中 SB2 按钮接的是常闭触点，因此不压下 SB2 按钮时，梯形图中的 X1 的常开触点是导通的，当压下 SB1 按钮时，X0 的常开触点导通，线圈 M0 得电自锁。说明图 4-11 梯形图和图 4-10 原理图是匹配的。而且在工程实践中，设计规范的原理图中的停止和急停按钮都应该接常闭触点。这样设计的好处是当 SB2 按钮意外断线时，会使得设备不能非正常启动，确保设备的安全。

有初学者认为图 4-10 原理图应修改为图 4-12，图 4-11 梯形图应修改为图 4-13，其实图 4-12 原理图和图 4-13 梯形图是匹配的，可以实现功能。但这个设计的问题在于：当 SB2 按钮意外断线时，设备仍然能非正常启动，但压下 SB2 按钮时，设备不能停机，存在很大的安全隐患。这种设计显然是不符合工程规范的。

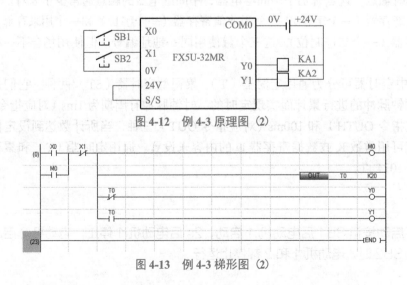

图 4-12 例 4-3 原理图 (2)

图 4-13 例 4-3 梯形图 (2)

在后续章节中，如不作特别说明，本书的停止和急停按钮将接常闭触点。

◎ **关键点** ·········

　　初学者经常会提出这样的问题：定时器如何接线？PLC 中的定时器是不需要接线的，这点不同于 J-C 系统中的时间继电器。

【例 4-4】 _____

　　如图 4-14 所示的梯形图，Y0 控制一盏灯，当输入 X0 接通时，试分析：灯的明暗状况。若当输入 X0 接通 5s 时，输入 X0 突然断开，接着又接通，灯的明暗状况如何。

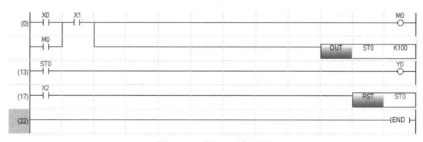

图 4-14　例 4-4 梯形图

　　【解】 当输入 X0 接通后，ST0 线圈上电，延时开始，此时灯并不亮，10s（100×0.1= 10s）后 ST0 的常开触点闭合，灯亮。

　　当输入 X1 接通后，线圈 M0 断电，但灯仍然亮，只有 X2 闭合复位定时器 ST0，灯才会灭。这个例子的定时时间 10s 是累计 10s，例如接通 5s，再接通 5s，累计时间大于等于 10s，定时器动作。而例 4-3 中的定时器的时间是不能累积的。

　　通用定时器和累积型定时器的区别从例 4-3 和例 4-4 中很容易看出。

　　（10）计数器（C/LC）

　　① 计数器的作用。FX5U 计数器是在程序中对输入条件的上升沿次数进行计数的软元件。计数器为加法运算式，当计数值与设置值相同时将计数递增，触点将为 ON。

　　② 计数器的类型。有将计数值以 16 位（可计数范围为 0 ~ 32767）保持的计数器（C）以及将计数值以 32 位（可计数范围为 0 ~ 4294967295）保持的超长计数器（LC）。计数器（C）与超长计数器（LC）是不同的软元件，可分别设置软元件点数。

　　③ 计数器的复位。即使将计数器线圈的输入置为 OFF，计数器的当前值也不会被清除。应通过 RST C 指令 /RST LC 指令，进行计数器当前值的清除（复位）以及触点的 OFF。在执行 RST C 指令的时刻，计数值即被清除，同时触点也将为 OFF。

【例 4-5】 _____

　　如图 4-15 所示的梯形图，Y0 控制一盏灯，试分析：当输入 X11 接通 10 次时，灯的明暗状况？将 X10 接通，灯的明暗状况如何？

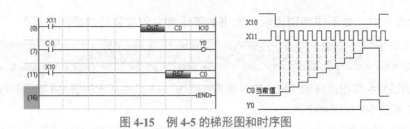

图 4-15　例 4-5 的梯形图和时序图

【解】　当输入 X11 接通 10 次时，C0 的常开触点闭合，灯亮。若当输入 X10 接通后，灯灭。

🎯 关键点 · · · · · · · · ·

初学者经常会提出这样的问题：计数器如何接线？PLC 中的计数器是不需要接线的，这点不同于 J-C 系统中的计数器。

📋 【例 4-6】

指出如图 4-16 所示的梯形图有什么功能？

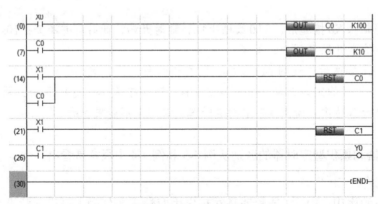

图 4-16　例 4-6 梯形图

【解】　如图 4-16 所示的梯形图实际是一个乘法电路，表示当 $100 \times 10 = 1000$ 时，Y0 得电。

数据寄存器 D、链接寄存器 W、特殊链接寄存器 SW

(11) 数据寄存器（D）

数据寄存器是可存储数值数据的软元件。PLC 在进行输入输出处理、模拟量控制、位置控制时，需要许多数据寄存器存储数据和参数。数据寄存器为 16 位，最高位为符号位。可用两个数据寄存器来存储 32 位数据，最高位仍为符号位。

数据寄存器的位指定，即可以用 D.b 的方法去访问数据寄存器的某一指定的位，例如 D0.8 就是 D0 的第 8 位。假设 D0=B1111 11111 0000 0000，则其第 0 位是 0，第 F 位为 1。运行如图 4-17 的梯形图，Y1 得电，Y0 断电。

图 4-17　梯形图（数据寄存器的位指定）

（12）链接寄存器（W）

链接寄存器（W）是在网络模块与 CPU 模块之间，作为刷新字数据时的 CPU 模块侧的软元件使用为目的的软元件。

在 CPU 模块内的链接寄存器（W）与网络模块的链接寄存器（LW）之间相互收发数据。通过网络模块的参数，设置刷新范围。未用于刷新的位置可用于其他用途，如可以作普通的内部寄存器用。

（13）链接特殊寄存器（SW）

网络的通信状态及异常检测状态的字数据信息将被输出到网络内的链接特殊寄存器。链接特殊寄存器（SW）是作为网络内的链接特殊寄存器刷新目标使用的软元件。未用于刷新的位置可用于其他用途。

（14）系统软元件

系统软元件是系统用的软元件。其分配 / 容量都是固定的，用户不能更改。

系统软元件

① 特殊继电器（SM）。是可编程控制器内部确定规格的内部继电器，因此不能像通常的内部继电器那样用于程序中。但是，可根据需要置为 ON/OFF 以控制 CPU 模块。常见的特殊继电器见表 4-5。

表 4-5　常见的特殊继电器

特殊继电器	名称
SM400、SM8000	始终 ON
SM401、SM8001	始终 OFF
SM402、SM8002	RUN 后仅 1 个扫描 ON
SM403、SM8003	RUN 后仅 1 个扫描 OFF
SM409、SM8011	0.01s 时钟
SM410、SM8012	0.1s 时钟
SM411	0.2s 时钟
SM412、SM8013	1s 时钟

续表

特殊继电器	名称
SM413	2s 时钟
SM414	2ns 时钟
SM415	2nms 时钟
SM8014	1min 时钟
SM420、SM8330	定时时钟输出 1
SM421、SM8331	定时时钟输出 2
SM422、SM8332	定时时钟输出 3
SM423、SM8333	定时时钟输出 4
SM424、SM8334	定时时钟输出 5

② 特殊寄存器（SD）。是可编程控制器内部确定规格的内部寄存器，因此不能像通常的内部寄存器那样用于程序中。但是，可根据需要写入数据以控制 CPU 模块。常见的特殊寄存器见表 4-6。

表 4-6　常见的特殊寄存器

特殊寄存器	名称
SD412	1s 计数器
SD414	2ns 时钟设置
SD415	2nms 时钟设置
SD420	扫描计数器
SD8330	定时时钟输出 1 用扫描数计数
SD8331	定时时钟输出 2 用扫描数计数
SD8332	定时时钟输出 3 用扫描数计数
SD8333	定时时钟输出 4 用扫描数计数
SD8334	定时时钟输出 5 用扫描数计数

变址寄存器
（Z、LZ）

（15）变址寄存器（Z、LZ）

变址寄存器（Z）实际上是一种特殊用途的数据寄存器，其作用相当于计算机中的变址寄存器，用于改变元件的编号（变址）。例如 Z0=5，则执行 D20Z0 时，被执行的编号为 D25（D20+5）。变址寄存器可以像其他数据寄存器一样进行读 / 写，需要进行 32 位操作时，可使用 LZ。如图 4-18 所示，就是变址寄存器的应用实例。

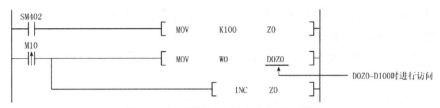

图 4-18 梯形图（变址寄存器的应用）

（16）模块访问软元件

模块访问软元件是从 CPU 模块直接访问连接在 CPU 模块上的智能功能模块的缓冲存储器的软元件。

① 指定方法。通过 U[智能功能模块的模块编号]\[缓冲存储器地址] 指定。例：U5\G11。

模块访问软元件

② 处理速度。通过模块访问软元件进行的读取 / 写入比通过 FROM/TO 指令进行的读取 / 写入的处理速度高（例：MOV U2\G11 D0）。从模块访问软元件的缓冲存储器中的读取与通过 1 个指令执行其他的处理时，应以 FROM/TO 指令下的处理速度与指令的处理速度的合计值作为参考值（例：+U2\G11 D0 D10）。

 【例 4-7】

PLC 的示意图如图 4-19 所示，要求编写读取第 2 个模块的 4 号缓冲区的数据。

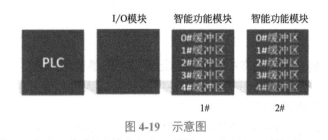

图 4-19 示意图

【解】 有两种方法，梯形图如图 4-20 所示。两个梯形图是等价的，但图 4-20（a）速度更加快。

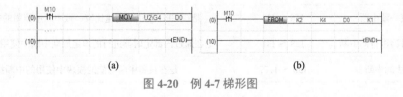

图 4-20 例 4-7 梯形图

注意： I/O 模块不占模块号，且模块从 1 开始编号，而 FX3 系列从 0 开始编号。

（17）文件寄存器（R/ER）

文件寄存器是可存储数值数据的软元件。文件寄存器可分为文件寄存器（R）及扩展文件寄存器（ER）。主要用于数据采集和统计数据。

SD 存储卡插入 CPU 模块时才可使用扩展文件寄存器（ER）。存储在扩展文件寄存器（ER）的数据掉电后可以保持。

文件寄存器（R/ER）是十六进制的，可以部分代替数据寄存器（D）使用。

(18) 指针（P）

在 FX5 CPU 中，指针是跳转指令（CJ 指令）及子程序调用指令（CALL 指令等）中使用的软元件。

① 指针的分类。可分为全局指针和标签分配用指针。

② 指针有以下用途。

a. 指定跳转指令（CJ 指令）的跳转目标和标签。

b. 指定子程序调用指令（CALL 指令等）的调用目标和标签（子程序的起始）。

指针的应用实例如图 4-21 所示。

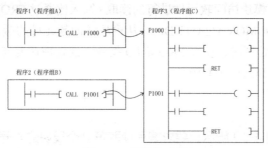

图 4-21　指针的应用

(19) 中断指针（I）

① 中断指针的概念。它是在中断程序起始处作为标签使用的软元件。可在正在执行的所有程序中使用。中断指针是用来指示某一中断程序的入口位置。执行中断后遇到 IRET（中断返回）指令，则返回主程序。

② 中断指针的分类。中断指针共分为 4 类，这 4 类中断指针的作用见表 4-7。

表 4-7　中断指针的分类和作用

中断原因	中断指针编号	说明
输入中断	I0～I15	是在 CPU 模块的输入中断中使用的中断指针。最多可使用 8 点
高速比较一致中断	I16～I23	是在 CPU 模块的高速比较一致中断中使用的中断指针
通过内部定时器进行的中断	I28～I31	是在通过内部定时器进行的恒定周期中断中使用的中断指针
来自模块的中断	I50～I177	是在具备中断功能的模块中使用的中断指针

③ 中断指针的优先度。中断优先度是发生多重中断时的执行顺序。数值越小，中断优先度越高，如 I0 的优先度最高。

(20) 常数（K、H、E）

常数（K、H、E）

K 是表示十进制整数的符号，主要用来指定定时器或计数器的设定值及应用功能指令操作数中的数值；H 是表示十六进制数，主要用来表示应用功能指令的操作数值。例如，20 用十进制表示为 K20，用十六进制则表示为 H14。E123 表示实数，用于 FX5 系列 PLC，也可以用 E1.23+2 表示。

4.1.3 存储区的寻址方式

PLC 将数据存放在不同的存储单元，每个存储单元都有唯一确定地址编号，要想根据地址编号找到相应的存储单元，这就需要 PLC 的寻址。根据存储单元在 PLC 中数据存取方式的不同，FX5 系列 PLC 存储器常见的寻址方式有直接寻址和间接寻址，具体如下。

（1）直接寻址

直接寻址可分为位寻址、字寻址和位组合寻址。

① 位寻址　位寻址是针对逻辑变量存储的寻址方式。FX5U PLC 中输入继电器、输出继电器、内部继电器、状态继电器、定时器和计数器在一般情况下都采用位寻址。位寻址方式地址中含存储器的类型和编号，如 X1、Y6、T0 和 M600 等。

D0.1 和 D6.F 等这些表达方式也是位寻址，在 FX3 和 FX5 系列中可以使用，而 FX2 系列无此功能。

② 字寻址　字寻址在数字数据存储时用。FX5U PLC 中的字长一般为 16 位，地址可表示成存储区类别的字母加地址编号，如 D0 和 D200 等。FX5U PLC 可以双字寻址。在双字寻址的指令中，操作数地址的编号（低位）一般用偶数表示，地址加 1（高位）的存储单元同时被占用，双字寻址时存储单元为 32 位。

③ 位组合寻址　FX5U PLC 中，为了编程方便，使位元件联合起来存储数据，提供了位组合寻址方式，位组合寻址是以 4 个位软元件为一组组合单元，其通用的表示方法是 Kn 加起始元件的软元件号组成，起始软元件有输入继电器、输出继电器和内部继电器等，n 为单元数，16 位数为 K1 ～ K4，32 位数为 K1 ～ K8。例如 K2M10 表示由 M10 ～ M17 组成的两个位元件组，它是一个 8 位的数据，M10 是最低位。K4X0 表示由 X0 ～ X17 组成的 4 个位元件组，它是一个 16 位数据，X0 是最低位。

当一个 16 位的数据传送到 K1M0、K2M0、K3M0 时，只传送相应的低位数据，较高位的数据不传送，32 位数据也一样。在作 16 位操作时，参与操作的位元件由 K1 ～ K4 指定。若仅由 K1 ～ K3 指定，不足部分的高位均作 0 处理。

（2）间接寻址

间接寻址是指数据存放在变址寄存器（Z）中，在指令只出现所需数据的存储单元内存地址即可。关于间接寻址在功能指令章节会做详细介绍。

4.2 三菱 FX5U PLC 的基本指令

三菱 FX5U PLC 有丰富的指令系统，共有 1014 条指令，虽然掌握指令是学习 PLC 的基础，但全部掌握是比较困难的，因此初学者应优先掌握常用指令。

4.2.1　触点指令

触点指令十分丰富，而且也是最常用的指令，包含运算开始、串联连接、并联连接、脉冲运算开始、脉冲串联连接、脉冲并联连接、脉冲否定运算开始、脉冲否定串联连接、脉冲否定并联连接、合并指令、运算结果推入、读取、弹出、运算结果取反、输出指令、定时器、计数器、报警器、上升沿、下降沿输出和位软元件输出取反。以下将介绍常用的触点指令。

（1）运算开始、串联连接、并联连接和输出指令

运算开始、串联连接、并联连接和输出指令的含义见表 4-8。虽然 FX5U 没有指令表，但使用指令符号输入梯形图程序比较快捷。

表 4-8　运算开始、串联连接、并联连接和输出指令含义

指令符号	梯形图	软元件	功能
LD			常开触点的逻辑开始
LDI			常闭触点的逻辑开始
AND		位：X、Y、M、L、SM、F、B、SB、S、T、ST、C、LC、U□\G□ 字：D、W、SD、SW、R	常开触点串联连接
ANI			常闭触点串联连接
OR			常开触点并联连接
ORI			常闭触点并联连接
OUT			线圈驱动

LD 是逻辑运算开始，LDI 是逻辑运算否开始，LD 和 LDI 指令主要用于将触点连接到母线上。其目标软元件为位时：X、Y、M、L、SM、F、B、SB、S、T、ST、C、LC、U□\G□；为字时：D、W、SD、SW、R（字的位指定，如 D0.1）。

OUT 指令是对输出继电器、内部继电器、状态继电器、定时器、计数器等的线圈驱动的指令。其目标软元件为位时：X、Y、M、L、SM、F、B、SB、S、T、ST、C、LC、U□\G□；为字时：D、W、SD、SW、R（字的位指定，如 D0.1）。

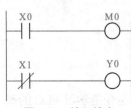

图 4-22　输入输出指令的示例

用如图 4-22 所示的例子来解释输入与输出指令，当常开触点 X0 闭合时（如果与 X0 相连的按钮是常开触点，则需要压下按钮），内部继电器 M0 线圈得电。当常闭触点 X1 闭合时（如果与 X1 相连的按钮是常开触点，则不需要压下按钮），输出继电器 Y0 线圈得电。

关键点 · · · · · · · · · ·

　　PLC 中的内部继电器并不需要接线，它通常只参与中间运算，而输入输出继电器是要接线的，这一点请读者注意。

（2）常开触点串联连接和常闭触点串联连接指令

AND 是常开触点串联连接，用于一个常开触点串联连接指令。

ANI 是常闭触点串联连接，用于一个常闭触点串联连接指令。

常开触点串联连接和常闭触点串联连接指令的使用说明。

① AND、ANI 都是指单个常开触点串联连接和常闭触点串联连接的指令，使用次数没有限制，可反复使用。

② AND、ANI 的目标软元件，为位时：X、Y、M、L、SM、F、B、SB、S、T、ST、C、LC、U□\G□；为字时：D、W、SD、SW、R（字的位指定，如 D0.1）。

　　用如图 4-23 所示的例子来解释常开触点串联连接和常闭触点串联连接指令。当常开触点 X0、常闭触点 X1 闭合，而常开触点 X2 断开时，线圈 M0 得电，线圈 Y0 断电；当常开触点 X0、常闭触点 X1、常开触点 X2 都闭合时，线圈 M0 和线圈 Y0 得电；只要常开触点 X0 或者常闭触点 X1 有一个或者两个断开，则线圈 M0 和线圈 Y0 断电。注意，如果与 X0、X1 相连的按钮是常开触点，那么按钮不压下时，常开触点 X0 是断开的，而常闭触点 X1 是闭合的，这点读者务必要搞清楚。

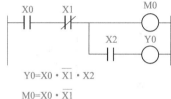

$Y0 = X0 \cdot \overline{X1} \cdot X2$

$M0 = X0 \cdot \overline{X1}$

图 4-23　常开触点串联连接和常闭触点串联连接指令的示例

（3）常开触点并联连接与常闭触点并联连接指令

OR 是常开触点并联连接指令，用于单个常开触点的并联。

ORI 是常闭触点并联连接指令，用于单个常闭触点的并联。

常开触点并联连接与常闭触点并联连接指令的使用说明。

① OR、ORI 指令都是指单个常开触点并联连接与常闭触点并联连接，并联触点的左端接到 LD、LDI，右端与前一条指令对应触点的右端相连。常开触点并联连接与常闭触点并联连接指令连续使用的次数不限。

② OR、ORI 指令的目标软元件，为位时：X、Y、M、L、SM、F、B、SB、S、T、ST、C、LC、U□\G□；为字时：D、W、SD、SW、R（字的位指定，如 D0.1）。

　　用如图 4-24 所示的例子来解释常开触点并联连接与常闭触点并联连接指令。当常开触点 X0、常闭触点 X1 或者常开触点 X2 有一个或者多个闭合时，线圈 Y0 得电。

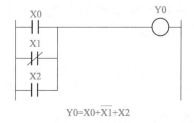

$Y0 = X0 + \overline{X1} + X2$

图 4-24　常开触点并联连接与常闭触点并联连接指令的使用

脉冲式触点指令

4.2.2 脉冲式触点指令（LDP、LDF、ANDP、ANDF、ORP、ORF）

脉冲式触点指令（LDP、LDF、ANDP、ANDF、ORP、ORF）的含义见表 4-9。

表 4-9　脉冲式触点指令含义

指令符号	梯形图	名称	软元件
LDP		上升沿脉冲运算开始	
LDF		下降沿脉冲运算开始	
ANDP		上升沿脉冲串联连接	位：X、Y、M、L、SM、F、B、SB、S、T、ST、C、LC、U□\G□
ANDF		下降沿脉冲串联连接	字：D、W、SD、SW、R
ORP		上升沿脉冲并联连接	
ORF		下降沿脉冲并联连接	

用一个例子来解释 LDP、ANDP、ORP 操作指令，梯形图（左侧）和时序图（右侧）如图 4-25 所示，当 X0 或者 X1 上升沿时，线圈 M0 得电；当 X2 上升沿时，线圈 Y0 得电。

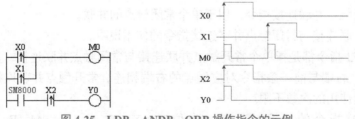

图 4-25　LDP、ANDP、ORP 操作指令的示例

LDP、LDF、ANDP、ANDF、ORP、ORF 指令使用注意事项。

① LDP、ANDP、ORP 是上升沿检出的触点指令，仅在指定的软元件的上升沿（OFF → ON 变化时）接通一个扫描周期。

② LDF、ANDF、ORF 是下降沿检出的触点指令，仅在指定的软元件的下降沿（ON → OFF 变化时）接通一个扫描周期。

4.2.3 上升沿、下降沿输出（PLS、PLF）

上升沿、下降沿输出（PLS、PLF）的含义见表 4-10。

表 4-10   上升沿、下降沿输出指令含义

指令符号	名称	软元件	功能
PLS	上升沿输出	位：X、Y、M、L、SM、F、B、SB、S、T、ST、C、LC、U □\G □ 字：D、W、SD、SW、R	在输入信号上升沿时产生一个扫描周期的脉冲输出
PLF	下降沿输出		在输入信号下降沿时产生一个扫描周期的脉冲输出

PLS、PLF 指令的使用说明。

① PLS、PLF 指令的目标软元件为 Y 和 M。

② 使用 PLS 时，仅在驱动输入为 ON 后的一个扫描周期内目标软元件为 ON。如图 4-26 所示，M0 仅在 X0 的常开触点由断到通时的一个扫描周期内为 ON；使用 PLF 指令时只是利用输入信号的下降沿驱动，其他与 PLS 相同。

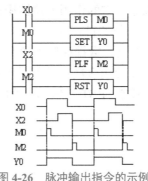

图 4-26   脉冲输出指令的示例

 【例 4-8】

已知两个梯形图及 X0 的时序图如图 4-27 所示，要求绘制 Y0 的输出时序图。

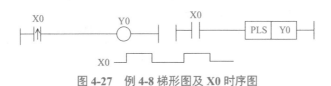

图 4-27   例 4-8 梯形图及 X0 时序图

【解】   图 4-27 中的两个梯形图的回路的动作相同，Y0 的时序图如图 4-28 所示。

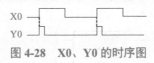

图 4-28   X0、Y0 的时序图

 【例 4-9】

一个按钮控制一盏灯，当压下按钮灯立即亮，按钮弹起后 1s 灯熄灭，要求编写程序实现此功能。

【解】 梯形图如图 4-29 所示。

图 4-29 例 4-9 梯形图

4.2.4 置位与复位指令（SET、RST、ZRST）

置位与复位指令

SET 是置位指令，它的作用是使被操作的目标软元件置位并保持。RST 是复位指令，使被操作的目标软元件复位，并保持清零状态。用 RST 指令可以对定时器、计数器、数据存储器和变址存储器的内容清零。对同一软元件的 SET、RST 可以使用多次，并不是双线圈输出，但有效的是最后一次。置位与复位指令（SET、RST、ZRST）的含义见表 4-11。

表 4-11 置位与复位指令含义

梯形图	名称	软元件（d、d1、d2）	功能
SET (d)	置位	位：X、Y、M、L、SM、F、B、SB、S、T、ST、C、LC、U□\G□ 字：D、W、SD、SW、R、Z 双字：LZ	动作保持
RST (d)	复位		清除动作保持，当前值及寄存器清零
ZRST/ZRSTP (d1) (d2)	数据批量复位	位：X、Y、M、L、SM、F、B、SB、S 字：T、ST、C、D、W、SD、SW、R、Z、U□\G□ 双字：LZ、LC	在相同类型的（d1）与（d2）中指定的软元件之间进行批量复位

置位指令与复位指令的使用如图 4-30 所示。当 X0 的常开触点接通时，Y0 变为 ON 状态并一直保持该状态，即使 X0 断开 Y0 的 ON 状态仍维持不变；只有当 X1 的常开触点闭合时，Y0 才变为 OFF 状态并保持，即使 X1 的常开触点断开，Y0 也仍为 OFF 状态。

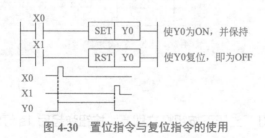

图 4-30 置位指令与复位指令的使用

【例 4-10】

梯形图如图 4-31 所示，试指出此梯形图的含义。

【解】 即当 X0 按钮压下时，Y0 得电，而当 X0 松开时，Y0 断电，其功能就是点动。

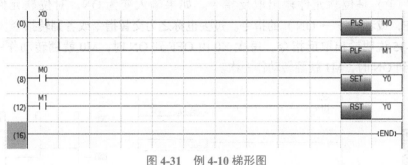

图 4-31 例 4-10 梯形图

数据批量复位指令 ZRST 十分常用，特别常用于数据的初始化。以下用如图 4-32 所示的例子介绍其使用方法。

图 4-32 梯形图（数据批量复位指令示例）

4.2.5 逻辑运算取反和位软元件输出取反指令（INV、FF、ALT）

① INV 是逻辑运算取反指令，执行该指令后将原来的运算结果取反。逻辑运算取反指令没有软元件，因此使用时不需要指定软元件，也不能单独使用，逻辑运算取反指令不能与母线相连。图 4-33 中，当 X0 断开，则 Y0 为 ON，当 X0 接通，则 Y0 断开。

图 4-33 逻辑运算取反指令的使用

逻辑运算取反和位软元件输出取反指令

② FF 取反指令。执行指令 OFF → ON 时，对目标位中指定的软元件状态进行取反。软元件为位时可以：X、Y、M、L、SM、F、B、SB、S、T、ST、C、LC、U□\G□；软元件为字时可以：D、W、SD、SW、R。应用实例如图 4-34 所示。每次 X0 由 OFF 到 ON 时，Y0 就翻转动作一次。

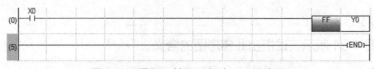

图 4-34 逻辑运算取反指令 FF 的使用

③ ALT（P）是位软元件输出取反指令。如果输入变为 ON，对位软元件进行取反（ON → OFF，或者 OFF → ON）的指令。过去也称之为交替指令或者翻转指令。

以图 4-35 说明输出取反指令，每次 X0 由 OFF 到 ON 时，M0 就翻转动作一次。每次 M0 由 OFF 到 ON 时，M1 就翻转动作一次。

实例讲解——单
键启停 1

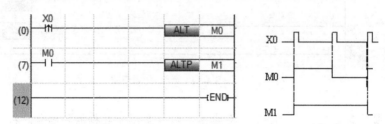

图 4-35 交替输出指令 ALT 的应用

【例 4-11】

编写程序，实现当压下 SB1 按钮奇数次，灯亮，当压下 SB1 按钮偶数次，灯灭，即单键启停控制。

【解】 单键启停原理图如图 4-36 所示，梯形图如图 4-37 所示，此梯形图的另一种表达方式如图 4-38 所示。

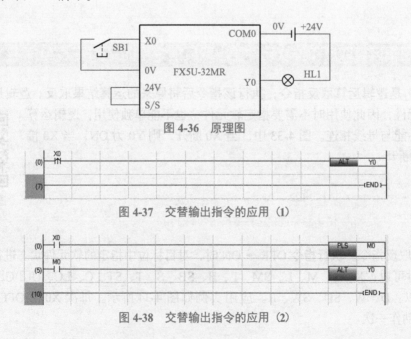

图 4-36 原理图

图 4-37 交替输出指令的应用（1）

图 4-38 交替输出指令的应用（2）

4.2.6　定时器和计数器

定时器和计数器在工程中十分常用，特别是定时器，更是常用。定时器和计数器指令在软元件章节已经介绍了，以下用几个例子介绍定时器和计数器的应用。

定时器和计数器的应用

【例 4-12】

定时器断电延时应用。设计一段程序，控制过程是当进入车库时，压下启动按钮灯立即亮，当出车库时，压下停止按钮灯延时 5s 灭。

【解】　FX5U PLC 上无断电延时定时器，使用通电延时定时器也可以实现断电延时功能，梯形图如图 4-39 所示。

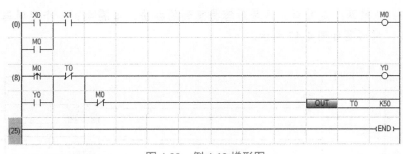

图 4-39　例 4-12 梯形图

【例 4-13】

设计一个可以定时 12h 的程序。

【解】　FX5U PLC 上的定时器最大定时时间是 3276.7s，所以要长时间定时不能只简单用一个定时器。本例的方案是用一个定时器定时 1800s（0.5h），要定时 12h，实际就是要定时 24 个 0.5h，梯形图如图 4-40 所示。

图 4-40　例 4-13 梯形图

【例 4-14】

　　编写一段程序，控制一盏灯的闪烁，周期为 8s，亮 4s，灭 4s。

　　【解】　方法 1：SD414 存储的就是周期为设定数 2 倍的周期脉冲，本例设定数为 K4，则脉冲周期为 8s，梯形图如图 4-41 所示。

图 4-41　方法 1 梯形图

　　方法 2：使用两个定时器，这是最容易想到的办法，每隔 4s，一个定时器触发一次脉冲的跳变，梯形图如图 4-42 所示。

图 4-42　方法 2 梯形图

　　方法 3：定时器的定时周期为 8s，小于 4s 为脉冲的高电平，大于 4s 为低电平，到第 8s 完成一个周期，重新开始。梯形图如图 4-43 所示。

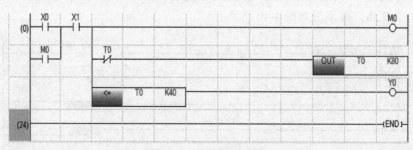

图 4-43　方法 3 梯形图

　　方法 4：先用定时器产生秒脉冲，再用 4 个秒脉冲计数作为高电平，4 个脉冲计数作为低电平，梯形图如图 4-44 所示。

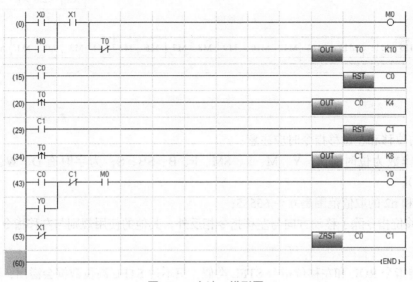

图 4-44　方法 4 梯形图

方法 5：先用 SM8013 产生秒脉冲，再用 4 个秒脉冲计数作为高电平，4 个脉冲计数作为低电平，梯形图如图 4-45 所示。

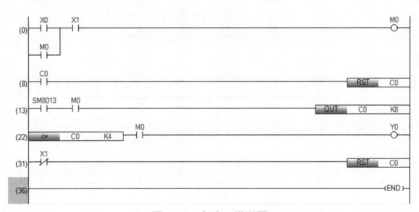

图 4-45　方法 5 梯形图

4.2.7　移位指令和旋转指令

（1）左移位和右移位指令（SFTL、SFTR）

左移位指令的功能是使元件中的状态向左移位，由 n1 指定移位元件的长度，由 n2 指定移位的位数。左移位指令的应用如图 4-46 所示，当 X6 接通一次后，M15 ～ M12 输出，M11 ～ M8 的内容送入 M15 ～ M12，M7 ～ M4 的内容送入 M11 ～ M8，M3 ～ M0 的内容送入 M7 ～ M4，X3 ～ X0 的内容送入 M3 ～ M0。其功能示意图如图 4-47 所示。

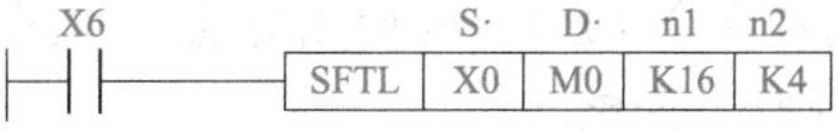

```
     X6                    S·   D·   n1   n2
   ┤├                  ┌────┬────┬────┬────┬────┐
                       │SFTL│ X0 │ M0 │K16 │ K4 │
                       └────┴────┴────┴────┴────┘
```

图 4-46　左移位指令的应用

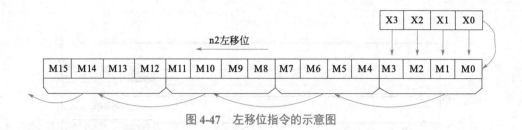

图 4-47 左移位指令的示意图

使用右位移和左位移指令时应注意：

① 操作数为位时有 X、Y、M、L、SM、F、B、SB、S，为字时有 D、W、SD、SW、R（位指定）；

② n1 和 n2 的取值范围是 0 ~ 65535；

③ 右移位指令除了移动方向与左移指令相反外，其他的使用规则与左移指令相同。

（2）左旋转和右旋转指令（ROL、ROR）

左旋转指令 ROL 和左移位指令 STFL 类似，只不过 STFL 高位数据会溢出，而循环则不会。用一个例子说明 ROL 的使用方法，如图 4-48 所示，当 X2 闭合一次，D0 中的数据向左移动 4 位，最高 4 位移到最低 4 位。

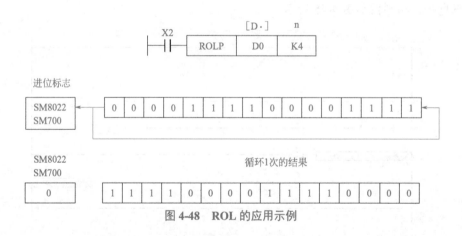

图 4-48 ROL 的应用示例

4.2.8 比较指令

比较指令及其应用

FX5U PLC 触点比较指令相当于一个有比较功能的触点，执行比较两个源操作数 [S1•] 和 [S2•]，满足条件则触点闭合。以下介绍触点比较指令。

（1）触点比较指令（LD）

触点比较指令（LD）可以对源操作数 [S1•] 和 [S2•] 进行比较，满足条件则触点闭合。触点比较指令（LD）参数见表 4-12。

用一个例子解释触点比较指令（LD）的使用方法，如图 4-49 所示。当 D2>K200 时，触点比较导通，Y0 得电，否则 Y0 断电。

表 4-12　触点比较指令（LD）参数表

指令符号		比较条件	[S1·]	[S2·]	功能
16 位	32 位				
LD=	DLD=	[S1·]=[S2·]			触点比较指令运算开始 [S1·]=[S2·] 导通
LD>	DLD>	[S1·]>[S2·]	位：X、Y、M、L、SM、F、B、SB、S　字：T、ST、C、D、W、SD、SW、R、Z、U□\G□　双字：LC、LZ　常数：H、K		触点比较指令运算开始 [S1·]>[S2·] 导通
LD<	DLD<	[S1·]<[S2·]			触点比较指令运算开始 [S1·]<[S2·] 导通
LD<>	DLD<>	[S1·] ≠ [S2·]			触点比较指令运算开始 [S1·] ≠ [S2·] 导通
LD<=	DLD<=	[S1·] ≤ [S2·]			触点比较指令运算开始 [S1·] ≤ [S2·] 导通
LD>=	DLD>=	[S1·] ≥ [S2·]			触点比较指令运算开始 [S1·] ≥ [S2·] 导通

图 4-49　触点比较指令（LD）的应用示例

（2）触点比较指令（OR）

触点比较指令（OR）与其他的触点或者回路并联。触点比较指令（OR）参数见表 4-13。

表 4-13　触点比较指令（OR）参数表

指令符号		比较条件	[S1·]	[S2·]	功能
16 位	32 位				
OR=	DOR=	[S1·]=[S2·]			触点比较指令并联连接 [S1·]=[S2·] 导通
OR>	DOR>	[S1·]>[S2·]	位：X、Y、M、L、SM、F、B、SB、S　字：T、ST、C、D、W、SD、SW、R、Z、U□\G□　双字：LC、LZ　常数：H、K		触点比较指令并联连接 [S1·]>[S2·] 导通
OR<	DOR<	[S1·]<[S2·]			触点比较指令并联连接 [S1·]<[S2·] 导通
OR<>	DOR<>	[S1·] ≠ [S2·]			触点比较指令并联连接 [S1·] ≠ [S2·] 导通
OR<=	DOR<=	[S1·] ≤ [S2·]			触点比较指令并联连接 [S1·] ≤ [S2·] 导通
OR>=	DOR>=	[S1·] ≥ [S2·]			触点比较指令并联连接 [S1·] ≥ [S2·] 导通

用一个例子解释触点比较指令（OR）的使用方法，如图 4-50 所示。当 X10 闭合或者（D1，D0）=K200，Y0 得电。

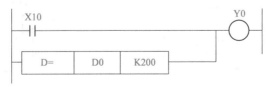

图 4-50　触点比较指令（OR）的应用示例

（3）触点比较指令（AND）

触点比较指令（AND）与其他触点或者回路串联。触点比较指令（AND）参数见表 4-14。

表 4-14 触点比较指令（AND）参数表

指令符号		比较条件	[S1·]	[S2·]	功能
16 位	32 位				
AND=	DAND=	[S1·]=[S2·]	位：X、Y、M、L、SM、F、B、SB、S 字：T、ST、C、D、W、SD、SW、R、Z、U□\G□ 双字：LC、LZ 常数：H、K		触点比较指令运算开始 [S1·]=[S2·] 导通
AND>	DAND>	[S1·]>[S2·]			触点比较指令运算开始 [S1·]>[S2·] 导通
AND<	DAND<	[S1·]<[S2·]			触点比较指令运算开始 [S1·]<[S2·] 导通
AND<>	DAND<>	[S1·] ≠ [S2·]			触点比较指令运算开始 [S1·] ≠ [S2·] 导通
AND<=	DAND<=	[S1·] ≤ [S2·]			触点比较指令运算开始 [S1·] ≤ [S2·] 导通
AND>=	DAND>=	[S1·] ≥ [S2·]			触点比较指令运算开始 [S1·] ≥ [S2·] 导通

用一个例子解释触点比较指令（AND）的使用方法，如图 4-51 所示。当 X10 闭合和 D2<K200 时，触点比较导通，Y0 得电，否则 Y0 断电。

图 4-51 触点比较指令（AND）的应用示例

【例 4-15】

十字路口的交通灯控制，当合上启动按钮，东西方向绿灯亮 4s，闪烁 2s 后灭；黄灯亮 2s 后灭；红灯亮 8s 后灭；绿灯又亮，如此循环。而对应东西方向绿灯、黄灯、红灯亮时，南北方向红灯亮 8s 后灭；接着绿灯亮 4s，闪烁 2s 后灭；黄灯亮 2s；红灯又亮，如此循环。

【解】 首先根据题意画出东西南北方向三种颜色灯亮灭的时序图，再进行 I/O 分配。

输入：启动—X0；停止—X1。

输出（东西方向）：绿灯—Y0，黄灯—Y1；红灯—Y2。

输出（南北方向）：绿灯—Y4，黄灯—Y5；红灯—Y6。

交通灯时序图、原理图和交通灯梯形图如图 4-52、图 4-53 所示。

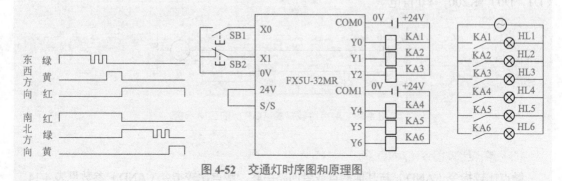

图 4-52 交通灯时序图和原理图

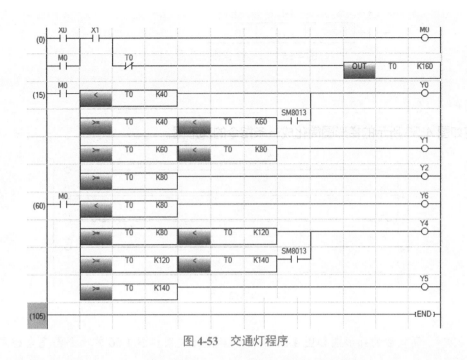

图 4-53　交通灯程序

4.2.9　数据传送指令

传送指令是极为常用的指令，其种类较多，以下仅介绍几个常用的传送指令。

（1）传送指令（MOV）

传送指令（MOV）的功能是把源操作数送到目标软元件中去。

用一个例子说明传送指令的使用方法，如图 4-54 中，当 X0 闭合后，将源操作数 10 传送到目标软元件 D10 中。一旦执行传送指令，即使 X0 断开，D10 中的数据仍然不变，有的资料称这个指令是复制指令。

数据传送指令
及其应用

　　　X0
　┤├────┤ MOV │ K10 │ D10 │　当 X0 接通，将 K10 传送到 D10
图 4-54　传送指令应用示例

使用 MOV 指令时应注意。

① 源操作数可以是位：X、Y、M、L、SM、F、B、SB、S；字：T、ST、C、D、W、SD、SW、R、Z、U□\G□；双字：LC、LZ；常数：H、K。

② 源操作数可取所有数据类型，目标操作数可以是位：X、Y、M、L、SM、F、B、SB、S；字：T、ST、C、D、W、SD、SW、R、Z、U□\G□；双字：LC、LZ。

以上介绍的是 16 位数据传送指令，还有 32 位数据传送指令，格式与 16 位传送指令类似，以下用一个例子说明其应用。如图 4-55 所示，当 X2 闭合，源数据 D1 和 D0 分别传送到目标地址 D11 和 D10 中去。

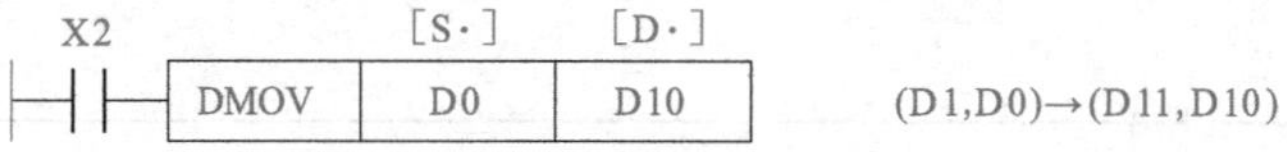

图 4-55 32 位传送指令应用示例

【例 4-16】

将如图 4-56 所示的梯形图简化成一条指令的梯形图。

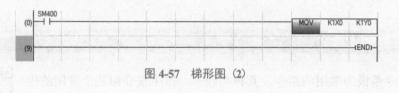

图 4-56 梯形图（1）

【解】 简化后的梯形图如图 4-57 所示，其执行效果和图 4-56 的梯形图完全相同。

图 4-57 梯形图（2）

（2）块传送指令（BMOV）

块传送指令（BMOV）是从源操作数指定的元件开始的 n 个数组成的数据块传送到目标指定的软元件为开始的 n 个软元件中。

用一个例子来说明块传送指令的应用，如图 4-58 所示，当 X2 闭合执行块传送指令后，D0 开始的 3 个数（即 D0、D1、D2），分别传送到 D10 开始的 3 个数（即 D10、D11、D12）中去。

图 4-58 块传送指令应用示例

（3）多点传送指令（FMOV）

多点传送指令（FMOV）是将源元件中的数据传送到指定目标开始的 n 个目标单元中，这 n 个目标单元中的数据完全相同。此指令用于初始化时清零较方便。

用一个例子来说明多点传送指令的应用，如图 4-59 所示，当 X2 闭合执行多点传送指令后，0 传送到 D10 开始的 3 个数（D10、D11、D12）中，D10、D11、D12 中的数为 0，当然就相等。

图 **4-59** 多点传送指令应用示例

（4）位传送指令（SMOV）

位传送指令（SMOV）是将数据以位数为单位（4 位）进行分配 / 合成的指令。当 SM8168 为 ON 时，为 16 进制传送，SM8168 为 OFF 时，为 BCD 码传送。位传送指令的参数见表 4-15。

表 **4-15** 位传送指令的参数表

梯形图	s 和 d 的软元件	参数描述
SMOV/SMOVP (s) (n1) (n2) (d) (n3)	位：X、Y、M、L、SM、F、B、SB、S 字：T、ST、C、D、W、SD、SW、R、Z、U□\G□ 双字：LC、LZ	s：存储了要移动位数的数据的字软元件编号
		n1：要移动的起始位位置
		n2：要移动的位数
		d：存储进行位移动的数据的字软元件编号
		n3：移动目标的起始位位置

位传送的应用实例如图 4-60 所示，将 D0 的第 3 位（4 位作为 1 位），即 "F" 作为一个位传送到 D10 开始第 1 位。运行的结果是 D10=H000F（K15）。

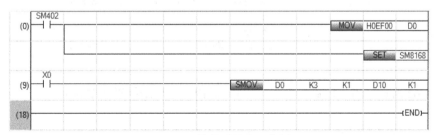

图 **4-60** 位传送的应用实例

（5）1 位数据传送指令（MOVB）

将（s）中指定的位数据存储到（d）中。1 位数据传送指令的参数见表 4-16。

表 **4-16** 1 位数据传送指令的参数表

梯形图	s 和 d 的软元件	参数描述
MOVB (s) (d)	位：X、Y、M、L、SM、F、B、SB、S 字：D、W、SD、SW、R	s：源数据软元件
		d：目标数据软元件

1 位数据传送指令的应用实例如图 4-61 所示。

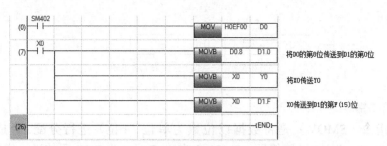

图 4-61　1 位数据传送指令的应用实例

4.2.10　算术运算指令

算术运算指令
及其应用

算术运算主要包括加、减、乘和除运算，其中每一种运算又包含 BIN16 位运算、BIN32 位运算、BCD4 位运算、BCD8 位运算。此外，还有 BIN16 块运算、BIN32 块运算、BIN16 位递增运算、BIN32 位递增运算、BIN16 位递减运算、BIN32 位递减运算。以下仅介绍常用的几种。

（1）加法运算指令

加法运算指令的功能是将两个源数据的二进制相加，并将结果送入目标软元件中。加法运算指令的参数见表 4-17。

表 4-17　加法运算指令的参数表

梯形图	s1、s2 和 d 的软元件	参数描述	功能
—[ADD | (s1) | (s2) | (d)]— 或 —[+ | (s1) | (s2) | (d)]—	位：X、Y、M、L、SM、F、B、SB、S 字：D、W、SD、SW、R、T、ST、C、D、U□\G□、Z 双字：LZ、LC 常数：K、H（d 不使用）	s1、s2：源数据软元件 d：目标数据软元件	d=s1+s2

如图 4-62 所示，当 X1 接通将 D5 与 D15 的内容相加结果送入 D40 中。

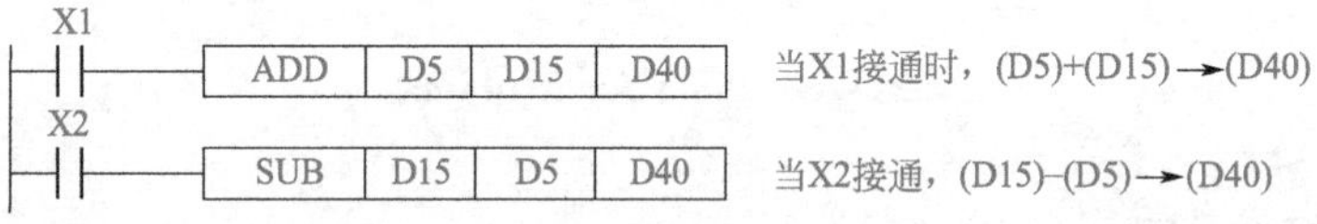

```
 X1
─┤├─────[ ADD │ D5 │ D15 │ D40 ]──    当X1接通时，(D5)+(D15)→(D40)
 X2
─┤├─────[ SUB │ D15 │ D5 │ D40 ]──    当X2接通，(D15)-(D5)→(D40)
```

图 4-62　加、减法指令的应用

使用加法和减法指令时应该注意以下几点。

① ADDP 的使用与 ADD 类似，为脉冲加法，用一个例子说明其使用方法，如图 4-63 所示。当 X2 从 OFF 到 ON，执行一次加法运算，此后即使 X2 一直闭合也不执行加法运算。

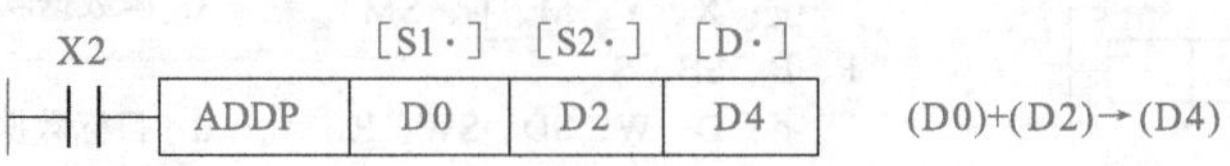

```
 X2        [S1·]  [S2·]  [D·]
─┤├───[ ADDP │ D0 │ D2 │ D4 ]──    (D0)+(D2)→(D4)
```

图 4-63　ADDP 指令的应用

② 32 位加法运算的使用方法，用一个例子进行说明，如图 4-64 所示。

图 4-64　DADD 指令的应用

③ 无符号加法的表示方法是助记符 ADD_U，其 16 位操作数的范围是 0 ～ 65535。

④ 加法运算的助记符 ADD 与 "+" 等价，也就是说效果是一样的。

【例 4-17】

梯形图如图 4-65 所示，试分析，X0、X1 接通后的运行结果。

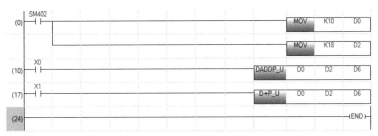

图 4-65　加法指令的应用

【解】　在 FX5U PLC 中，加法运算的助记符 ADD 与 "+" 等价，所以 X0、X1 接通后的运行结果都相同，即 10+18=28。注意 DADDP_U 的含义是：第一个 "D" 表示 32 位，"ADD" 表示加法运算，"P" 表示上升沿，"_U" 表示无符号整数。后续的减、乘、除等运算也是相同的含义。

(2) 加 1 指令 / 减 1 指令

加 1 指令 / 减 1 指令的功能是使目标软元件中的内容加（减）1。

加、减 1 指令的应用如图 4-66 所示，每次 X0 接通产生一个 M0 接通的脉冲，从而使 D10 的内容加 1，同时 D12 的内容减 1。

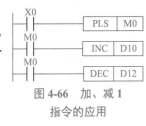

使用加 1/ 减 1 指令时应注意：

指令的操作数与加法指令的操作数相同。

图 4-66　加、减 1
指令的应用

(3) 乘法和除法指令（MUL、DIV）

① 乘法指令　乘法指令是将两个源元件中的操作数的乘积送到指定的目标软元件。如果是 16 位的乘法，乘积是 32 位，如果是 32 位的乘法，乘积是 64 位。

用两个例子说明乘法指令的应用方法。如图 4-67 所示，是 16 位乘法，若 D0=2，D2=3，执行乘法指令后，乘积为 32 位占用 D5 和 D4，结果是 6。如图 4-68 所示，是 32 位乘法，若（D1，D0）=2，（D3，D2）=3，执行乘法指令后，乘积为 64 位占用 D7、D6、D5 和 D4，结果是 6。

图 4-67　16 位乘法指令的应用示例

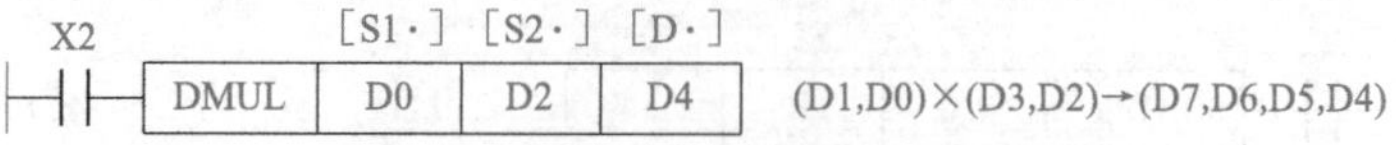

图 4-68　32 位乘法指令的应用示例

② 除法指令　除法也有 16 位和 32 位除法，得到商和余数。如果是 16 位除法，商和余数都是 16 位，商在低位，而余数在高位。

用两个例子说明除法指令的应用方法。如图 4-69 所示，是 16 位除法，若 D0=7，D2=3，执行除法指令后，商为 2，在 D4 中，余数为 1，在 D5 中。如图 4-70 所示，是 32 位除法，若（D1，D0）=7，（D3，D2）=3，执行除法指令后，商为 32 位在（D5、D4），余数为 1，在（D7，D6）中。

图 4-69　16 位除法指令的应用示例

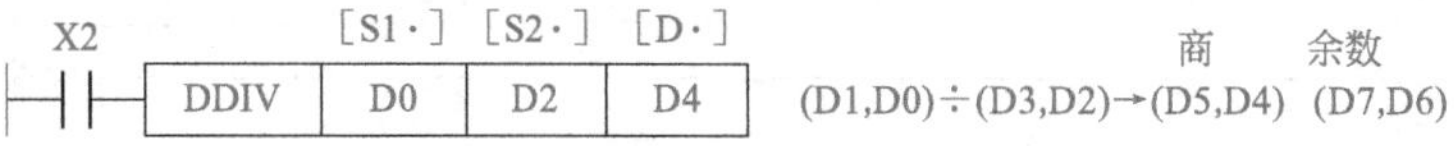

图 4-70　32 位除法指令的应用示例

逻辑运算指令

使用乘法和除法指令时应注意以下问题。

a. 无符号乘法的表示方法是助记符 MUL_U；无符号除法的表示方法是助记符 DIV_U；其 16 位操作数的范围是 0 ～ 65535。

b. 乘法运算的助记符 MUL 与 "*" 等价；除法运算的助记符 DIV 与 "/" 等价。

4.2.11　逻辑运算指令（WAND、WOR、WXOR）

逻辑运算包括 16 位和 32 位逻辑运算，16 位逻辑运算指令（WAND、WOR、WXOR）是以位为单位作相应运算的指令，其逻辑运算关系见表 4-18。

表 4-18　16 位逻辑运算关系

逻辑积（WAND）			逻辑和（WOR）			逻辑异或（WXOR）		
C=A·B			C=A+B			C=A⊕B		
A	B	C	A	B	C	A	B	C
0	0	0	0	0	0	0	0	0
0	1	0	0	1	1	0	1	1
1	0	0	1	0	1	1	0	1
1	1	1	1	1	1	1	1	0

（1）16 位逻辑积（WAND）指令

用一个例子解释 16 位逻辑积指令的使用方法，如图 4-71 所示，若 D0=B0000，0000，

0000，0101，D2=B0000，0000，0000，0100，每个对应位进行逻辑积运算，结果为 B0000，0000，0000，0100（即 4）。

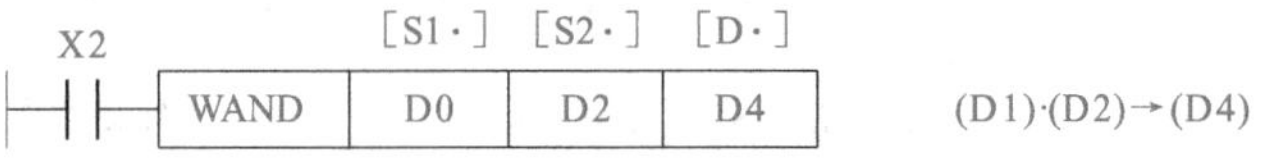

图 4-71　16 位逻辑积指令的应用示例

（2）16 位逻辑和（WOR）指令

用一个例子解释 16 位逻辑和指令的使用方法，如图 4-72 所示，若 D0=B0000，0000，0000，0101，D2=B0000，0000，0000，0100，每个对应位进行逻辑和运算，结果为 B0000，0000，0000，0101（即 5）。

图 4-72　16 位逻辑和指令的应用示例

（3）16 位逻辑异或（WXOR）指令

用一个例子解释 16 位逻辑异或指令的使用方法，如图 4-73 所示，若 D0=B0000，0000，0000，0101，D2=B0000，0000，0000，0100，每个对应位进行逻辑异或运算，结果为 B0000，0000，0000，0001（即 1）。

位处理指令及其应用

图 4-73　16 位逻辑异或指令的应用示例

4.2.12　位处理指令

（1）BSET（P）

对（d）中指定的字软元件的第（n）位进行置位。BSET（P）指令的参数见表 4-19。

表 4-19　BSET（P）指令的参数表

梯形图	d 的软元件	参数描述	功能
BSET/BSETP (d) (n)	位：X、Y、M、L、SM、F、B、SB、S 字：D、W、SD、SW、R、T、ST、C、D、U□\G□、Z	n：指定的位数 d：目标数据软元件	对（d）中指定的字软元件的第（n）位进行置位

（2）BRST（P）

对（d）中指定的字软元件的第（n）位进行复位。BRST（P）指令的参数见表 4-20。

表 4-20 BRST（P）指令的参数表

梯形图	d 的软元件	参数描述	功能
BRST/BRSTP (d) (n)	位：X、Y、M、L、SM、F、B、SB、S 字：D、W、SD、SW、R、T、ST、C、D、U□\G□、Z	n：指定的位数 d：目标数据软元件	对（d）中指定的字软元件的第（n）位进行复位

用一个例子介绍 BSETP 和 BRST 的应用，如图 4-74。当 X0 接通时，D0 的第 3 位置位，所以 D0=K8。当 X1 接通时，D0 的第 3 位复位，所以 D0=K0。

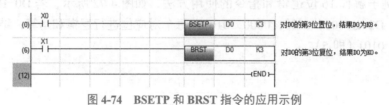

图 4-74 BSETP 和 BRST 指令的应用示例

（3）16 位测试指令 TEST（P）

从（s1）中指定的软元件开始，提取（s2）中指定的位置的位数据后，写入到（d）中指定的位软元件中。TEST（P）指令的参数见表 4-21。

表 4-21 TEST（P）指令的参数表

梯形图	d 的软元件	参数描述	功能
TEST/TESTP (s1) (s2) (d)	位：X、Y、M、L、SM、F、B、SB、S 字：D、W、SD、SW、R、T、ST、C、D、U□\G□、Z	s1：指定的软元件 s2：指定的位置的位数据 d：目标软元件	从（s1）中指定的软元件开始，提取（s2）中指定的位置的位数据后，写入到（d）中指定的位软元件中

 【例 4-18】

梯形图如图 4-75 所示，问 X0 接通 1 次、2 次和 3 次时，运行结果。

图 4-75 梯形图

【解】 X0 接通 1 次时，Y0 得电。

X0 接通 2 次时，Y1 得电。

X0 接通 3 次时，Y0、Y1 断电。

4.2.13　数据转换指令

在 PLC 中，进行算术运算的前提是数据类型必须相同，因此数据转换指令在工程中十分常用，特别在处理模拟量的时候更加常用。以下分别介绍几种常见的数据转换指令。

数据转换指令
及其应用

（1）BCD 与 BIN 指令

BCD 指令的功能是将源元件中的二进制数转换成 BCD 数据，并送到目标软元件中。转换成的 BCD 码可以驱动 7 段码显示。BIN 的功能是将源元件中的 BCD 码转换成二进制数据送到目标软元件中。应用示例如图 4-76 所示。

（2）解码和编码指令（DECO、ENCO）

① 解码指令（DECO）　解码指令（DECO）也称为译码指令，对（s）中指定的软元件的低位（n）位进行解码，将结果存储到（d）中指定的软元件开始的 2 的（n）次方位中。解码指令参数见表 4-22。

表 4-22　解码指令参数表

梯形图	s、n 软元件	d 软元件	参数描述
DECO/DECOP (s) (d) (n)	位：X、Y、M、L、SM、F、B、SB、S 字：D、W、SD、SW、R、T、ST、C、D、U□\G□、Z 常数：K、H	位：X、Y、M、L、SM、F、B、SB、S 字：D、W、SD、SW、R、T、ST、C、D、U□\G□	s：解码数据的软元件编号
			d：存储解码结果的起始软元件
			n：有效位长

用一个例子解释解码指令（DECO）的使用方法，如图 4-77 所示，源操作数（X2，X1，X0）=3 时，从 M0 开始的第 3 个元件置位，即 M3 置位，注意 M0 是第 0 个元件。

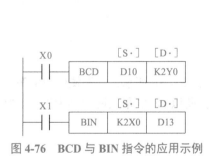

图 4-76　BCD 与 BIN 指令的应用示例

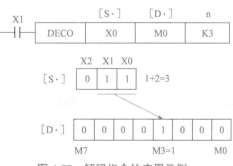

图 4-77　解码指令的应用示例

【例 4-19】

当压下按钮 SB1 第 1 次，电动机正转，按第 2 次电动机停转，按第 3 次电动机反转，按第 4 次电动机停转，如此循环，要求设计梯形图程序。

实例讲解——电机
控制 DECO

【解】 原理图如图 4-78 所示，梯形图如图 4-79 所示，本例用译码指令编写。

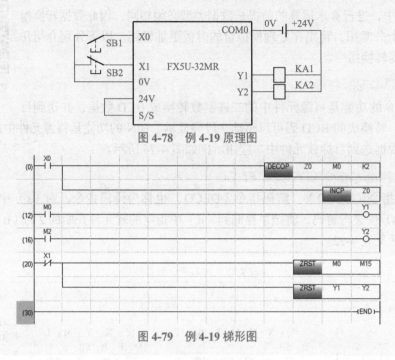

图 4-78 例 4-19 原理图

图 4-79 例 4-19 梯形图

② 编码指令（ENCO） 编码指令（ENCO），对（s）开始的 2 的（n）次方位的数据进行编码，并存储到（d）中。编码指令参数见表 4-23。

表 4-23 编码指令参数表

梯形图	s、n 软元件	d 软元件	参数描述
ENCO/ENCOP (s) (d) (n)	位：X、Y、M、L、SM、F、B、SB、S 字：D、W、SD、SW、R、T、ST、C、D、U □ \ G□、Z 常数：K、H	位：X、Y、M、L、SM、F、B、SB、S 字：D、W、SD、SW、R、T、ST、C、D、U□\G□	s：编码数据的软元件编号
			d：存储编码结果的起始软元件
			n：有效位长

用一个例子解释编码指令（ENCO）的使用方法，如图 4-80 所示，当源操作数的第三位为 1（从第 0 位算起），经过编码后，将 3 存放在 D0 中，所以 D0 的最低两位都为 1，即为 3。

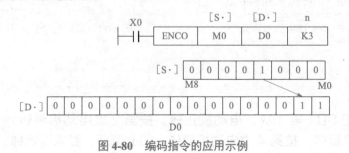

图 4-80 编码指令的应用示例

【例 4-20】

电梯共有 8 层，1～8 层对应的接近开关是 X0～X7，当轿厢运行到某一层时，要求显示该层的层数，编写程序实现此功能。

【解】 梯形图如图 4-81 所示。

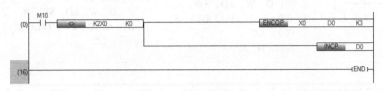

图 4-81 例 4-20 梯形图

（3）7 段解码指令（SEGD）

7 段解码指令（SEGD），数码译码后，点亮 7 段数码管（1 位数）的指令。具体为将源地址 S 的低 4 位（1 位数）的 0～F（16 位进制数）译码成 7 段码显示用的数据，并保存到目标地址 D 的低 8 位中，7 段解码指令的应用示例如图 4-82 所示。

图 4-82 7 段解码指令的应用示例

实例讲解——数码管显示 1

【例 4-21】

设计一段梯形图程序，实现在一个数码管上循环显示 0～F。

【解】 用 Y0～Y7 驱动数码管，程序如图 4-83 所示。

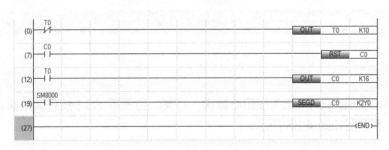

图 4-83 例 4-21 梯形图

（4）单精度实数转换

单精度实数转换指令包括带符号 BIN16 位数据→单精度实数转换、带符号 BIN32 位数据→单精度实数转换、无符号 BIN16 位数据→单精度实数转换、无符号 BIN32 位数据→单精度实数转换等。带符号 BIN16 位数据→单精度实数转换就是将（s）中指定的带符号 16 位数据转换为单精度实数后，存储到（d）中。BIN16 位数据→单精度实数转换指令参数见

表 4-24。

表 4-24　BIN16 位数据→单精度实数转换指令参数表

梯形图	s 软元件	d 软元件	参数描述
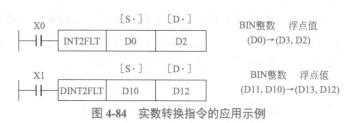	位：X、Y、M、L、SM、F、B、SB、S 字：D、W、SD、SW、R、T、ST、C、D、U □ \G□、Z 双字：LC 常数：H、K	位：X、Y、M、L、SM、F、B、SB、S 字：D、W、SD、SW、R、T、ST、C、D、U □ \G□、Z 双字：LC	s：转换前的数据 d：转换后的数据

　　用一个例子解释实数转换指令的使用方法，如图 4-84 所示，当 X0 闭合时，把 D0 中的数转化成实数存入（D3，D2）。而为双整数时，把（D11，D10）中的数转化成实数存入（D13，D12）。

图 4-84　实数转换指令的应用示例

4.3　基本指令应用

　　至此，读者对三菱 FX5U PLC 的基本指令有了一定的了解，以下举几个例子供读者模仿学习，以巩固前面所学的知识。

4.3.1　单键启停控制（乒乓控制）

【例 4-22】

　　编写程序，实现当压下 SB1 按钮奇数次，灯亮，当压下 SB1 按钮偶数次，灯灭，即单键启停控制，原理图如图 4-85 所示。

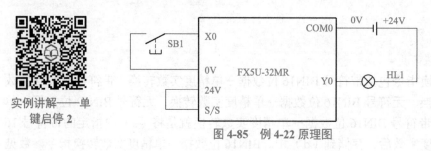

实例讲解——单
键启停 2

图 4-85　例 4-22 原理图

【解】 方法 1：梯形图如图 4-86 所示。这个程序在有的文献上也称为"微分电路"。微分电路一般要用到微分指令 PLS。

图 4-86　例 4-22 梯形图（1）

方法 2：从前面的例子得知，一般"微分电路"要用微分指令，如果有的 PLC 没有微分指令该怎样解决呢？程序如图 4-87 所示。

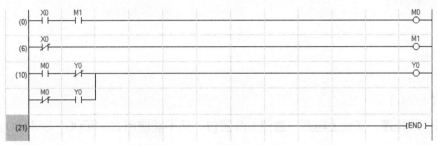

图 4-87　例 4-22 梯形图（2）

方法 3：这种方法相对容易想到，但梯形图相对复杂。主要思想是用计数器计数，当计数为 1 时，灯亮，当计数为 2 时，灯灭，同时复位。梯形图如图 4-88 所示。

图 4-88　例 4-22 梯形图（3）

这个题目还有其他的解法，在后续章节会介绍。

4.3.2　取代特殊继电器的梯形图

特殊继电器如 SM8000、SM8002 等在编写程序时非常有用，那么如果有的 PLC 没有特殊继电器，将怎样编写程序呢？以下介绍几个例子，可以取代几个常用的特殊继电器。

（1）取代 SM8002、SM402 的例子

【例 4-23】

编写一段程序，实现上电后 M0 清零，但不能使用 SM8002、SM402。

【解】 梯形图如图 4-89 所示。

实例讲解——
取代 SM8002
和 SM8000

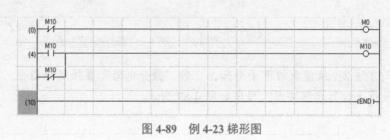

图 4-89 例 4-23 梯形图

（2）取代 SM8000、SM400 的例子

【例 4-24】

编写一段程序，实现上电后一直使 M0 置位，但不能使用 SM8000、SM400。

【解】 梯形图如图 4-90 所示。

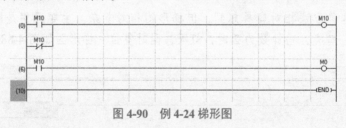

图 4-90 例 4-24 梯形图

（3）取代 SM8013 的例子

【例 4-25】

编写一段程序，实现上电后，使 Y0 以 1s 为周期闪烁，但不能使用 SM8013。

【解】 梯形图如图 4-91 所示。

图 4-91 例 4-25 梯形图

4.3.3 电动机的控制

 【例 4-26】

设计两地控制电动机启停的梯形图和原理图。

【解】 方法1：最容易想到的原理图和梯形图如图 4-92 和图 4-93 所示。这种解法是正确的解法，但不是最优方案，因为这种解法占用了较多的 I/O 点。

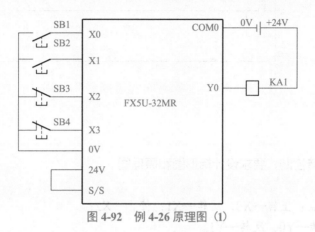

图 4-92 例 4-26 原理图（1）

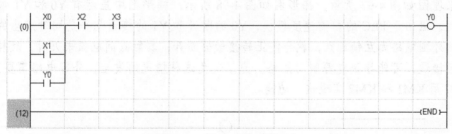

图 4-93 例 4-26 梯形图（1）

方法2：如图 4-94 所示。

图 4-94 例 4-26 梯形图（2）

方法3：优化后的方案的原图如图 4-95 所示，梯形图如图 4-96 所示。可见节省了 2 个输入点，但功能完全相同。

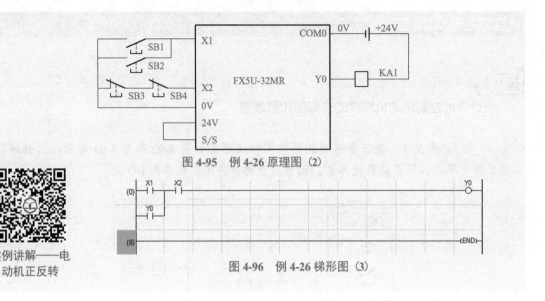

图 4-95 例 4-26 原理图（2）

实例讲解——电动机正反转

图 4-96 例 4-26 梯形图（3）

【例 4-27】

电动机的正反转控制，要求设计梯形图和原理图。

【解】 输入点：正转—X0，反转—X1，停止—X2；

输出点：正转—Y0，反转—Y1。

原理图如图 4-97 所示，梯形图如图 4-98 所示，梯形图中虽然有 Y0 和 Y1 常闭触点互锁，但由于 PLC 的扫描速度极快，Y0 的断开和 Y1 的接通几乎是同时发生的，若PLC 的外围电路无互锁触点，就会使正转接触器断开，其触点间电弧未灭时，反转接触器已经接通，可能导致电源瞬时短路。为了避免这种情况的发生，外部电路需要互锁，图 4-97 用 KM1 和 KM2 实现这一功能。

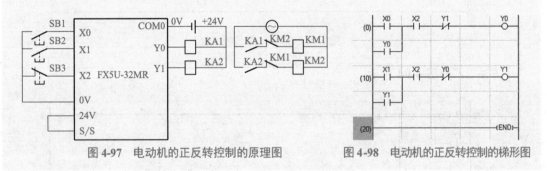

图 4-97 电动机的正反转控制的原理图　　图 4-98 电动机的正反转控制的梯形图

【例 4-28】

编写电动机的启动优先的控制程序。

【解】 X0 并联的启动按钮接常开触点，X1 并联的停止按钮接常闭触点。启动优先于停止的程序如图 4-99 所示。优化后的程序如图 4-100 所示。

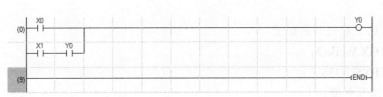

图 4-99　例 4-28 梯形图（1）

实例讲解——
自动和手动

图 4-100　例 4-28 梯形图（2）

【例 4-29】

编写程序，实现电动机的启 / 停控制和点动控制，要求设计出梯形图和原理图。

【解】　输入点：启动—X1，停止—X2，点动—X3，手自转换—X4；
输出点：正转—Y0。
原理图如图 4-101 所示，梯形图如图 4-102 所示，这种编程方法在工程实践中非常常用。

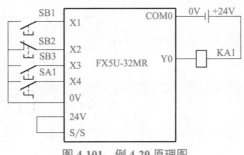

图 4-101　例 4-29 原理图

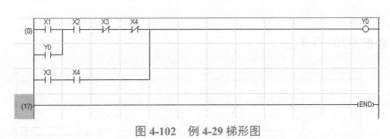

图 4-102　例 4-29 梯形图

最后用一个例子展示一个完整的三菱项目的过程。

【例 4-30】

编写三相异步电动机的 Y- △（星 - 三角）启动控制程序。

【解】 （1）软硬件的配置

① 1 套 GX Works3；

② 1 台 FX5U-32MR；

③ 1 根编程电缆；

④ 电动机、接触器和继电器等。

（2）硬件接线

电动机 Y-△减压启动原理图如图 4-103 所示。FX5U-32MR 虽然是继电器输出形式，但 PLC 要控制接触器，应加外部继电器。

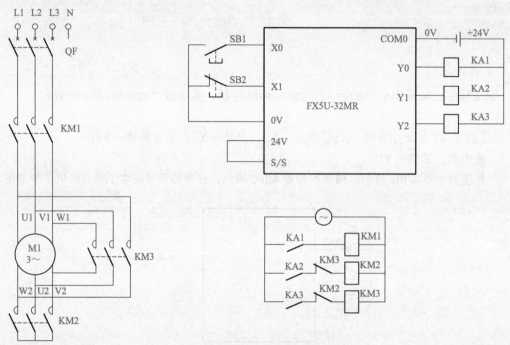

图 4-103　电动机 Y-△减压启动原理图

（3）编写程序

梯形图如图 4-104 所示。

图 4-104　电动机 Y-△减压启动梯形图

关键点

⋯⋯⋯⋯

停止和急停按钮一般使用常闭触点，若使用常开触点，单从逻辑上是可行的，但在某些极端情况下，当接线意外断开时，急停按钮是不能起停机作用的，容易发生事故。这一点读者务必注意。

4.3.4 基本指令综合应用

（1）自动往复运动控制——多个功能指令的综合应用

用一种方法编写小车的自动往复运行梯形图程序，对多数入门者来说并不是难事，但如果需要用三种以上的方法编写梯形图程序，恐怕就不那么容易了，以下介绍四种方法实现自动往复运动。

实例讲解——电动机控制 ALT

【例 4-31】

压下 SB1 按钮，小车自动往复运行，正转 3s，停 1.5s，反转 3s，停 1.5s，压下 SB2 按钮，停止运行。

【解】 自动往复运行的解题方法很多，以下用 ALT 解题，原理图如图 4-105 所示，梯形图如图 4-106 所示。

图 4-105 例 4-31 原理图

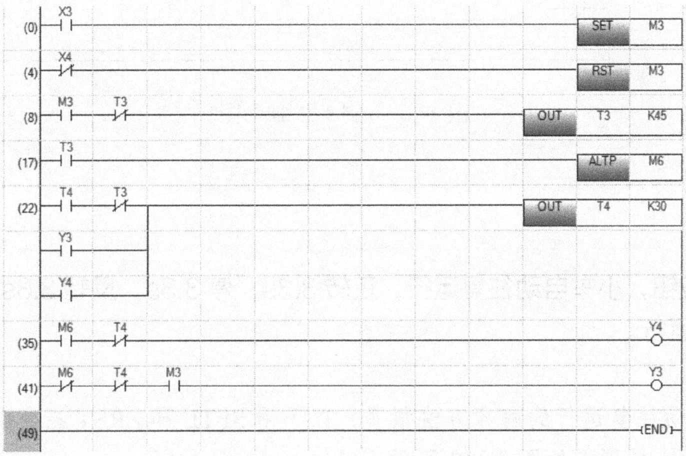

图 4-106 例 4-31 梯形图

【例 4-32】

当压下 SB1 按钮，小车正转 2s，停 2s，再反转 2s，如此往复运行，当压下 SB2 按钮，小车停止运行，要求编写程序。

【解】 这个题目的解法很多，有超过 10 种解法。其原理图如图 4-107 所示，用 MOV 指令，梯形图如图 4-108 所示。

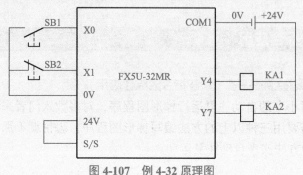

图 4-107　例 4-32 原理图

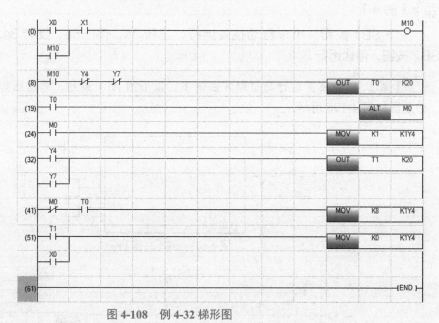

实例讲解——电动机控制 SFTL

图 4-108　例 4-32 梯形图

【例 4-33】

压下 SB1 按钮，小车自动往复运行，正转 3.3s，停 3.3s，反转 3.3s，停 3.3s，正转 3.3s，如此循环运行。

【解】 自动往复运行的解题方法很多，以下用 SFTL 和 ZRST 指令解题，其原理图如图 4-109 所示，梯形图如图 4-110 所示。

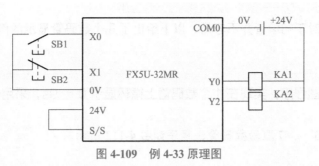

图 4-109 例 4-33 原理图

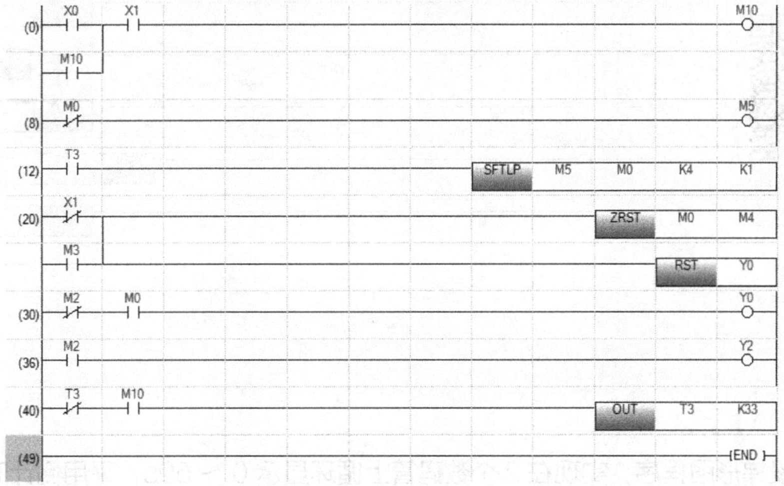

图 4-110 区间复位指令的应用示例

【例 4-34】

压下 SB1 按钮，小车自动往复运行，正转 3s，停 3s，反转 3s，停 3s，如此循环，压下 SB2 按钮，停止运行。

【解】 自动往复运行的解题方法很多，以下用 SFTL 解题，其梯形图程序如图 4-111 所示。

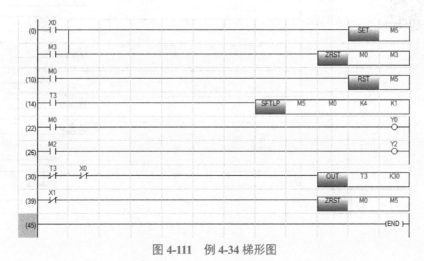

图 4-111 例 4-34 梯形图

（2）数码管显示控制——多个功能指令的综合应用

数码管的显示对于初学者并不容易，以下给出了几个数码管显示的例子。

【例 4-35】

设计一段梯形图程序，实现在 1 个数码管上循环显示 0～9s，采用倒计时模式。

【解】 用 Y0～Y7 驱动数码管，程序如图 4-112 所示。

实例讲解——
数码管显示 2

图 4-112　例 4-35 梯形图

【例 4-36】

设计一段梯形图程序，实现在 2 个数码管上循环显示 0～59s，采用倒计时模式。

【解】 用 Y0～Y7 显示个位，Y10～Y17 显示十位，梯形图程序如图 4-113 所示。

实例讲解——
数码管显示 3

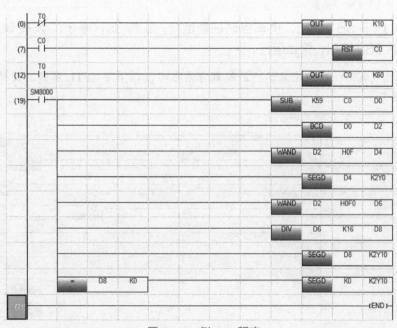

图 4-113　例 4-36 程序

【例 4-37】

有一组霓虹灯，由 FX5U-48MR 控制，Y0 和 Y1 每隔 1s 交替闪亮，Y4 ～ Y7 依次循环亮，亮的时间为 1s，Y20 ～ Y27 依次循环亮，亮的时间为 1s。

【解】 梯形图如图 4-114 所示。

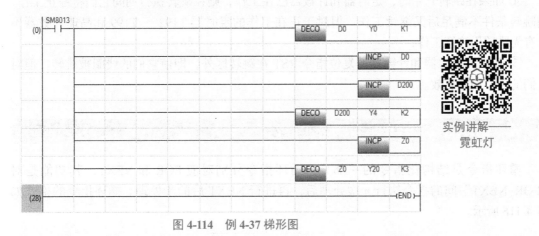

实例讲解——
霓虹灯

图 4-114　例 4-37 梯形图

4.4 三菱 FX5U PLC 的应用指令

应用指令也称为功能指令。应用指令主要可分为旋转指令、指针分支、中断和程序执行控制指令、子程序和结构化指令、字符串处理指令、实数指令、变址寄存器操作指令、脉冲系统指令、校验码指令等。本章仅介绍常用的应用指令，其余可以参考三菱公司的应用指令手册。

4.4.1 指针分支指令（CJ、CJP）

条件跳转指令的操作元件指针是 P0 ～ P127，P× 为标号。条件跳转指令的应用如图 4-115 所示，当 X0 接通，程序跳转到 CJ 指令指定的标号 P8 处，CJ 指令与标号之间的程序被跳过，不执行。如果 X0 不接通，则程序不发生跳转，所以 X0 就是跳转的条件。CJ 指令类似于高级语言中的"GOTO"语句。

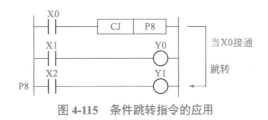

图 4-115　条件跳转指令的应用

使用跳转指令时应注意：

① CJP 指令表示脉冲执行方式，如图 4-115 所示，当 X0 由 OFF 变成 ON 时执行跳转指令；

② 在一个程序中一个标号只能出现一次，否则将出错；

③ 在跳转执行期间，即使被跳过程序的驱动条件改变，但其线圈（或结果）仍保持跳转前的状态，因为跳转期间根本没有执行这段程序；

④ 如果在跳转开始时，定时器和计数器已在工作，则在跳转执行期间它们将停止工作，到跳转条件不满足后又继续工作。但对于正在工作的定时器 T192 ～ T199 和高速计数器不管有无跳转仍连续工作；

⑤ 若积算定时器和计数器的复位指令 RST 在跳转区外，即使它们的线圈被跳转，但对它们的复位仍然有效。

4.4.2 循环指令（FOR、NEXT）

循环指令是结构化指令的一部分，循环指令分别对应 FOR 和 NEXT，其功能是对 "FOR–NEXT" 间的指令执行 n 次处理后，再进行 NEXT 后的步处理。循环指令的格式如图 4-116 所示。

$$-\boxed{\text{FOR}\mid \text{S}\cdot} \qquad -\boxed{\text{NEXT}}$$

图 4-116　循环指令的格式

使用注意事项如下。

① 循环指令最多可以嵌套 16 层其他循环指令。

② NEXT 指令不能在 FOR 指令之前。

③ NEXT 指令不能用在 FEND 或 END 指令之后。

④ 不能只有 FOR，而没有 NEXT 指令。

⑤ NEXT 指令数量要与 FOR 相同，即必须成对使用。

⑥ NEXT 没有目标软元件。FOR 的目标软元件是位：X、Y、M、L、SM、F、B、SB、S；字：D、W、SD、SW、R、T、ST、C、D、U□\G□、Z；常数：H、K。

用一个例子说明循环指令的应用，如图 4-117 所示，当 X1 接通时，连续作 8 次将 X0 ～ X15 的数据传送到 D10 数据寄存器中。

图 4-117　循环指令的应用示例

4.4.3 字符串处理指令

字符串处理指令较多，包含字符串比较、字符串传送、字符串合并、字符串转换和字符串查找等，以下将介绍常用的几个指令。

（1）HEX 代码数据→ ASCII 转换

ASCI（P）是将（s）中指定的 HEX 代码数据中的 n 字符（位）转换为 ASCII 码后，存储到（d）中指定的软元件编号以后。ASCI（P）指令参数见表 4-25。

表 4-25　ASCI（P）指令参数

梯形图	s 软元件	d 软元件	参数描述
ASCI/ASCIP (s) (d) (n)	位：X、Y、M、L、SM、F、B、SB、S、LC 字：D、W、SD、SW、R、T、ST、C、U□\G□、Z 双字：LC 常数：H、K	位：X、Y、M、L、SM、F、B、SB、S、LC 字：D、W、SD、SW、R、T、ST、C、U□\G□、Z 双字：LC	s：要转换的 HEX 代码的软元件起始编号 d：存储转换后的 ASCII 码的软元件起始编号 n：转换的 HEX 代码的字符数

ASCI（P）指令在转换时使用的模式有 16 位模式和 8 位模式。16 位转换模式（SM8161=OFF 时），将存储在（s）中指定的软元件以后的 HEX 代码的各位转换为 ASCII，传送到（d）中指定的软元件的高低 8 位（字节）。在 16 位转换模式中使用的情况下，应将 SM8161 始终置为 OFF 使用。ASCI 应用实例如图 4-118 所示。

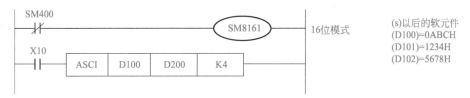

图 4-118　ASCI 指令的应用实例

（2）字符串传送 $MOV（P）

是将（s）中指定的字符串数据传送到（d）中指定的软元件编号以后。$MOV（P）指令参数见表 4-26。

表 4-26　$MOV（P）指令参数

梯形图	s 软元件	d 软元件	参数描述
$MOV (s) (d)	位：X、Y、M、L、SM、F、B、SB、S 字：D、W、SD、SW、R、T、ST、C	位：X、Y、M、L、SM、F、B、SB、S 字：D、W、SD、SW、R、T、ST、C	s：传送字符串（最大 255 字符）或存储了字符串的软元件起始编号 d：存储传送字符串的软元件起始编号

$MOV（P）应用实例如图 4-119 所示，运行的结果是 D0="a235"。

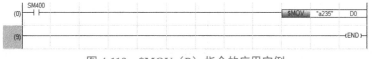

图 4-119　$MOV（P）指令的应用实例

4.4.4 实数指令

实数指令及其应用

三菱 FX5U PLC 不仅可以进行整数运算，还可以进行比较运算、四则运算、开方、三角运算、反三角函数运算、幂运算、对数运算和数据类型转换等。以下介绍几个常用的实数指令。

（1）单精度实数加法和单精度实数减法指令（DEADD、DESUB）

DEADD（P）对（s1）中指定的单精度实数与（s2）中指定的单精度实数进行加法运算，将结果存储到（d）中指定的软元件中。DESUB（P）对（s1）中指定的单精度实数与（s2）中指定的单精度实数进行减法运算，将结果存储到（d）中指定的软元件中。单精度实数加法和单精度实数减法指令（DEADD、DESUB）参数见表 4-27。

表 4-27 单精度实数加法和单精度实数减法指令（DEADD、DESUB）参数

梯形图	s1、s2	d
DEADD (s1) (s2) (d) DESUB (s1) (s2) (d)	字：T、ST、C、D、W、SD、SW、R、U□\G□ 双字：LC 常数：H、K、E	字：T、ST、C、D、W、SD、SW、R、U□\G□ 双字：LC

用一个例子解释单精度实数加法和单精度实数减法指令（DEADD、DESUB）的使用方法，如图 4-120 所示。

```
       X10            [S1·]     [S2·]      [D·]
       ┤├┤  DEADD      D0        D2        D4

       X11            [S1·]     [S2·]      [D·]
       ┤├┤  DESUB      D6        D8        D10
```

图 4-120 单精度实数加法和单精度实数减法指令（DEADD、DESUB）的应用示例

（2）单精度实数乘法和单精度实数除法指令（DEMUL、DEDIV）

单精度实数乘法指令（DEMUL）将对（s1）中指定的单精度实数与（s2）中指定的单精度实数进行乘法运算，将结果存储到（d）中指定的软元件中。单精度实数除法（DEDIV）对（s1）中指定的单精度实数与（s2）中指定的单精度实数进行除法运算，将结果存储到（d）中指定的软元件中。单精度实数乘法和单精度实数除法指令（DEMUL、DEDIV）参数见表 4-28。

表 4-28 单精度实数乘法和单精度实数除法指令（DEMUL、DEDIV）参数

梯形图	s1、s2	d
DEMUL (s1) (s2) (d) DEDIV (s1) (s2) (d)	字：T、ST、C、D、W、SD、SW、R、U□\G□ 双字：LC 常数：H、K、E	字：T、ST、C、D、W、SD、SW、R、U□\G□ 双字：LC

用一个例子解释单精度实数乘法和单精度实数除法指令（DEMUL、DEDIV）的使用方法，如图 4-121 所示。

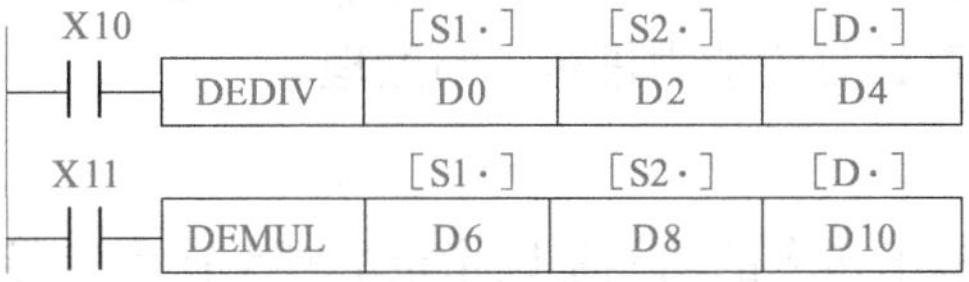

```
 X10                [S1·]    [S2·]    [D·]
─┤├─     DEDIV      D0       D2       D4
 X11                [S1·]    [S2·]    [D·]
─┤├─     DEMUL      D6       D8       D10
```

图 4-121　单精度实数乘法和单精度实数除法指令（DEMUL、DEDIV）的应用示例

（3）二进制浮点数和十进制浮点数转换指令（DEBCD、DEBIN）

二进制浮点数转换成十进制浮点数指令（DEBCD）将（s）中指定的二进制浮点转换为十进制浮点后，存储到（d）中指定的软元件。十进制浮点数转换成二进制浮点数指令（DEBIN）将（s）中指定的十进制浮点转换为二进制浮点后，存储到（d）中指定的软元件。二进制浮点数和十进制浮点数转换指令（DEBCD、DEBIN）参数见表 4-29。

表 4-29　二进制浮点数和十进制浮点数转换指令（DEBCD、DEBIN）参数

梯形图	s	d
─┤ DEBCD (s) (d) ├─ ─┤ DEBIN (s) (d) ├─	字：T、ST、C、D、W、SD、SW、R、U□\G□ 双字：LC 常数：H、K、E	字：T、ST、C、D、W、SD、SW、R、U□\G□ 双字：LC

用一个例子解释二进制浮点数和十进制浮点数转换指令（DEBCD、DEBIN）的使用方法，如图 4-122 所示。

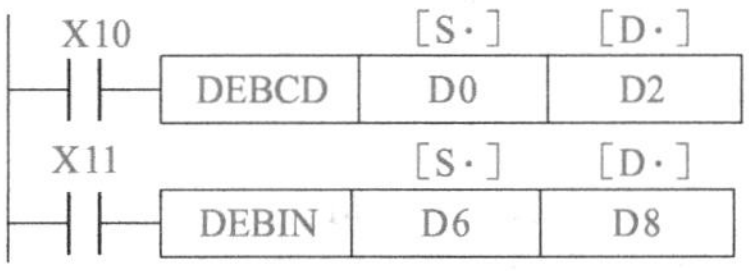

```
 X10                [S·]     [D·]
─┤├─     DEBCD      D0       D2
 X11                [S·]     [D·]
─┤├─     DEBIN      D6       D8
```

图 4-122　二进制浮点数和十进制浮点数转换指令（DEBCD、DEBIN）的应用示例

【例 4-38】

将 53 英寸（in）转换成以毫米（mm）为单位的整数，要求设计梯形图。

【解】　1in=25.4mm，涉及实数乘法，先要将整数转换成实数，用实数乘法指令将 in 为单位的长度变为以 mm 为单位的实数，最后实数取整即可，梯形图如图 4-123 所示。

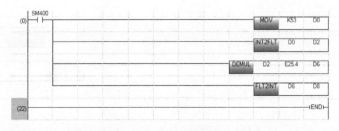

图 4-123　例 4-38 梯形图

4.4.5　脉冲系统指令

脉冲系统指令
及其应用

高速处理指令用于利用最新的输入输出信息进行顺序控制，还能有效利用 PLC 的高速处理能力进行中断处理。

（1）脉冲输出指令（PLSY，DPLSY）

脉冲输出指令的功能是以指定的频率产生定量的脉冲，其目标软元件及指令格式如图 4-124 所示。[S1] 指定频率，[S2] 指定定量脉冲个数，[D] 指定 Y 的地址。FX5U 系列有 Y0、Y1、Y2、Y3 四个高速输出，并且为晶体管输出形式。当定量输出执行完成后，标志 M8029 置 ON。如图 4-124，当 X0 接通，在 Y0 上输出频率为 1000Hz 的脉冲 D0 个。这个指令用于控制步进电动机很方便。这个指令可以用于速度和位置控制。

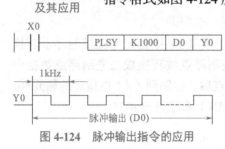

图 4-124　脉冲输出指令的应用

使用脉冲输出指令时应注意：

① [S1]、[S2] 可取所有的数据类型，[D·] 为 Y1 和 Y2；

② 该指令可进行 16 位和 32 位操作；

③ 指令在程序中只能使用一次。

（2）变速脉冲指令（PLSV，DPLSV）

该指令用于输出带旋转方向的变速脉冲。只用于速度控制，不能用于位置控制。变速脉冲指令（PLSV，DPLSV）参数见表 4-30。

表 4-30　变速脉冲指令（PLSV，DPLSV）参数表

梯形图	s	d1、d2	说明
PLSV/DPLSV (s) (d1) (d2)	位：X、Y、M、L、SM、F、B、SB、S 字：T、ST、C、D、W、SD、SW、R、U□\G□、Z 双字：LC、LZ 常数：H、K、E	Y	s：指令速度 d1：输出脉冲的位软元件（Y）编号 d2：输出旋转方向的位软元件编号

图 4-125 是可变脉冲输出指令的应用实例，D0 是输出脉冲频率，这个数值在运行过程中可以修改，这点不同于 PLSY 指令，Y0 是高速脉冲输出点，Y4 是脉冲的方向。

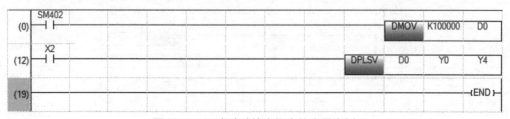

图 4-125　可变脉冲输出指令的应用实例

（3）脉宽调制指令（PWM）

脉宽调制指令（PWM）就是按照要求指定脉冲宽度、周期，[S1] 指定脉冲宽度，[S2] 指定脉冲周期，产生脉宽可调的脉冲输出，控制变频器实现电机调速。脉宽调制输出波形如图 4-126 所示，t 是脉冲宽度，T 是周期。

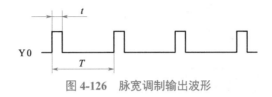

图 4-126　脉宽调制输出波形

脉宽调制指令（PWM）参数见表 4-31。

表 4-31　脉宽调制指令（PWM）参数表

梯形图	s1、s2	d	说明
PWM (s1)(s2)(d)	位：X、Y、M、L、SM、F、B、SB、S 字：T、ST、C、D、W、SD、SW、R、U□\G□、Z 常数：H、K、E	Y	s1：ON 时间或存储了 ON 时间的软元件编号
			s2：周期或存储了周期的软元件编号
			d：输出脉冲的位软元件（Y）编号

用一个例子解释脉宽调制指令（PWM）的使用方法，如图 4-127 所示，当 X10 闭合时，D0 中是脉冲宽度，本例小于 100ms，K100 是周期为 100ms，时序图如图 4-126 所示，由 Y0 输出。

图 4-127　脉宽调制指令（PWM）的应用示例

注意：使用以上指令之前，都要进行参数配置，这是至关重要的，否则指令不能正常起作用。FX3 系列之前的 PLC 也有此指令，但不需要进行参数配置。

4.4.6　校验码

（1）奇偶校验指令 CCD（P）

计算在通信中等使用的出错检查方法的水平奇偶校验值及和校验值。

奇偶校验指令（CCD）参数见表 4-32。

表 4-32　奇偶校验指令（CCD）参数表

梯形图	s、d 的软元件	说明
CCD (s)(d)(n)	位：X、Y、M、L、SM、F、B、SB、S 字：D、W、SD、SW、R、U□\G□	s：对象软元件起始编号
		d：算出的数据的存储目标软元件起始编号
		n：数据个数

该指令在计算时使用的模式有 16 位模式和 8 位模式。当 SM8161=OFF 时，是 16 位转换模式，否则是 8 位转换模式。8 位转换模式时，高 8 位忽略，只计算低 8 位。奇偶校验指令（CCD）的应用示例如图 4-128 所示。

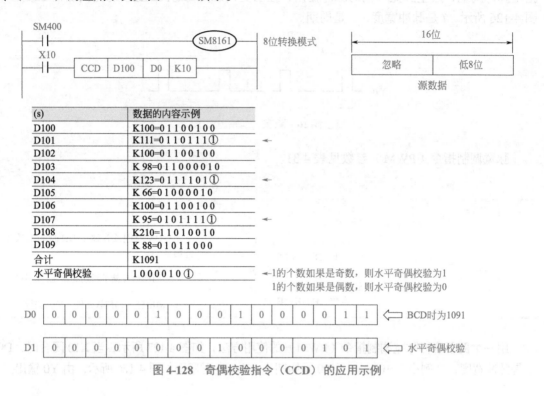

图 4-128　奇偶校验指令（CCD）的应用示例

(2) CRC 校验指令

① CRC 校验指令介绍　CRC 校验指令将（s）中指定的软元件作为起始，生成（n）点的 8 位数据（字节单位）的 CRC 值，并存储到（d）中。该指令在计算时使用的模式有 16 位转换模式和 8 位转换模式。当 SM8161=OFF 时，是 16 位转换模式。8 位转换模式时，高 8 位忽略，只计算低 8 位。CRC 校验指令参数见表 4-33。

表 4-33　CRC 校验指令参数表

梯形图	s、d 的软元件	说明
CRC (s) (d) (n)	位：X、Y、M、L、SM、F、B、SB、S 字：D、W、SD、SW、R、U □ \G □	s：对象软元件起始编号
		d：算出的数据的存储目标软元件起始编号
		n：数据个数

② CRC 校验的算法　CRC 校验有多种算法。在 CRC（P）指令中 CRC 值（CRC-16）的生成多项式中使用 "X16+X15+X2+1"，这种算法适用于 MODBUS 通信和 USB 通信，比较常用。

③ 应用举例　以下用一个例子说明 CRC 校验指令的应用，如图 4-129 所示。

```
      SM400
      ┤ ├                        ( SM8161 )   16位转换模式
      指令输入
      ┤ ├    CRC   (s)   (d)   (n)
```

				示例：(s)=D100, (d)=D0, (n)=6		
			软元件	对象数据的内容		
				8位	16位	
CRC值生成对象数据保存目标	(s)	低位字节	D100低	01H	0301H	
		高位字节	D100高	03H		
	(s)+1	低位字节	D101低	03H	0203H	
		高位字节	D101高	02H		
	(s)+2	低位字节	D102低	00H	1400H	
		高位字节	D102高	14H		
	⋮	⋮	⋮	—		
	(s)+(n)/2−1	低位字节			—	
		高位字节				
CRC值存储目标	(d)	低位字节	D0低	E4H	41E4H	
		高位字节	D0高	41H		

图 4-129　CRC 校验指令的应用示例

4.4.7　模块访问指令

模块访问指令用于 PLC 输入输出与外部设备进行数据交换。该类指令可简化处理复杂的控制，以下仅介绍最常用的 2 个。

（1）读智能模块指令（FROM）

读智能模块指令（FROM）从（U/H）中指定的智能功能模块内的（s）中指定的缓冲存储器读取（n）字的数据，存储到（d）中指定的软元件以后。有的模块内有 16 位 RAM（如四通道的 FX3U-4DA、FX3U-4AD），称为缓冲存储器（BFM），缓冲存储器的编号范围是 0 ～ 31，其内容根据各模块的控制目的而设定。读智能模块指令（FROM）参数见表 4-34。

表 4-34　读智能模块指令（FROM）参数表

梯形图	U/H、s、d 的软元件	说明
┤ ├ FROM (U/H) (s) (d) (n)	位：X、Y、M、L、SM、F、B、SB、S　字：T、ST、C、D、W、SD、SW、R、Z、U □ \G □　常数：K、H	U/H：模块编号
		s：存储了读取数据的缓冲存储器起始地址
		d：存储读取的数据的软元件起始编号
		n：读取数据个数

用一个例子解释读智能模块指令（FROM）的使用方法，如图 4-130 所示。当 X10 为 ON 时，将模块号为 1 的智能模块，29 号缓冲存储器（BFM）内的 16 位数据，传送到可编程控制器的 K4M0 存储单元中，每次传送一个字长。

```
      X10
      ┤ ├    FROM   K1   K29   K4M0   K1
```

图 4-130　读智能模块指令（FROM）的应用示例

（2）写智能模块指令（TO）

写智能模块指令（TO）可以对步进梯形图中的状态初始化和一些特殊内部继电器进行自行切换控制。写智能模块指令（TO）参数见表 4-35。

表 4-35　写智能模块指令（TO）参数表

梯形图	U/H、s、d 的软元件	说明
	位：X、Y、M、L、SM、F、B、SB、S 字：T、ST、C、D、W、SD、SW、R、Z、U□\G□ 常数：K、H	U/H：模块编号 s：存储了读取数据的缓冲存储器起始地址 d：存储读取的数据的软元件起始编号 n：读取数据个数

用一个例子解释写智能模块指令（TO）的使用方法，如图 4-131 所示。当 X10 为 ON 时，将可编程控制器的 D0 存储单元中的数据，传送到模块号为 1 的智能模块，12 号缓冲存储器（BFM）中，每次传送一个字长。

| X10 | TO | K1 | K12 | D0 | K1 |

图 4-131　写智能模块指令（TO）的应用示例

4.5　功能指令应用实例

（1）步进电动机控制——高速输出指令的应用

高速输出指令在运动控制中要用到，以下用一个简单的例子介绍。

实例讲解——步
进电动机控制

📋【例 4-39】

有一台步进电动机，其脉冲当量是 3°/ 脉冲，问此步进电动机转速为 250r/min 时，转 10 圈，若用 FX5U-32MT 控制，要求设计原理图，并编写梯形图程序。

【解】　（1）设计原理图

用 FX5U-32MT 控制步进电动机，能用 Y0 或 Y1 高速输出，本例用 Y0。原理图和梯形图如图 4-132 和图 4-133 所示。

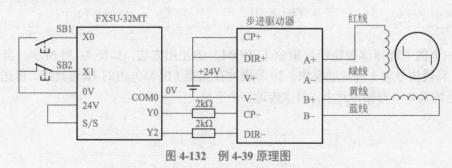

图 4-132　例 4-39 原理图

图 4-133 例 4-39 梯形图

（2）求脉冲频率和脉冲数

FX5U-32MT PLC 控制步进电动机，首先要确定脉冲频率和脉冲数。步进电动机脉冲当量就是步进电动机每收到一个脉冲时，步进电动机转过的角度。步进电动机的转速为：

$$n = \frac{250 \times 360}{60} = 1500° / s$$

所以电动机的脉冲频率为：

$$f = \frac{1500° / s}{3° / 脉冲} = 500 脉冲/s$$

10 圈就是 $10 \times 360° = 3600°$，因此步进电动机要转动 10 圈，步进电动机需要收到 $\frac{3600°}{3°} = 1200$ 个脉冲

注意：当 Y2 有输出时步进电动机反转，如何控制请读者思考。

4.6 三菱 FX5U PLC 的模拟量模块 / 适配器及其应用

模拟量模块包括模拟量输入模块、模拟量输出模块以及内置于 CPU 的模拟量功能。模拟量输入模块将传感器的模拟量信号（如 4 ~ 20mA）转换成 CPU 可以识别的数字量（如 200kg）。在工程中，如温度传感器、压力传感器、位移传感器等可以与模拟量模块连接在一起。模拟量输出模块将 CPU 模块中的数字量（如 1000r/min）转换成模拟量（如 4 ~ 20mA），作为控制阀门开度、变频器的转速给定的信号。

模拟量模块在工程中十分常用，而且对于初学者来说通常是难点。

4.6.1 三菱 FX5U 的 CPU 模块内置模拟量功能

FX5U 的 CPU 模块内置了模拟量功能，即 2 个模拟量输入通道和 1 个模拟量输出通道。

FX5U 的 CPU 模块内置模拟量功能及其应用

（1）模拟量输出

模拟量输出端子的接线如图 4-134 所示。注意模拟量输入的信号负 V- 和模拟量输出的信号负 V- 在 CPU 内部电路是相连的。

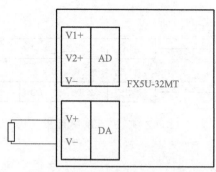

图 4-134　模拟量输出端子的接线

FX5U 的 CPU 模块内置模拟量输出功能的参数见表 4-36。

表 4-36　FX5U 的 CPU 模块内置模拟量输出功能的参数

项目		规格
模拟量输出通道数		1 通道
模拟量输出		12 位无符号二进制
数字量输入		0 ～ 10V DC，不能发出电流信号
软元件		SD6180（通道 1 的输出设定数字）
输入特性、最大分辨率	数字量输入	0 ～ 4000
	最大分辨率	2.5mV

【例 4-40】

有一台直流电动机，转速范围是 0 ～ 1000r/min，控制输入信号的电压信号是 0 ～ 10V，用 FX5U-32MR 控制，要求编写梯形图程序。

【解】　因为内置模拟量输出模块是将 SD6180 中的 0 ～ 4000，转换成 0 ～ 10V 的电压信号，这个信号对应的转速是 0 ～ 1000r/min。梯形图如图 4-135 所示。

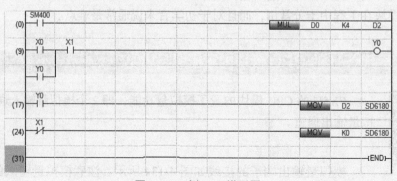

图 4-135　例 4-40 梯形图

在导航窗口，选中"参数"→"FX5UCPU"→"CPU 参数"→"模块参数"→"模拟输出"，双击"模拟输出"，弹出"设置项目一览"界面，如图 4-136 所示。将"D/A 转换允许 / 禁止设置"和"D/A 输出允许 / 禁止设置"设置为"允许"，单击"应用"按钮即可。这一步非常重要，不可遗漏。

图 4-136　设置模拟量输出的参数

（2）模拟量输入

模拟量输入端子的接线如图 4-137 所示。注意模拟量输入的信号负 V- 和模拟量输出的信号负 V- 在 CPU 内部电路是导通的。

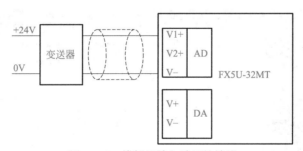

图 4-137　模拟量输入端子的接线

FX5U 的 CPU 模块内置模拟量输入功能的参数见表 4-37。

表 4-37　FX5U 的 CPU 模块内置模拟量输入功能的参数

项目		规格
模拟量输入通道数		2 通道
模拟量输入		DC 0 ～ 10V，不能接收电流信号
数字量输出		12 位无符号二进制
软元件		SD6020（通道 1 的数字量输出）
		SD6060（通道 2 的数字量输出）
输入特性、最大分辨率	数字量输出	0 ～ 4000
	最大分辨率	2.5mV

【例 4-41】

有一台力传感器测量范围是 0 ~ 40000N，输出的电压信号是 0 ~ 10V，与 FX5U-32MR 内置模拟量输入端子相连，要求实时显示压力数值，并编写梯形图程序。

【解】　因为内置模拟量输入模块是将模拟量 AD 转换值存在 SD6020 中，范围 0 ~ 4000，这个数值对应的力是 0 ~ 40000N。梯形图如图 4-138 所示。

图 4-138　梯形图

在导航窗口，选中"参数"→"FX5UCPU"→"CPU 参数"→"模块参数"→"模拟输入"，双击"模拟输入"，弹出"设置项目一览"界面，如图 4-139 所示。将"A/D 转换允许 / 禁止设置"设置为"允许"，单击"应用"按钮即可。这一步非常重要，不可遗漏。

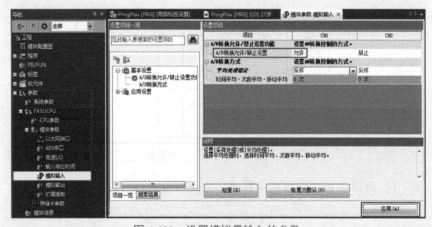

图 4-139　设置模拟量输入的参数

4.6.2　FX5-4AD-ADP 适配器

FX5-4AD-ADP 适配器有 4 个通道，也就是说最多只能和四路模拟量信号连接，FX5-4AD-ADP 适配器无需外接电源供电，FX5-4AD-ADP 适配器的外接信号可以是双极性信号（信号可以是正信号也可以是负信号）。FX5-4AD-ADP 只能安装在 CPU 模块的左侧。

FX5-4AD-ADP 模拟量输入模块的参数见表 4-38。

表 4-38　FX5-4AD-ADP 模拟量输入适配器的参数

项目	规格			
模拟量输入通道数	4 通道			
模拟量输入		模拟输入范围	数字输出值	分辨率
	电压	0 ～ 10V	0 ～ 16000	625μV
		0 ～ 5V	0 ～ 16000	312.5μV
		1 ～ 5V	0 ～ 12800	312.5μV
		−10 ～ +10V	−8000 ～ +8000	1250μV
	电流	0 ～ 20mA	0 ～ 16000	1.25μA
		4 ～ 20mA	0 ～ 12800	1.25μA
		−20 ～ +20mA	−8000 ～ +8000	2.5μA
数字量输出	14 位无符号二进制			
软元件（数字输出值）	模块槽位	CH1	CH2	CH3	CH4
	1	SD6300	SD6340	SD6380	SD6420
	2	SD6660	SD6700	SD6740	SD6780
	3	SD7020	SD7060	SD7100	SD7140
	4	SD7380	SD7420	SD7460	SD7500

【例 4-42】

　　传感器输出信号范围为 0 ～ 10V，连接在 FX5-4AD-ADP 的第 1 个通道上，FX5-4AD-ADP 安装在 FX5U-32MR 的左侧第 1 个槽位上，原理图如图 4-140 所示，将 A/D 转换值保存在 D100 中，要求编写此程序。

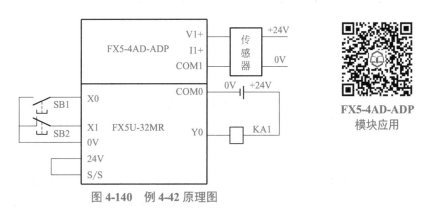

FX5-4AD-ADP
模块应用

图 4-140　例 4-42 原理图

　　【解】　因为传感器连接的是第 1 个槽位模块的第 1 个通道，所以其 A/D 转换后的数值存储在 SD6300 中。

梯形图如图 4-141 所示。

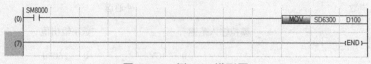

图 4-141　例 4-42 梯形图

模拟量适配器 FX5-4AD-ADP 的设置如图 4-142 所示。

图 4-142　模拟量适配器 FX5-4AD-ADP 设置

4.6.3　FX5-4DA-ADP 适配器

　　FX5-4DA-ADP 适配器有 4 个通道，也就是说最多只能和四路模拟量信号连接，FX5U-DA-ADP 模块需要外接电源供电，FX5-4DA-ADP 适配器的外接信号可以是双极性信号（信号可以是正信号也可以是负信号）。

　　FX5U-4DA-ADP 模拟量输出模块的参数见表 4-39。

表 4-39　FX5U-4DA-ADP 模拟量输出适配器的参数

项目	规格		
模拟量输出通道数	4 通道		
模拟量输出		模拟输出范围	数字输出值	分辨率
	电压	0～10V	0～16000	625μV
		0～5V	0～16000	312.5μV
		1～5V	0～12800	250μV
		-10～+10V	-8000～+8000	1250μV
	电流	0～20mA	0～16000	1.25μA
		4～20mA	0～12800	1μA
数字量输出	14 位无符号二进制		

续表

项目	规格				
	模块号	CH1	CH2	CH3	CH4
软元件（数字 输出值）	1	SD6300	SD6340	SD6380	SD6420
	2	SD6660	SD6700	SD6740	SD6780
	3	SD7020	SD7060	SD7100	SD7140
	4	SD7380	SD7420	SD7460	SD7500

【例 4-43】

变频器连接在 FX5U-4DA-ADP 模拟量输出通道上，FX5U-4DA-ADP 安装在 FX5U-32MT 的左侧第 1 个槽位上，变频器的频率保存在 D100 中，设计原理图并编写此程序。

【解】 原理图如图 4-143 所示，电流输出信号连接变频器的模拟量输入端子上。

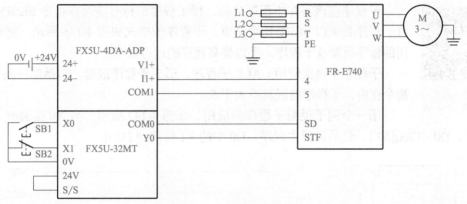

图 4-143　例 4-43 原理图

因为变频器的模拟量端子连接到的模拟量模块是第 1 个槽位模块的第 1 个通道，所以要 D/A 转换后的数值存储在 SD6300 中。

梯形图如图 4-144 所示。

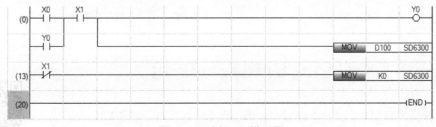

图 4-144　例 4-43 梯形图

模拟量适配器 FX5U-4DA-ADP 的设置如图 4-145 所示。

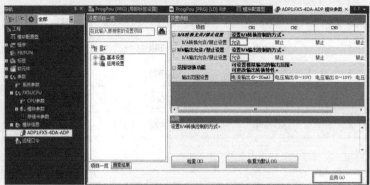

图 4-145 模拟量适配器 FX5U-4DA-ADP 设置

4.7 三菱 FX5U PLC 的子程序及其应用

FX5U PLC 的子
程序及其应用

子程序应该写在主程序之后，即子程序的标号应写在指令 FEND 之后，且子程序必须以 SRET 指令结束。子程序的格式如图 4-146 所示。把经常使用的程序段做成子程序，可以提高程序的运行效率。

子程序中再次使用 CALL 子程序，形成子程序嵌套。包括第一条 CALL 指令在内，子程序的嵌套不大于 5。

用一个例子说明子程序的应用，如图 4-147 所示，当 X0 接通时，调用子程序，D0 中数据加 1，然后返回主程序，D0 中的 K1 传送到 D2 中。

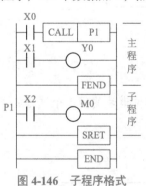

图 4-146 子程序格式

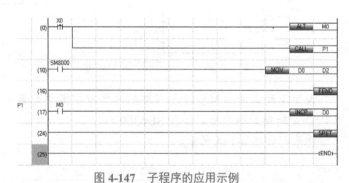

图 4-147 子程序的应用示例

4.8 三菱 FX5U PLC 的中断及其应用

FX5U PLC 的
中断及其应用

（1）允许中断程序、禁止中断程序和返回指令（EI、DI、IRET）

中断是计算机特有的工作方式，指在主程序的执行过程中，中断主程序，去执行中断子程序。中断子程序是为某些特定的控制功能而设定的。与子程序不同，中断是为随机发生的且必须立即响应的事件安排的，其响应时间应小于机器周期。引发中断的信号叫中断源。

① DI：禁止中断程序的执行。

② EI：解除中断禁止状态。

③ IRET：表示中断程序的处理结束，从中断程序返回。

FX5U PLC 中断事件可分为四大类，即输入中断、计数器中断、定时中断和来自模块的中断。以下分别予以介绍。

（2）输入中断

外部输入中断通常是用来引入发生频率高于机器扫描频率的外部控制信号，或者用于处理那些需要快速响应的信号。以往的 FX3U 的输入中断的编号与每个输入端子都已经固定，FX5U 的每个输入端（如 X0）的输入中断没有进行定义，可以定义为 4 种类型：中断（上升沿）、中断（下降沿）、中断（上升沿 + 下降沿）和中断（上升沿）+ 脉冲捕捉，要使用输入中断，需要进行定义，否则系统默认为"一般输入"。

输入中断的编号是 I0 ～ I15，但最多可以用 8 个。

输入端子修改成输入中断的方法如下。

首先在导航窗口，选中"参数"→"FX5UCPU"→"CPU 参数"→"模块参数"→"高速 I/O"，双击"高速 I/O"，弹出"设置项目一览"界面，如图 4-148 所示。

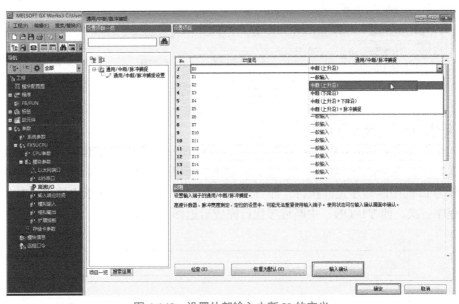

图 4-148　设置外部输入中断 I0 的定义

在图 4-148 中，选中"X0"，在下拉菜单中选择"中断（上升沿）"，这样 X0 的定义设置为"中断（上升沿）"，最后单击"输入确认"按钮和"确定"按钮。

再在导航窗口，选中"参数"→"FX5UCPU"→"CPU 参数"→"模块参数"→"输入响应时间"，双击"输入响应时间"，弹出"设置项目一览"界面，如图 4-149 所示。选中"X0"，将响应时间修改为小于 1ms，本例修改为"0.2ms"，单击"应用"按钮即可。修改响应时间非常重要，不可遗漏。

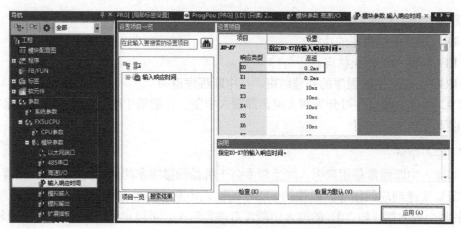

图 4-149　设置外部输入中断 I0 的响应时间

有两点需要注意。

① 由于修改了参数，所以下载程序时，要选中"参数＋程序"或者"全选"，如图 4-150 所示。

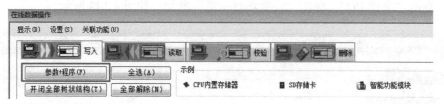

图 4-150　下载方式选择

② 下载完成后，要重启 CPU。

用一个例子来解释输入中断的应用，如图 4-151 所示，主程序在前面，而中断程序在后面。当 X2=ON，X3=OFF（断开）时，DI 为 OFF，所以中断程序不禁止，也就是说与之对应的标号为 I0 的中断程序允许执行，即每当 X0 接收到一次上升沿中断申请信号时，就执行中断子程序一次，使 Y1=ON；中断程序执行完成后返回主程序。

图 4-151　输入中断程序的应用示例

（3）定时器中断

FX5U 有 4 个定时中断，定时器中断就是每隔一段时间（1～6000ms），执行一次中断程序。定时中断的输入编号与默认中断周期的对应关系见表 4-40。

表 4-40　定时中断的输入编号与默认中断周期的对应关系

序号	输入编号	默认中断周期 /ms	备注
1	I28	50	中断周期可以根据实际需要从 1～6000ms 之间修改
2	I29	40	
3	I30	20	
4	I31	10	

定时中断周期可以根据实际需要从 1～6000ms 之间修改（相比 FX3U 的定时范围 1～99ms，性能提高了很多），为编写程序带来很大便利。以下介绍定时中断周期的修改方法。

首先在导航窗口，选中"参数"→"FX5UCPU"→"CPU 参数"，双击"CPU 参数"，弹出"设置项目一览"界面，如图 4-152 所示。

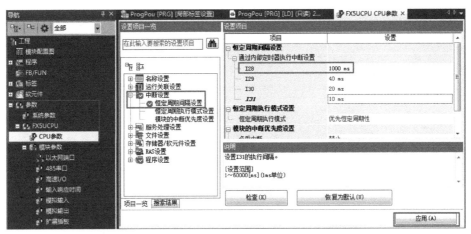

图 4-152　修改定时中断 I28 的周期

在图 4-152 中，选中"中断设置"→"恒定周期间隔设置"→"I28"，再将默认的"50ms"修改成"1000ms"，单击"应用"按钮即可。

有两点需要注意。

① 由于修改了参数，所以下载程序时，要选中"参数+程序"或者"全选"，如图 4-150 所示。

② 下载完成后，要重启 CPU。

用一个例子来解释定时器中断的应用，如图 4-153 所示，主程序在前面，而中断程序在后面。当 X0 闭合，每 1000ms 执行一次定时器中断程序，D0 的内容加 1，当 X1 闭合，断开中断，D0 的内容不再增加。

图 4-153　定时器中断程序的应用示例

（4）高速计数器中断

计数器中断是用 PLC 内部的高速计数器对外部脉冲计数，若当前计数值与设定值进行比较相等时，执行子程序。计数器中断子程序常用于利用高速计数器计数进行优先控制的场合。

计数器中断指针为 I16 ～ I23 共 8 个，它们的执行与否会受到 PLC 内特殊继电器 SM8059 状态控制。高速计数器中断将在后续课程中讲解。

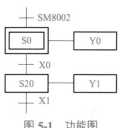

第5章 ▶▶

PLC 的编程方法及调试

本章介绍顺序功能图的画法、梯形图的禁忌以及如何根据顺序功能图用基本指令、功能指令、复位/置位指令和步进指令共五种方法编写逻辑控制的梯形图，并用实例进行说明。简要介绍标签、功能和功能块的应用。最后讲解程序的调试方法和故障诊断。

5.1 功能图

FX5U 系列 PLC 除了梯形图外，还有顺序功能图语言用于复杂的顺序控制程序。步进指令是专为顺序控制而设计的指令。在工业控制领域许多的控制过程都可用顺序控制的方式来实现，使用步进指令实现顺序控制既方便又便于阅读修改。

5.1.1 功能图的画法

顺序功能图（sequential function chart，SFC）又叫作状态转移图，它是描述控制系统的控制过程、功能和特性的一种图形，同时也是设计 PLC 顺序控制程序的一种有力工具。它具有简单、直观等特点，不涉及控制功能的具体技术，是一种通用的语言，是国际电工委员会（IEC）首选的编程语言，近年来在 PLC 的编程中已经得到了普及。在 IEC 848 中称为顺序功能图，在我国国家标准 GB/T 6988.1—2008 中称为功能表图。

功能图的基本思想是：设计者按照生产要求，将被控设备的一个工作周期划分成若干个工作阶段（简称"步"），并明确表示每一步要执行的输出，"步"与"步"之间通过转换条件进行转换，在程序中，只要通过正确连接进行"步"与"步"之间的转换，就可以完成被控设备的全部动作。

PLC 执行 SFC 程序的基本过程是：根据转换条件选择工作"步"，进行"步"的逻辑处理。组成 SFC 程序的基本要素是步、转换条件和有向连线，如图 5-1 所示。

（1）步（Step）

一个顺序控制过程可分为若干个阶段，也称为步或状态。系统初始状态对应的步称为初始步，初始步一般用双线框表示。在每一步中

图 5-1　功能图

施控系统要发出某些"命令",而被控系统要完成某些"动作",把"命令"和"动作"都称为动作。当系统处于某一工作阶段时,则该步处于激活状态,称为活动步。

(2) 转换条件

所谓"转换条件",就是用于改变 PLC 状态的控制信号。不同状态的"转换条件"可以不同,也可以相同,当"转换条件"各不相同时,SFC 程序每次只能选择其中一种工作状态(称为"选择分支",见图 5-5),当"转换条件"都相同时,SFC 程序每次可以选择多个工作状态(称为"选择并行分支",见图 5-6)。只有满足条件状态,才能进行逻辑处理与输出,因此,"转换条件"是 SFC 程序选择工作状态(步)的"开关"。

(3) 有向连线

步与步之间的连接线就是"有向连线","有向连线"决定了状态的转换方向与转换途径。

功能图转换成
梯形图

在有向连线上有短线,表示转换条件。当条件满足时,转换得以实现。即上一步的动作结束而下一步的动作开始,因而不会出现动作重叠。步与步之间必须要有转换条件。

图 5-1 双框为初始步,S0 和 S20 是步名,X0、X1 为转换条件,Y0、Y1 为动作。当 S0 有效时,OUT 指令驱动 Y0。步与步之间的连线称为有向连线,它的箭头省略未画。

(4) 功能图的结构分类

根据步与步之间的进展情况,功能图分为以下三种结构。

① 单一顺序。单一顺序动作是一个接一个地完成,完成每步只连接一个转移,每个转移只连接一个步,如图 5-3 和图 5-4 所示的功能图和梯形图是一一对应的。以下用"启保停电路"来讲解功能图和梯形图的对应关系。

为了便于将顺序功能图转换为梯形图,采用代表各步的编程元件的地址(比如 M2)作为步的代号,并用编程元件的地址来标注转换条件、各步的动作和命令,当某步对应的编程元件置 1,代表该步处于活动状态。

a. 启保停电路对应的布尔代数式。标准的启保停梯形图如图 5-2 所示,图中 X0 为 Y0 的启动条件,当 X0 置 1,Y0 得电;X1 为 Y0 的停止条件,当 X1 置 1,Y0 断电;Y0 的辅助触头为 Y0 的保持条件。该梯形图对应的布尔代数式为:

$$Y0=(X0+Y0)\cdot\overline{X1}$$

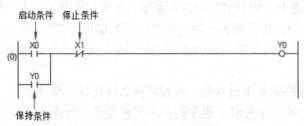

图 5-2　标准的启保停梯形图

b. 顺序控制梯形图储存位对应的布尔代数式。如图 5-3(a)所示的功能图,M1 转换为活动步的条件是 M1 步的前一步是活动步,相应的转换条件(X0)得到满足,即 M1 的启动条件为 M0·X0。当 M2 转换为活动步后，M1 转换为不活动步，因此，M2 可以看成 M1 的停止条件。由于大部分转换条件都是瞬时信号，即信号持续的时间比他激活的后续步的时间短，因此应当使用有记忆功能的电路控制代表步的储存位。在这种情况下，我们可以注意到，启动条件、停止条件和保持条件就全部都有了，我们就可以用启保停方法来设计顺序功能图的布尔代数式和梯形图。顺序控制功能图中储存位对应的布尔代数式如图 5-3（b）所示，参照图 5-2 所示的标准启保停梯形图，就可以轻松地将图 5-3 所示的顺序功能图转换为如图 5-4 所示的梯形图。

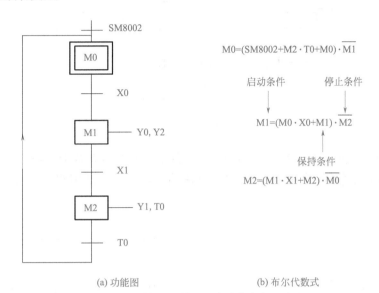

(a) 功能图　　　　　　　　(b) 布尔代数式

图 5-3　顺序功能图和对应的布尔代数式

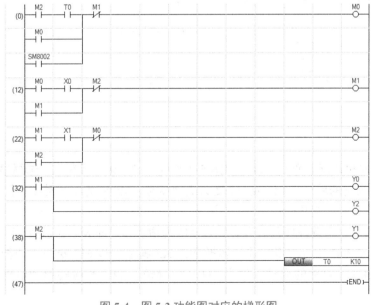

图 5-4　图 5-3 功能图对应的梯形图

② 选择顺序。选择顺序是指某一步后有若干个单一顺序等待选择，称为分支。一般只允许选择进入一个顺序，转换条件只能标在水平线之下。选择顺序的结束称为合并，用一条

水平线表示，水平线以下不允许有转换条件，如图 5-5 所示。

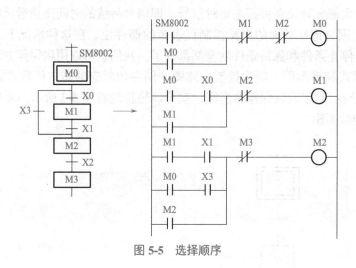

图 5-5 选择顺序

③ 并行顺序。并行顺序是指在某一转换条件下，同时启动若干个顺序，也就是说转换条件的实现导致几个分支同时激活。并行顺序的开始和结束都用双水平线表示，如图 5-6 所示。

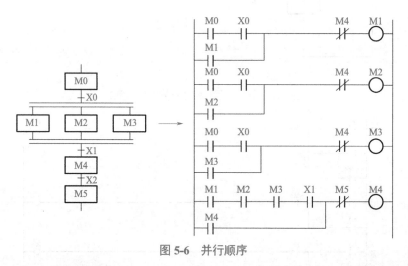

图 5-6 并行顺序

④ 选择序列和并行序列的综合。如图 5-7 所示，步 M0 之后有一个选择序列的分支，设 M0 为活动步，当它的后续步 M1 或 M2 变为活动步时，M0 变为不活动步，即 M0 为 0 状态，所以应将 M1 和 M2 的常闭触点与 M0 的线圈串联。

步 M2 之前有一个选择序列合并，当步 M1 为活动步（即 M1 状态为 1），并且转换条件 X1 满足，或者步 M0 为活动步，并且转换条件 X2 满足，步 M2 变为活动步，所以该步的存储器 M2 的启保停电路的启动条件为 M1·X1+M0·X2，对应的启动电路由两条并联支路组成。

步 M2 之后有一个并行序列分支，当步 M2 是活动步并且转换条件 X3 满足时，步 M3 和步 M5 同时变成活动步，这时用 M2 和 X3 常开触点组成的串联电路，分别作为 M3 和 M5 的启动电路来实现，与此同时，步 M2 变为不活动步。

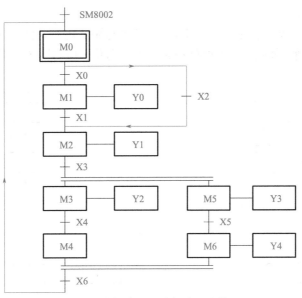

图 5-7 选择序列和并行序列功能图

步 M0 之前有一个并行序列的合并，该转换实现的条件是所有的前级步（即 M4 和 M6）都是活动步和转换条件 X6 满足。由此可知，应将 M4、M6 和 X6 的常开触点串联，作为控制 M0 的启保停电路的启动电路。图 5-7 所示的功能图对应的梯形图如图 5-8 所示。

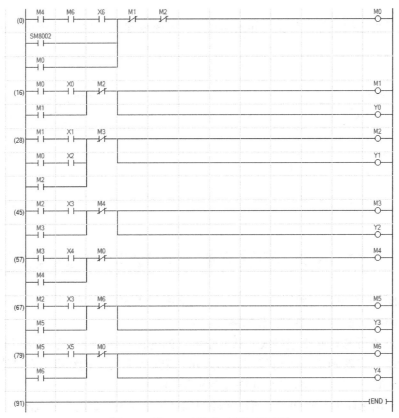

图 5-8 图 5-7 功能图对应的梯形图

（5）功能图设计的注意点

① 状态之间要有转换条件。如图 5-9，状态之间缺"转换条件"，所以不正确，应改成如图 5-10 所示的正确功能图。必要时转换条件可以简化，应将图 5-11 简化成图 5-12。

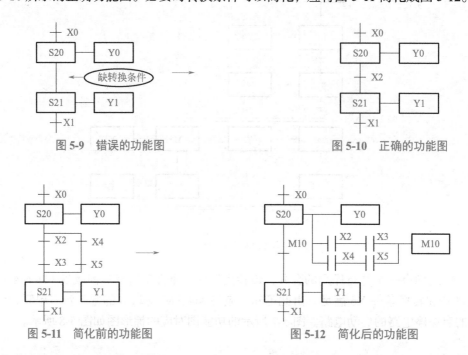

图 5-9　错误的功能图　　　　　　　　　　图 5-10　正确的功能图

图 5-11　简化前的功能图　　　　　　　　图 5-12　简化后的功能图

② 转换条件之间不能有分支。如图 5-13，应该改成如图 5-14 所示合并后的功能图，合并转换条件。

图 5-13　错误的功能图　　　　　　　　　　图 5-14　合并后的功能图

5.1.2　梯形图的编程原则和禁忌

尽管梯形图与继电器电路图在结构形式、元件符号及逻辑控制功能等方面相类似，但它们又有许多不同之处，梯形图有自己的编程规则。

① 每一逻辑行总是起于左母线，然后是触点的连接，最后终止于线圈或右母线（右母线可以不画出）。三菱 PLC 的左母线与线圈之间一定要有触点，而线圈与右母线之间则不能有任何触点，如图 5-15，有的 PLC 允许触点间有线圈。

② 无论选用哪种机型的 PLC，所用元件的编号必须在该机型的有效范围内。

③ 梯形图中的触点可以任意串联或并联，但继电器线圈只能并联而不能串联。

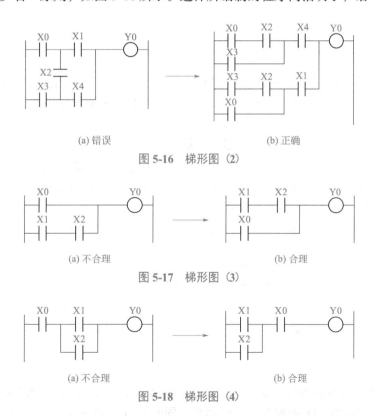

图 5-15　梯形图（1）

④ 触点的使用次数不受限制，例如，只要需要，辅助继电器 M0 可以在梯形图中出现无限制的次数，而实物继电器的触点一般少于 8 对，只能用有限次。

⑤ 在梯形图中同一线圈只能出现一次。如果在程序中，同一线圈使用了两次或多次，称为"双线圈输出"。对于"双线圈输出"，有些 PLC 将其视为语法错误，绝对不允许；有些 PLC 则将前面的输出视为无效，只有最后一次输出有效；而有些 PLC，在含有跳转指令或步进指令的梯形图中允许双线圈输出。

⑥ 梯形图中不能出现 X 线圈。

⑦ 对于不可编程梯形图必须经过等效变换，变成可编程梯形图，如图 5-16 所示。

⑧ 有几个串联电路相并联时，应将串联触点多的回路放在上方，归纳为"多上少下"的原则，如图 5-17 所示。在有几个并联电路相串联时，应将并联触点多的回路放在左方，归纳为"多左少右"原则，如图 5-18 所示。这样所编制的程序简洁明了，语句较少。

⑨ 采用功能图描述控制要求时，必须按照有关规定使用状态元件，如 S0 ～ S9 是初始化用。

⑩ 如图 5-19 为继电器 - 接触器系统控制的电动机的启 / 停控制图，图 5-20 为电动机的启 / 停控制的梯形图，5-21 为电动机启 / 停控制的接线图。可以看出：继电器 - 接触器系统原来用常闭触点 SB2 和 FR，而改用 PLC 控制时，则在 PLC 的输入端仍然用常闭触点。注意：

图 5-20 的梯形图中 X1 和 X2 用常开触点，否则控制逻辑不正确。注意 PLC 的输入点的停止是接的常闭触点，主要基于安全原因。

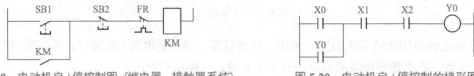

图 5-19　电动机启 / 停控制图（继电器 - 接触器系统）　　　图 5-20　电动机启 / 停控制的梯形图

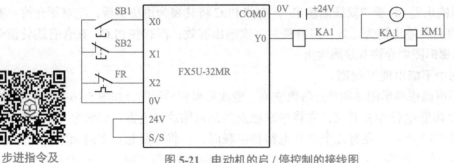

步进指令及
其应用

图 5-21　电动机的启 / 停控制的接线图

5.1.3　步进指令

步进指令又称 STL 指令。FX5 系列 PLC 有两条步进指令，分别是 STL（步进触点指令）和 RETSTL（步进返回指令）。步进指令只有与状态继电器 S 配合使用才有步进功能，状态继电器见表 5-1。

根据 SFC 的特点，步进指令是使用内部状态元件（S），在顺控程序上进行工序步进控制。也就是说，步进顺控指令只有与状态元件配合才能有步进功能。使用 STL 指令的状态继电器的常开触点，称为 STL 触点，没有 STL 常闭触点，功能图与梯形图有对应关系，从图 5-22 可以看出。用状态继电器代表功能图的各步，每一步都有三种功能：负载驱动处理、指定转换条件和指定转换目标。且在语句表中体现了 STL 指令的用法。

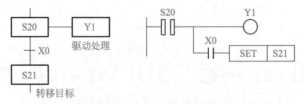

图 5-22　STL 指令与功能图

当前步 S20 为活动步时，S20 的 STL 触点导通，负载 Y1 输出，若 X0 也闭合（即转换条件满足），后续步 S21 被置位变成活动步，同时 S20 自动变成不活动步，输出 Y1 随之断开。

步进梯形图编程时应注意：

① STL 指令只有常开触点，没有常闭触点；

② 与 STL 相连的触点用 LD、LDI 指令，即产生母线右移，使用完 STL 指令后，应该用 RET 指令使 LD 点返回母线；

③ 梯形图中同一元件可以被不同的 STL 触点驱动，也就说使用 STL 指令允许双线圈输出；

④ STL 触点之后不能使用主控指令 MC/MCR；

⑤ STL 内可以使用跳转指令，但比较复杂，不建议使用；

⑥ 规定步进梯形图必须有一个初始状态（初始步），并且初始状态必须在最前面。初始状态的元件必须是 S0 ~ S9，否则 PLC 无法进入初始状态。其他状态的元件参见表 5-1。

表 5-1 FX5U 系列 PLC 状态继电器一览表

类 别	状态继电器号	点 数	功 能
初始状态继电器	S0	1	各个操作初始化状态
	S1	1	原点复位初始化状态
	S2	1	自动运行初始化状态
	S3 ~ S9	7	可以自由使用
返回状态继电器	S10 ~ S19	10	用 ITS 指令时原点返还
普通状态继电器	S20 ~ S499	480	用在 SFC 中间状态

【例 5-1】

根据图 5-23（a）的状态图，编写步进梯形图程序。

【解】 状态转移图和步进梯形图的对应关系如图 5-23 所示。

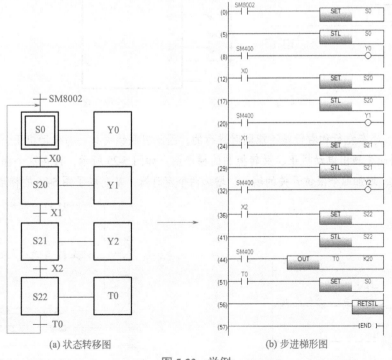

(a) 状态转移图　　　　(b) 步进梯形图

图 5-23 举例

5.2 编程方法

相同的硬件系统，由不同的人设计，可能设计出不同的程序，有的人设计的程序简洁而且可靠，而有的人设计的程序虽然能完成任务，但较复杂。PLC 程序设计是有规律可循的，下面将介绍两种方法：经验设计法和功能图设计法。

5.2.1 经验设计法

就是在一些典型的梯形图的基础上，根据具体的对象对控制系统的具体要求，对原有的梯形图进行修改和完善。这种方法适合有一定工作经验的人，这些人手头有现成的资料，特别在产品更新换代时，使用这种方法比较节省时间。下面举例说明这种方法的思路。

【例 5-2】

图 5-24 为小车运输系统的示意图和 I/O 接线图，SQ1、SQ2、SQ3 和 SQ4 是限位开关，当压下 SB1 按钮，小车右行，在 SQ2 处停 10s 后左行，到 SQ1 后停止 10s 后右行，如此往复循环工作；当压下 SB2 按钮，小车左行，在 SQ1 处停 10s 后右行，到 SQ2 后停止 10s 后左行，如此往复循环工作；任何时候压下 SB3 按钮，小车停止运行。

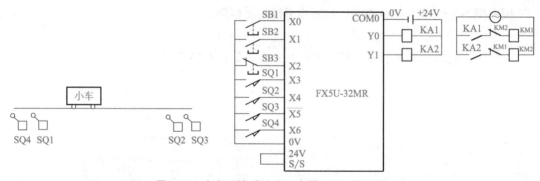

图 5-24 小车运输系统的示意图和 I/O 接线图

【解】 小车左行和右行是不能同时进行的，因此有联锁关系，与电动机正、反转的梯形图类似，因此先画出电动机正、反转控制的梯形图，如图 5-25 所示，再在这个梯形图的基础上进行修改，增加四个限位开关的输入，增加两个定时器，就变成了图 5-26 的梯形图。

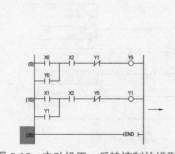

图 5-25 电动机正、反转控制的梯形图

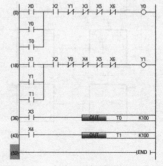

图 5-26 小车运输系统的梯形图

5.2.2　功能图设计法

功能图设计法也称为启保停设计法。对于比较复杂的逻辑控制，用经验设计法就不合适，适合用功能图设计法。功能图设计法无疑是应用最为广泛的设计方法。功能图就是顺序功能图，功能图设计法就是先根据系统的控制要求画出功能图，再根据功能图画梯形图，梯形图可以是基本指令梯形图，也可以是顺控指令梯形图和功能指令梯形图。因此，设计功能图是整个设计过程的关键，也是难点。启保停设计方法的基本步骤如下。

（1）绘制出顺序功能图

要使用启保停设计方法设计梯形图时，先要根据控制要求绘制出顺序功能图，其中顺序功能图的绘制在前面章节中已经详细讲解，在此不再重复。

（2）写出储存器位的布尔代数式

对应于顺序功能图中的每一个储存器位都可以写出如下所示的布尔代数式。

$$M_i = (X_i \cdot M_{i-1} + M_i) \cdot \overline{M}_{i+1}$$

式中，等号左边的 M_i 为第 i 个储存器位的状态，等号右边的 M_i 为第 i 个储存器位的常开触点，X_i 为第 i 个工步所对应的转换信号，M_{i-1} 为第 i-1 个储存器位的常开触点，$\overline{M}_{i+1}$ 为第 i+1 个储存器位的常闭触点。

（3）写出执行元件的逻辑函数式

执行元件为顺序功能图中的储存器位所对应的动作。一个步通常对应一个动作，输出和对应步的储存器位的线圈并联或者在输出线圈前串接一个对应步的储存器位的常开触点。当功能图中有多个步对应同一动作时，其输出可用这几个步对应的储存器位的"或"来表示，如图 5-27 所示。

图 5-27　多个步对应同一动作时的梯形图

（4）设计梯形图

在完成前 3 个步骤的基础上，可以顺利设计出梯形图。

5.2.3　功能图设计法实例

（1）利用基本指令编写梯形图指令

用基本指令编写梯形图指令是最容易被想到的方法，不需要了解较多的指令。采用这种方法编写程序的过程是：先根据控制要求设计正确的功能图，再根据功能图写出正确的布尔表达式，最后根据布尔表达式画基本指令梯形图。以下用一个例子讲解利用基本指令编写梯形图指令的方法。

逻辑控制编程
应用举例

📋 **【例 5-3】**

步进电机是一种将电脉冲信号转换为电动机旋转角度的执行机构。当步进驱动器接收到一个脉冲，就驱动步进电动机按照设定的方向旋转一个固定的角度（称为步距角）。因此步进电动机是按照固定的角度一步一步转动的。因此可以通过脉冲数量控制步进电动机的运行角度，并通过相应的装置，控制运动的过程。对于四相八拍步进电动机。其控制要求如下。

① 按下启动按钮，定子磁极 A 通电，1s 后 A、B 同时通电；再过 1s，B 通电，同时 A 失电；再过 1s，B、C 同时通电……以此类推，其通电过程如图 5-28 所示。

② 有 2 种工作模式。工作模式 1 时，按下"停止"按钮，完成一个工作循环后，停止工作；工作模式 2 时，具有锁相功能，当压下"停止"按钮后，停止在通电的绕组上，下次压下"启动"按钮时，从上次停止的线圈开始通电工作。

③ 无论何种工作模式，只要压下"急停"按钮，系统所有线圈立即断电。

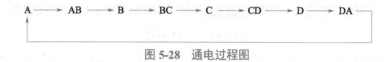

图 5-28 通电过程图

【解】 原理图如图 5-29 所示，根据题意很容易画出功能图，如图 5-30 所示。根据功能图编写梯形图程序如图 5-31 所示。

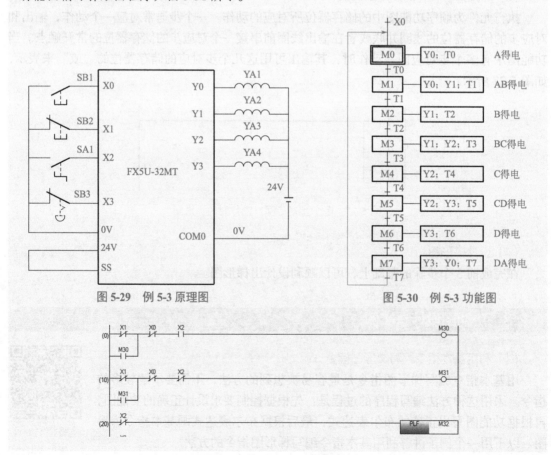

图 5-29 例 5-3 原理图

图 5-30 例 5-3 功能图

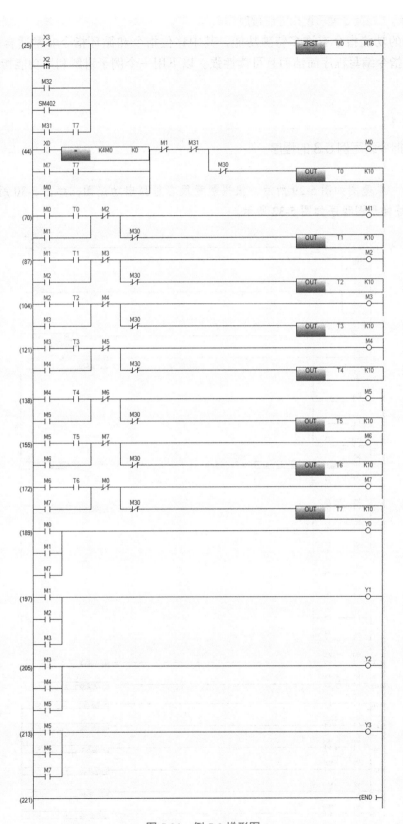

图 5-31 例 5-3 梯形图

（2）利用功能指令编写逻辑控制程序

西门子的功能指令有许多特殊功能，其中移位指令和循环指令非常适合用于顺序控制，用这些指令编写程序简洁而且可读性强。以下用一个例子讲解利用功能指令编写逻辑控制程序。

【例 5-4】

用功能指令编写例 5-3 的程序。

【解】 原理图如图 5-29 所示，根据题意很容易画出功能图，如图 5-30 所示。根据功能图编写梯形图程序如图 5-32 所示。

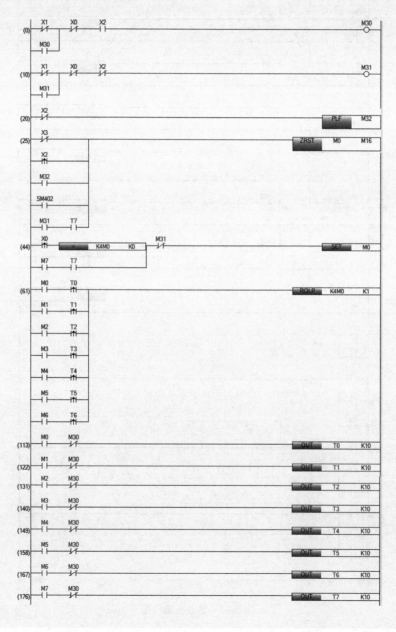

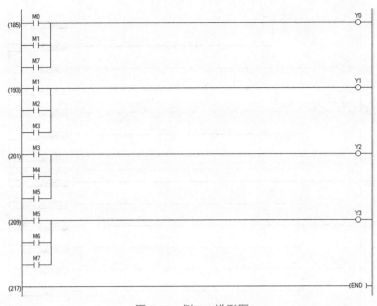

图 5-32 例 5-4 梯形图

（3）利用复位和置位指令编写逻辑控制程序

复位和置位指令是常用指令，用复位和置位指令编写程序，程序简洁而且可读性强。以下用一个例子讲解利用复位和置位指令编写逻辑控制程序。

【例 5-5】

用复位和置位指令编写例 5-3 的程序。

【解】 原理图如图 5-29 所示，根据题意很容易画出功能图，如图 5-30 所示。根据功能图编写梯形图程序如图 5-33 所示。

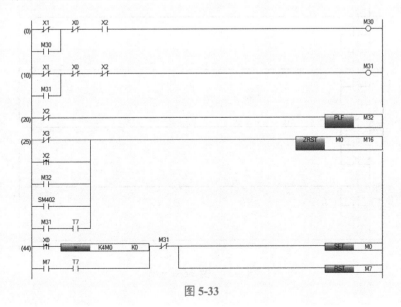

图 5-33

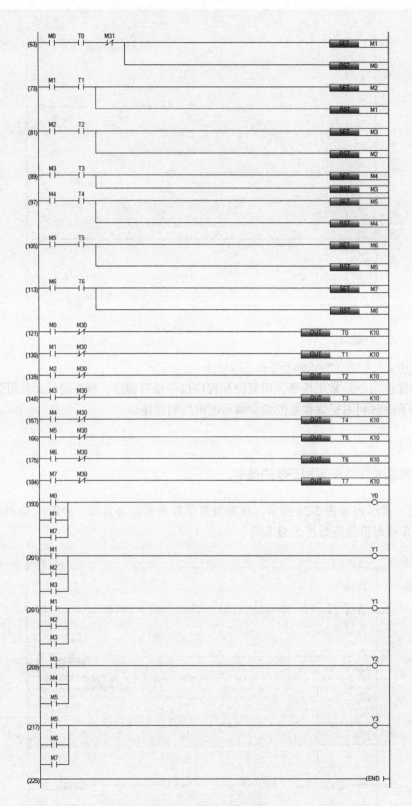

图 5-33　例 5-5 梯形图

（4）利用 MOV 指令编写逻辑控制程序

【例 5-6】

用 MOV 指令编写例 5-3 的程序。

【解】 MOV 指令编写逻辑控制程序在工程中比较常用。其原理图如图 5-29 所示，根据题意很容易编写梯形图程序如图 5-34 所示。

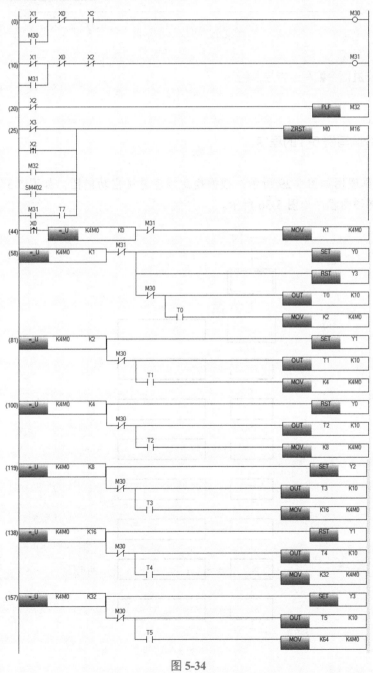

图 5-34

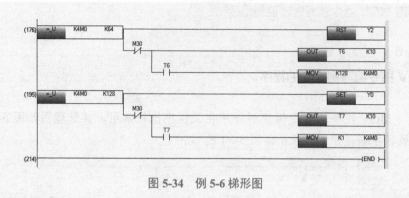

图 5-34 例 5-6 梯形图

（5）利用步进指令编写逻辑控制程序

【例 5-7】

用步进指令编写例 5-3 的程序。

【解】 原理图如图 5-29 所示，根据题意很容易画出功能图，如图 5-35 所示。根据功能图编写梯形图程序如图 5-36 所示。

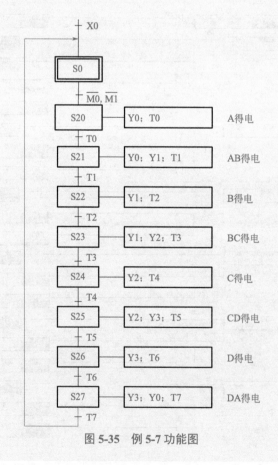

图 5-35 例 5-7 功能图

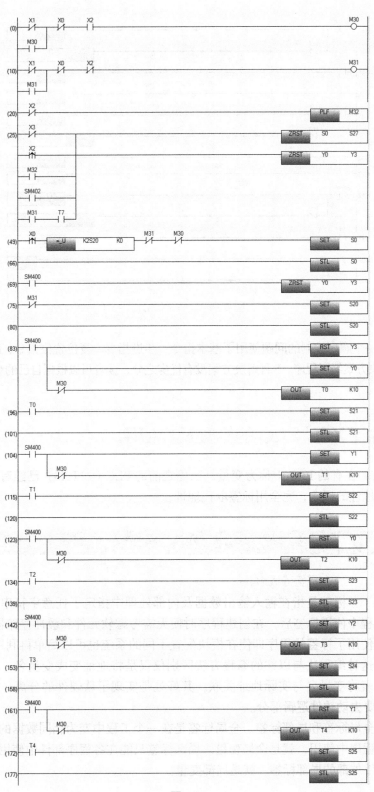

图 5-36

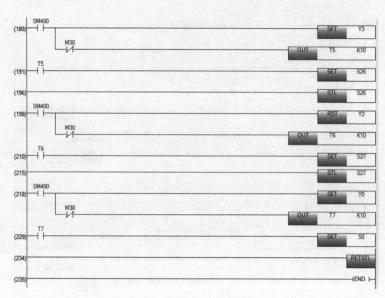

图 5-36 例 5-7 梯形图

至此，同一个顺序控制的问题使用了基本指令、步进指令、复位置位指令、MOV 指令和功能指令 5 种解决方案编写程序。5 种解决方案没有优劣之分，读者可以根据自己的编程习惯选用。

5.3 三菱 FX5U PLC 的标签及其应用

标签（tag）在有的 PLC 中称为变量，三菱之前的 PLC（如 FX3）已经有此功能，有的 PLC 甚至没有地址的概念，完全用标签取代地址。

5.3.1 标签介绍

（1）标签的概念

FX5U PLC 的
标签及其应用

标签是指在输入输出数据及内部处理中指定了任意字符串的变量。在编程中使用标签后，在创建程序时便无需考虑软元件和缓冲存储器容量。因此，使用了标签的程序即使在模块配置不同的系统也可以简单再利用。简而言之，这种编程法与以往的编程方法区别仅仅是将地址变成变量名，然后通过符号表将变量名与实际地址关联。其好处是实现了软硬件的分离，在更改硬件节点的时候不需要去动软件逻辑部分。

标签分为全局标签和局部标签。全局标签是在一个工程中变为相同数据的标签。可以在工程内的所有程序中使用，就是全局变量。局部标签只能在各程序部件中使用的标签。不可以使用程序部件外部的局部标签，就是局部变量。

（2）标签的数据类型

标签的数据类型与一般变量的基本相同，见表 5-2。

表 5-2　标签的数据类型

数据类型		内容	值的范围	位长
位	BOOL	是表示 ON 或 OFF 等二者择一的状态的类型	0（FALSE）、1（TRUE）	1 位
字 [无符号]/位列 [16 位]	WORD	是表示 16 位的类型	0 ～ 65535	16 位
双字 [无符号]/位列 [32 位]	DWORD	是表示 32 位的类型	0 ～ 4294967295	32 位
字 [带符号]	INT	是处理正与负的整数值的类型	$-32768 \sim$ $+32767$	16 位
双字 [带符号]	DINT	是处理正与负的倍精度整数值的类型	$-2147483648 \sim$ $+2147483647$	32 位
单精度实数	REAL	是处理小数点以后的数值（单精度实数值）的类型。有效位数：7 位（小数点以后 6 位）	$-2^{128} \sim -2^{-126}$, 0, $2^{-126} \sim 2^{128}$	32 位
时间	TIME	是作为 d（日）、h（时）、m（分）、s（秒）、ms（毫秒）处理数值的类型	T#-24d20h31m23s648ms ～ T#24d20h31m23s647ms	32 位
字符串（32）	STRING	是处理字符串（字符）的数据类型	最多 255 个半角字符	可变
定时器	TIMER	是与软元件的定时器（T）相对应的结构体		
累计定时器	RETENTIVETIMER	是与软元件的累计定时器（ST）相对应的结构体		
计数器	COUNTER	是与软元件的计数器（C）相对应的结构体		
长计数器	LCOUNTER	是与软元件的长计数器（LC）相对应的结构体		
指针	POINTER	是与软元件的指针（P）相对应的类型		

（3）标签的分类

标签分为全局标签和局部标签，其分类和应用场合具体见表 5-3。

表 5-3　标签的分类和应用场合

分类		内容	可使用的程序部件		
			程序块	功能块	功能
全局标签					
VAR_GLOBAL		可以在程序块与功能块中使用的通用标签	√	√	×

续表

分类	内容	可使用的程序部件		
		程序块	功能块	功能
VAR_GLOBAL_ CONSTANT	可以在程序块与功能块中使用的通用常数	√	√	×
VAR_GLOBAL_ RETAIN	可以在程序块与功能块中使用的锁存类型的标签	√	√	×
局部标签				
VAR	在声明的程序部件的范围内使用的标签。不可以在其他程序部件中使用	√	√	√
VAR_CONSTANT	在声明的程序部件的范围内使用的常数。不可以在其他程序部件中使用	√	√	√
VAR_RETAIN	在声明的程序部件的范围内使用的锁存类型的标签。不可以在其他程序部件中使用	√	√	×
VAR_INPUT	向功能及功能块中输入的标签。是接收数值的标签，不可以在程序部件内更改	×	√	√
VAR_OUTPUT	从功能或功能块中输出的标签	×	√	√
VAR_OUTPUT_ RETAIN	从功能及功能块中输出的锁存类型的标签	×	√	×
VAR_IN_OUT	接收数值并从程序部件中输出的局部标签。可以在程序部件内更改	×	√	×
VAR_PUBLIC	可以从其他程序部件进行访问的标签	×	√	×
VAR_PUBLIC_ RETAIN	可以从其他程序部件进行访问的锁存类型的标签	×	√	×

5.3.2 标签的应用

以下讲解一个例子，完成创建局部标签和全局标签。具体步骤如下。

① 创建一个新工程，在工程中再创建一个新的程序块，这样程序中就有两个程序块，如图 5-37 所示。

② 在全局变量中，创建 4 个全局标签，如图 5-38 所示。再将全局标签分配软元件，如图 5-39 所示。这样标签与软元件就关联起来了，即 X0 实际就是 VAR_START，两者可以互换。

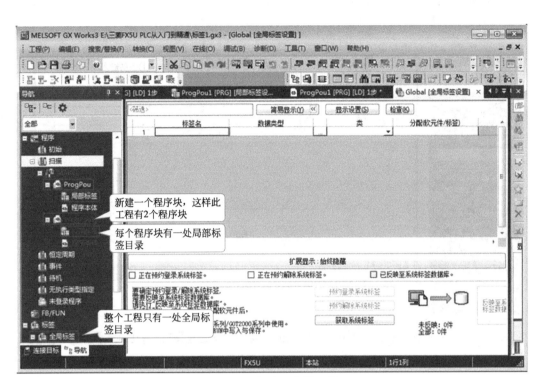

图 5-37　创建一个新工程

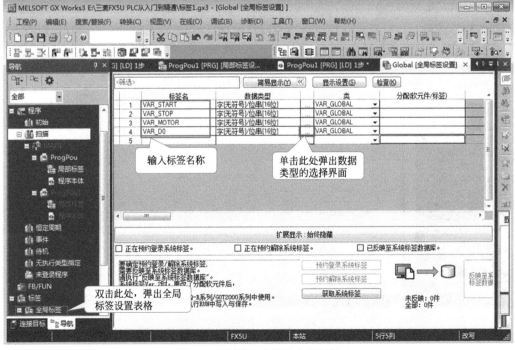

图 5-38　创建一个新的全局标签

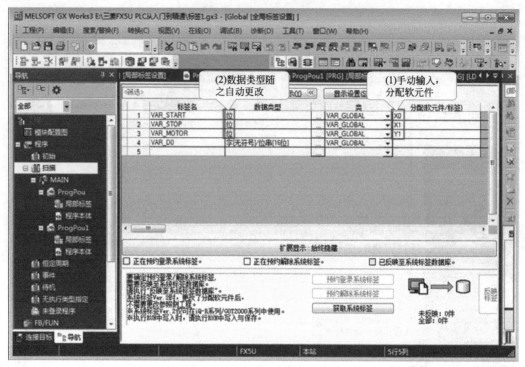

图 5-39　将全局标签分配软元件

③ 在程序块 1（ProgPou1）中创建一个局部标签，如图 5-40 所示。

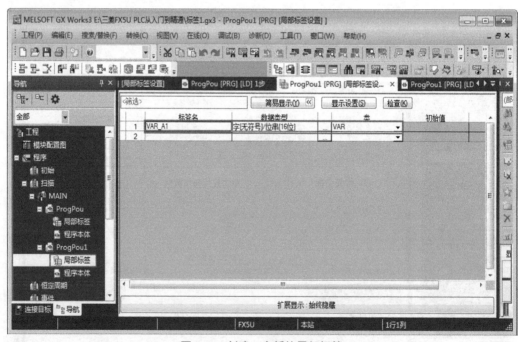

图 5-40　创建一个新的局部标签

④ 在程序块（ProgPou）中输入如图 5-41 所示的程序，在程序块 1（ProgPou1）中输入如图 5-42 所示的程序，下载程序、运行并监控程序，可以看到。

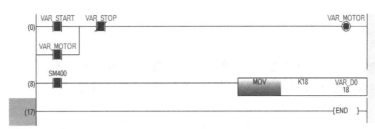

图 5-41　程序块（ProgPou）中的程序

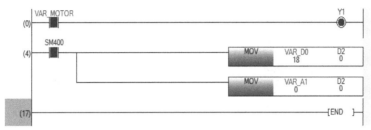

图 5-42　程序块 1（ProgPou1）中的程序

a. 程序块（ProgPou）中的全局标签 VAR_MOTOR 得电，程序块 1（ProgPou1）中的全局标签 VAR_MOTOR 导通。也就是说同一全局标签在所有程序块中通用，如 VAR_MOTOR 代表 Y1。

b. 全局变量 VAR_D0 虽然没有关联软元件，同样可以作为一个字使用，用法和 D0 或者 D1 等字软元件相似。

c. 程序块 1（ProgPou1）中的局部标签 VAR_A1 不能关联软元件，只能在程序块 1（ProgPou1）中使用，不能在程序块（ProgPou）中使用。

5.4　三菱 FX5U PLC 的功能、功能块及其应用

5.4.1　三菱 FX5U PLC 的功能及其应用

（1）功能的概念

功能是在程序块、功能块以及其他的功能中使用的程序部件。实际上可以理解为子程序或者函数。

功能执行完成后将值交接至调用源。该值称为返回值。功能对于同样的输入，将作为处理结果始终输出相同的返回值。如果预先定义经常使用的单纯独立的程序算法，可以有效地再利用。

FX5U PLC 的功能及其应用

（2）功能的应用

以下用一个例子介绍功能的使用方法。

【例 5-8】

用功能编写程序，实现 $d=a+b+c$。

【解】 具体步骤如下。

① 在导航窗口，选中"工程"，单击鼠标右键，弹出快捷菜单，单击"新建数据"命令，弹出如图 5-43 所示的界面。选择"函数"，单击确定按钮。

图 5-43 创建功能

② 在导航窗口，双击"局部标签"，弹出局部标签设置表，如图 5-44 所示，按照图进行设置。

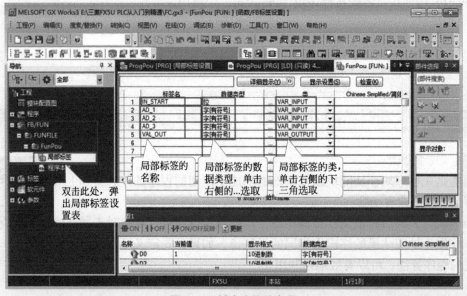

图 5-44 新建功能的变量

③ 在导航窗口，双击"程序本体"，弹出程序编辑窗口画面，如图 5-45 所示，按照图输入功能的程序。

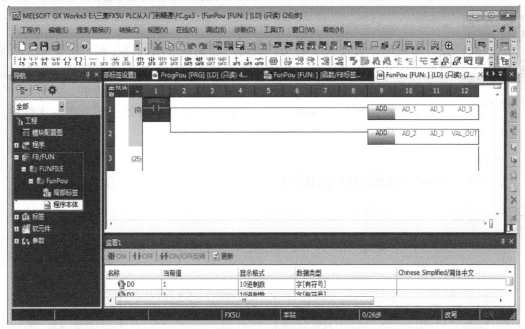

图 5-45 输入功能的程序

④ 在导航窗口，用鼠标的左键按住"FunPou"不放，拖拽到如图 5-46 所示的位置，并按照图 5-46 所示输入主程序。

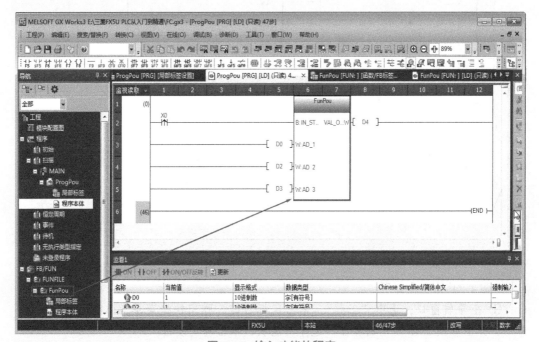

图 5-46 输入功能的程序

至此，功能创建完成。

5.4.2　三菱 FX5U PLC 的功能块及其应用

FX5U PLC 的功能块及其应用

（1）功能块的概念

功能块是通过程序块及其他的功能块被使用的程序部件。实际上可以理解为子程序或者函数。功能块与功能不同，不能保持返回值。因为功能块能将值保存在变量中，因此也能保持输入状态及处理结果。因为要在下一次处理中用到保持的值，所以即使是同样的输入值也不一定每次都输出同样的结果。

（2）功能块的应用

以下用一个例子介绍功能块的使用方法。

 【例 5-9】

用功能块实现对一台电动机的 Y- △ 启动控制。原理图如图 5-47 所示。

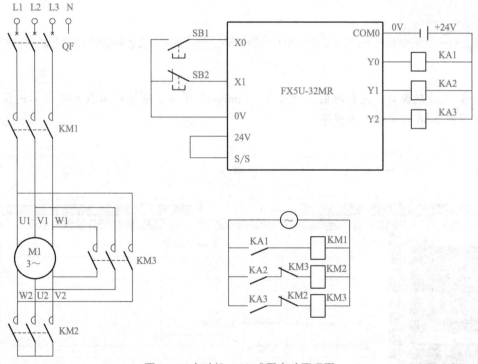

图 5-47　电动机 Y- △减压启动原理图

【解】　具体步骤如下。

①在导航窗口，选中"工程"，单击鼠标右键，弹出快捷菜单，单击"新建数据"命令，弹出如图 5-48 所示的界面。选择功能块，单击确定按钮。

②在导航窗口，双击"局部标签"，弹出局部标签设置表，如图 5-49 所示，按照图进行设置。

图 5-48 创建功能

图 5-49 新建功能块的变量

③ 在导航窗口，双击"程序本体"，弹出程序编辑窗口画面，如图 5-50 所示，按照图输入功能块的程序。

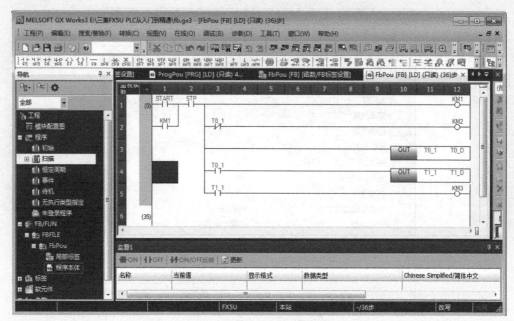

图 5-50　输入功能块的程序

④ 在导航窗口，用鼠标的左键按住"FbPou"不放，拖拽到如图 5-51 所示的位置，并按照如图 5-51 所示输入主程序。

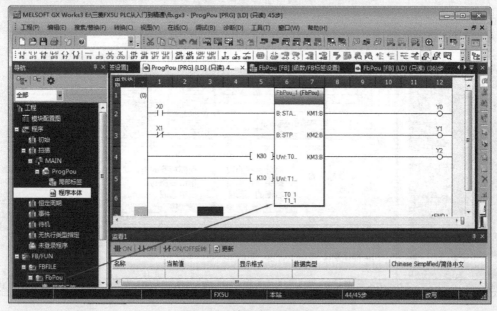

图 5-51　输入功能的程序

至此，功能块创建完成。可见：FB 的数据类型和类都比功能多。星 - 三角启动可以用功能块编写程序，如果必须用定时器作局部标签，不能用功能编写程序，因为功能中没有定时器数据类型。

5.5 三菱 FX5U PLC 的调试和故障诊断

GX Works3 提供了可视化的在线调试功能。在 GX Works3 中完成的硬件组态和用户程序必须下载到 PLC 中，经过软硬件的联合调试成功后，才能最终完成控制任务。

PLC 的调试是至关重要的，在第 3 章已经介绍了仿真器和在线监控的应用，以下介绍几种其他的常用调试工具。

5.5.1 三菱 FX5U PLC 的调试

（1）当前值更改

当前值更改的作用是通过 GX Works3 的界面强制执行 PLC 中的位软元件的 ON/OFF 操作和变更字软元件的当前值。操作方法是：单击"调试"→"当前值更改"，如图 5-52 所示，弹出当前值更改界面如图 5-53 所示，在字软元件的方框中输入软元件"D0"，在当前值方框中输入"188"（标记①处），最后单击"回车"键，可以看到 D0 中的数值为 188（标记②处）。

FX5U PLC 的
程序调试

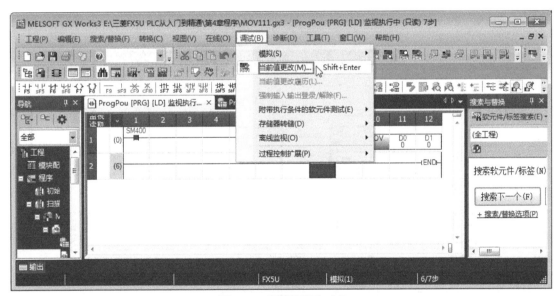

图 5-52 当前值更改（1）

（2）批量确认软元件 / 缓冲存储器

在菜单栏，选择"在线"→"监视"，单击"软元件 / 缓冲存储器批量监视"命令（或者在工具栏，直接单击按钮 ），弹出如图 5-54 所示的界面。可以看到本例的 D0、D1、D2、D3 和 D4 的数值，这对于调试程序，有时是很重要的。

（3）智能模块槽号查询

在菜单栏，选择"工程"→"智能功能模块"，单击"模块参数一览表"命令，弹出如图 5-55 所示的界面。槽号显示在图中。

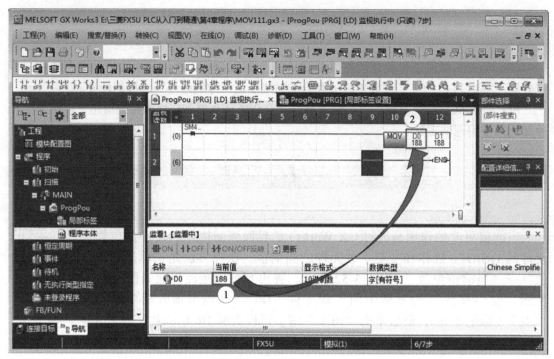

图 5-53　当前值更改（2）

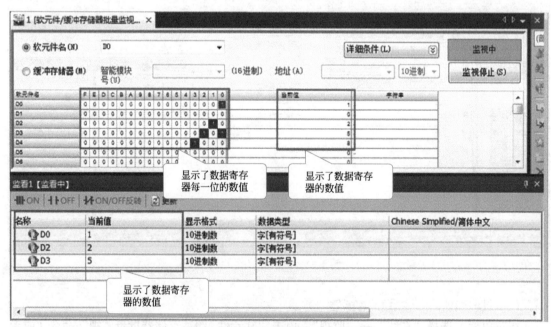

图 5-54　批量确认软元件 / 缓冲存储器

（4）交叉参照

在菜单栏，选择"搜索 / 替换"→ "智能功能模块"，单击"交叉参照"命令，弹出如图 5-56 所示的界面。所有的参数的信息都在图中，利于查找和搜索。

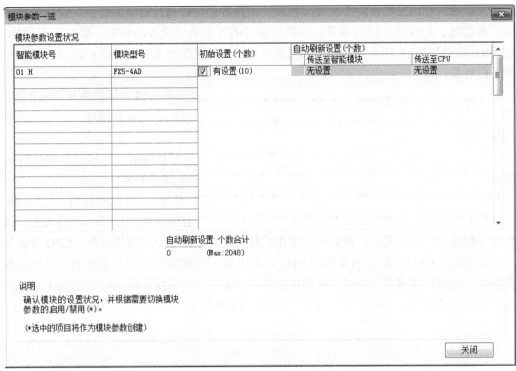

图 5-55　智能模块参数一览表

图 5-56　交叉参照

5.5.2　三菱 FX5U PLC 的故障诊断

　　PLC 是运行在工业环境中的控制器，一般而言可靠性比较高，出现故障的概率较低，但出现故障也是难以避免的。一般引发故障的原因有很多，故障的后果也有很多种。

FX5U PLC 的
故障诊断

引发故障的原因虽然我们不能完全控制，但是我们可以通过日常的检查和定期的维护来消除多种隐患，把故障率降到最低。故障后果轻的可能造成设备的停机，影响生产的数量；重的可能造成财产损失和人员伤亡，如果是一些特殊的控制对象，一旦出现故障可能会引发更严重的后果。

对于维护人员来说最重要的是找到故障的原因，迅速排除故障，尽快恢复系统的运行。对于系统设计人员来说，在设计时要考虑到故障发生后系统的自我保护措施，力争使故障的停机时间最短，损失最小。

一般 PLC 的故障主要由外部故障或内部错误造成。外部故障由外部传感器或执行机构的故障等引发 PLC 产生故障，可能会使整个系统停机，甚至烧坏 PLC。

FX5U 的诊断包含传感器设备诊断、模块诊断（CPU 诊断）、以太网诊断、CC-Link 诊断、简单 CPU 诊断和 MELSECENT 诊断等，但并不是所有的诊断都处于可用的状态，例如如果没有配置 CC-Link 通信，就处于不可用的状态。以下简要介绍模块诊断（CPU 诊断）。

模块诊断（CPU 诊断）用来检测 PLC 是否出错、扫描周期时间以及运行 / 中止状态等相关信息。其操作步骤是：在编程界面中点击"诊断"→"模块诊断（CPU 诊断）"，弹出如图 5-57 所示的对话框，诊断结束，单击"关闭"按钮即可。

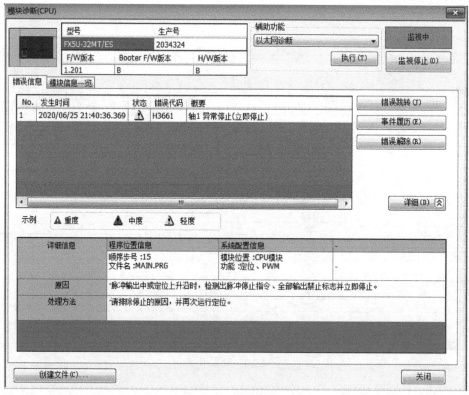

图 5-57　PLC 诊断

第2篇

应用精通篇

第6章 ▶▶
三菱FX5U PLC 的通信及其应用

本章介绍 FX5U PLC 的通信基础知识，并用实例介绍 FX5U PLC 的简易 PLC 间链接通信；FX5U PLC 与 S7-200 SMART PLC 的无顺序通信功能；FX5U PLC 与变频器之间的通信；FX5U PLC 与分布式模块之间的 CC-Link 通信。

6.1 通信基础知识

PLC 的通信包括 PLC 与 PLC 之间的通信、PLC 与上位计算机之间的通信以及和其他智能设备之间的通信。PLC 与 PLC 之间通信的实质就是计算机的通信，使得众多独立的控制任务构成一个控制工程整体，形成模块控制体系。PLC 与计算机连接组成网络，将 PLC 用于控制工业现场，计算机用于编程、显示和管理等任务，构成"集中管理、分散控制"的分布式控制系统（DCS）。

6.1.1 通信的基本概念

通信相关概念

（1）串行通信与并行通信

串行通信和并行通信是两种不同的数据传输方式。

串行通信就是通过一对导线将发送方与接收方进行连接，传输数据的每个二进制位，按照规定顺序在同一导线上依次发送与接收，如图 6-1 所示。例如，常用的优盘 USB 接口就是串行通信接口。串行通信的特点是通信控制复杂，通信电缆少，因此与并行通信相比，成本低。

并行通信就是将一个 8 位数据（或 16 位、32 位）的每一个二进制位采用单独的导线进行传输，并将传送方和接收方进行并行连接，一个数据的各二进制位可以在同一时间内一次传送，如图 6-2 所示。例如，老式打印机的打印口和计算机的通信就是并行通信。并行通信的特点是一个周期里可以一次传输多位数据，其连线的电缆多，因此长距离传送时成本高。

（2）异步通信与同步通信

异步通信与同步通信也称为异步传送与同步传送，这是串行通信的两种基本信息传送方式。从用户的角度上说，两者最主要的区别在于通信方式的"帧"不同。

图 6-1 串行通信   图 6-2 并行通信

异步通信方式又称起止方式。它在发送字符时，要先发送起始位，然后是字符本身，最后是停止位，字符之后还可以加入奇偶校验位。异步通信方式具有硬件简单、成本低的特点，主要用于传输速率低于 19.2kbit/s 以下的数据通信。

同步通信方式在传递数据的同时，也传输时钟同步信号，并始终按照给定的时刻采集数据。其传输数据的效率高，硬件复杂，成本高，一般用于传输速率高于 20kbit/s 以上的数据通信。

（3）单工、全双工与半双工

单工、全双工与半双工是通信中描述数据传送方向的专用术语。

① 单工（simplex）：指数据只能实现单向传送的通信方式，一般用于数据的输出，不可以进行数据交换，如图 6-3 所示。

图 6-3 单工通信

② 全双工（full duplex）：也称双工，指数据可以进行双向数据传送，同一时刻既能发送数据，也能接收数据，如图 6-4 所示。通常需要两对双绞线连接，通信线路成本高。例如，RS-422 就是"全双工"通信方式。

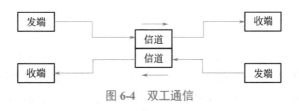

图 6-4 双工通信

③ 半双工（half duplex）：指数据可以进行双向数据传送，同一时刻，只能发送数据或者接收数据，如图 6-5 所示。通常需要一对双绞线连接，与全双工相比，通信线路成本低。例如，RS-485 只用一对双绞线时就是"半双工"通信方式。

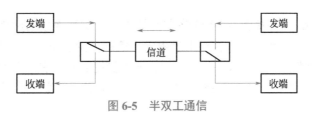

图 6-5 半双工通信

6.1.2 PLC 网络的术语解释

常见网络设备
与拓扑结构

PLC 网络中的名词、术语很多，现将常用的予以介绍。

① 站（station）：在 PLC 网络系统中，将可以进行数据通信、连接外部输入 / 输出的物理设备称为"站"。例如，由 PLC 组成的网络系统中，每台 PLC 可以是一个"站"。

② 主站（master station）：PLC 网络系统中进行数据连接的系统控制站，主站上设置了控制整个网络的参数，每个网络系统只有一个主站，站号实际就是 PLC 在网络中的地址。

③ 从站（slave station）：PLC 网络系统中，除主站外，其他的站称为"从站"。

④ 远程设备站（remote device station）：PLC 网络系统中，能同时处理二进制位、字的从站。

⑤ 本地站（local station）：PLC 网络系统中，带有 CPU 模块并可以与主站以及其他本地站进行循环传输的站。

⑥ 站数（number of station）：PLC 网络系统中，所有物理设备（站）所占用的"内存站数"的总和。

⑦ 网关（gateway）：又称网间连接器、协议转换器。网关在传输层上以实现网络互联，是最复杂的网络互联设备，仅用于两个高层协议不同的网络互联。如图 6-6 所示，CPU1511-1PN 通过工业以太网，把信息传送到 IE/PB LINK 模块，再传送到 PROFIBUS 网络上的 IM155-5 DP 模块，IE/PB LINK 通信模块用于不同协议的互联，它实际上就是网关。

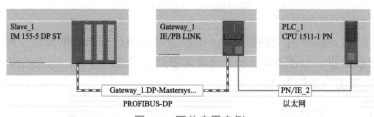

图 6-6　网关应用实例

⑧ 中继器（repeater）：用于网络信号放大、调整的网络互联设备，能有效延长网络的连接长度。例如，PPI 的正常传送距离是不大于 50m，经过中继器放大后，可传输超过 1km，应用实例如图 6-7 所示，PLC 通过 MPI 或者 PPI 通信时，传送距离可达 1100m。

图 6-7　中继器应用实例

⑨ 路由器（router，转发者）：所谓路由就是指通过相互连接的网络把信息从源地点移动到目标地点的活动。一般来说，在路由过程中，信息至少会经过一个或多个中间节点。路由器是互联网的主要节点设备。如图 6-8 所示，如果要把 PG/PC 的程序从 CPU1211C 下载到 CPU313C-2DP 中，必然要经过 CPU1516-3PN/DP 这个节点，这实际就用到了 CPU1516-3PN/DP 的路由功能。

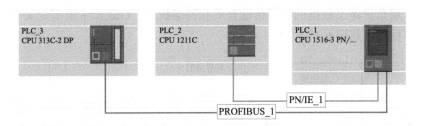

图 6-8 路由功能应用实例

⑩ 交换机（switch）：交换机是为了解决通信阻塞而设计的，它是一种基于 MAC 地址识别，能完成封装转发数据包功能的网络设备。交换机可以"学习"MAC 地址，并把其存放在内部地址表中，通过在数据帧的始发者和目标接收者之间建立临时的交换路径，使数据帧直接由源地址到达目的地址。如图 6-9 所示，交换机（ESM）将触摸屏（HMI）、PLC 和个人计算机（PC）连接在工业以太网的一个网段中。

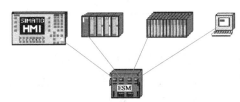

图 6-9 交换机应用实例

⑪ 网桥（bridge）：也叫桥接器，是连接两个局域网的一种存储 / 转发设备，它能将一个大的 LAN 分割为多个网段，或将两个以上的 LAN 互联为一个逻辑 LAN，使 LAN 上的所有用户都可访问服务器。网桥将网络的多个网段在数据链路层连接起来，网桥的应用如图 6-10 所示。西门子的 DP/PA Coupler 模块就是一种网桥。

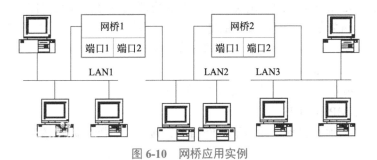

图 6-10 网桥应用实例

6.1.3 OSI 参考模型

通信网络的核心是 OSI（open system interconnection，开放系统互连）参考模型。1984 年，国际标准化组织（ISO）提出了开放系统互连的 7 层模型，即 OSI 模型。该模型自下而上分为：物理层、数据链路层、网络层、传输层、会话层、表示层和应用层。

OSI 的上 3 层通常称为应用层，用来处理用户接口、数据格式和应用程序

OSI 参考模型

的访问。下 4 层负责定义数据的物理传输介质和网络设备。OSI 参考模型定义了大多数协议栈共有的基本框架，如图 6-11 所示。

图 6-11 信息在 OSI 模型中的流动形式

① 物理层（physical layer）：定义了传输介质、连接器和信号发生器的类型，规定了物理连接的电气、机械功能特性，如电压、传输速率、传输距离等特性。建立、维护、断开物理连接。典型的物理层设备有集线器（hub）和中继器等。

② 数据链路层（data link layer）：确定传输站点物理地址以及将消息传送到协议栈，提供顺序控制和数据流向控制。其具有建立逻辑连接、进行硬件地址寻址、差错校验等功能（由底层网络定义协议）。典型的数据链路层的设备有交换机和网桥等。

③ 网络层（network layer）：进行逻辑地址寻址，实现不同网络之间的路径选择。协议有：ICMP、IGMP、IP（IPv4，IPv6）、ARP、RARP。典型的网络层设备是路由器。

④ 传输层（transport layer）：定义传输数据的协议端口号，以及流控和差错校验。协议有：TCP、UDP。网关是互联网设备中最复杂的，它是传输层及以上层的设备。

⑤ 会话层（session layer）：建立、管理、终止会话。

⑥ 表示层（presentation layer）：数据的表示、安全、压缩。

⑦ 应用层（application）：网络服务与最终用户的一个接口。协议有：HTTP、FTP、TFTP、SMTP、SNMP 和 DNS 等。

数据经过封装后通过物理介质传输到网络上，接收设备除去附加信息后，将数据上传到上层堆栈层。

【例 6-1】

学校有一台计算机，QQ 可以正常登录。可是网页打不开（HTTP），问故障在物理层还是其他层？插拔网线是否可以解决问题？

【解】 如果是物理层断开，则 QQ 也不能正常登录，所以问题出在非物理层，物理层是通畅的。网线属于物理层，而物理层没有故障，所以插拔网线不能解决问题。

6.2 现场总线概述

6.2.1 现场总线的概念

（1）现场总线的诞生

现场总线是 20 世纪 80 年代中后期在工业控制中逐步发展起来的。计算机技术的发展为现场总线的诞生奠定了技术基础。

另一方面，智能仪表也出现在工业控制中。智能仪表的出现为现场总线的诞生奠定了应用基础。

现场总线介绍

（2）现场总线的概念

国际电工委员会（IEC）对现场总线（fieldbus）的定义为：一种应用于生产现场，在现场设备之间、现场设备和控制装置之间，实行双向、串行、多节点的数字通信网络。

现场总线的概念有广义与狭义之分。狭义的现场总线就是指基于 EIA485 的串行通信网络。广义的现场总线泛指用于工业现场的所有控制网络。广义的现场总线包括狭义现场总线和工业以太网。

6.2.2 主流现场总线的简介

1984 年国际电工技术委员会 / 国际标准协会（IEC/ISA）就开始制定现场总线的标准，然而统一的标准至今仍未完成。很多公司推出其各自的现场总线技术，但彼此的开放性和互操作性难以统一。

经过 12 年的讨论，终于在 1999 年年底通过了 IEC 61158 现场总线标准，这个标准容纳了 8 种互不兼容的总线协议。后来又经过不断讨论和协商，在 2003 年 4 月，IEC 61158 Ed.3 现场总线标准第 3 版正式成为国际标准，确定了 10 种不同类型的现场总线为 IEC 61158 现场总线。2007 年 7 月，第 4 版现场总线增加到 20 种，见表 6-1。

表 6-1　IEC 61158 的现场总线

类型编号	名称	发起的公司
Type 1	TS61158 现场总线	原来的技术报告
Type 2	ControlNet 和 Ethernet/IP 现场总线	美国 Rockwell 公司
Type 3	PROFIBUS 现场总线	德国 Siemens 公司
Type 4	P-NET 现场总线	丹麦 Process Data 公司
Type 5	FF HSE 现场总线	美国 Fisher Rosemount 公司
Type 6	SwiftNet 现场总线	美国波音公司
Type 7	World FIP 现场总线	法国 Alstom 公司
Type 8	INTERBUS 现场总线	德国 Phoenix Contact 公司
Type 9	FF H1 现场总线	现场总线基金会

续表

类型编号	名称	发起的公司
Type 10	PROFINET 现场总线	德国 Siemens 公司
Type 11	TC net 实时以太网	
Type 12	Ether CAT 实时以太网	德国倍福
Type 13	Ethernet Powerlink 实时以太网	最大的贡献来自于 Alstom
Type 14	EPA 实时以太网	中国浙大、沈阳所等
Type 15	MODBUS RTPS 实时以太网	施耐德
Type 16	SERCOS Ⅰ、Ⅱ现场总线	数字伺服和传动系统数据通信，力士乐
Type 17	VNET/IP 实时以太网	法国 Alstom 公司
Type 18	CC-Link 现场总线	三菱电机公司
Type 19	SERCOS Ⅲ现场总线	数字伺服和传动系统数据通信，力士乐
Type 20	HART 现场总线	Rosemount 公司

6.2.3 现场总线的特点

① 系统具有开放性和互用性。
② 系统功能自治性。
③ 系统具有分散性。
④ 系统具有对环境的适应性。

6.2.4 现场总线的现状

① 多种现场总线并存。
② 各种总线都有其应用的领域。
③ 每种现场总线都有其国际组织和支持背景。
④ 多种总线已成为国家和地区标准。
⑤ 一个设备制造商通常参与多个总线组织。
⑥ 各个总线彼此协调共存。

6.2.5 现场总线的发展

现场总线技术是控制、计算机和通信技术的交叉与集成，几乎涵盖了连续和离散工业领域，如过程自动化、制造加工自动化、楼宇自动化、家庭自动化等。它的出现和快速发展体现了控制领域对降低成本、提高可靠性、增强可维护性和提高数据采集智能化的要求。现场总线技术的发展趋势体现在以下四个方面。

① 统一的技术规范与组态技术是现场总线技术发展的一个长远目标。

② 现场总线系统的技术水平将不断提高。

③ 现场总线的应用将越来越广泛。

④ 工业以太网技术将逐步成为现场总线技术的主流。

6.3　三菱 FX5U PLC 的简易 PLC 间链接及其应用

6.3.1　功能概要

FX5U PLC 的简易 PLC 间链接及其应用

简易 PLC 间链接也叫 N：N 网络通信，使用此通信网络通信，PLC 能链接成一个小规模的系统数据。简易 PLC 间链接只需要进行简单配置，无需编写程序就可以实现 PLC 之间的通信，其功能如下。

① 根据要链接的点数，有 3 种模式可以选择：模式 0、模式 1 和模式 2。

② 在最多 8 台 FX5 可编程控制器或 FX3 可编程控制器之间自动更新数据链接。

③ 总延长距离最长为 1200m（仅限全部由 FX5-485ADP 构成时），内置 RS-485 和通信板的最大传输距离为 50m。

④ 对于链接用内部继电器（M）、数据寄存器（D），FX5 可以分别设定起始软元件编号。

简易 PLC 间链接的通信示意图如图 6-12 所示。以下对此图进行说明。

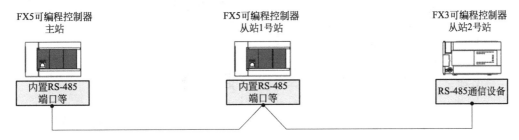

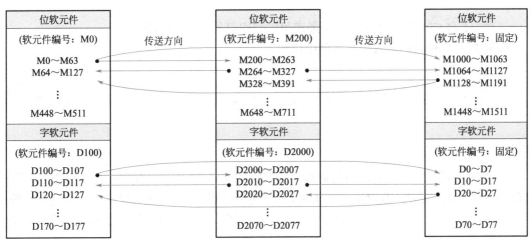

图 6-12　简易 PLC 间链接的通信示意图

① 在图 6-12 中有三个站，主站地址为 0，从站 1 地址为 1，从站 2 地址为 2，地址可以在硬件中配置，地址不能重复，是唯一的。

② 对于 FX5 系列 PLC 的位元件编号是可以根据需要修改的，如主站中的 M0 可以修改，但是对于 FX3 系列 PLC 的位元件编号是不能修改的，如 M1000 的定义是固定的。

③ 0 号站的 M0 ~ M63 自动传送到从站 1 的 M200 ~ M263，从站 1 的 M264 ~ M327 自动送到主站 0 的 M64 ~ M127。

④ 对于 FX5 系列 PLC 的字元件编号是可以根据需要修改的，如主站中的 D100 可以修改，但是对于 FX3 系列 PLC 的字元件编号是不能修改的，如 D0 的定义是固定的。

⑤ 0 号站的 D100 ~ D107 自动传送到从站 2 的 M200 ~ M263，从站 2 的 D20 ~ D27 自动送到主站 0 的 D120 ~ D127。

理解这些规则对于编写程序至关重要。

6.3.2 系统构成

简易 PLC 间链接的通信端口可以使用内置 RS-485 端口、通信板、通信适配器。串行口的分配不受系统构成的影响，其通道的编号是固定的，如图 6-13 所示。内置 RS-485 固定为通道 1，通信板固定为通道 2，通信适配器编号离 CPU 模块近的为通道 3，远离 CPU 的通道号依次增加。

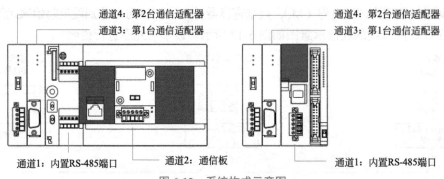

图 6-13 系统构成示意图

注意： 1 台 CPU 模块中仅限 1 个通道可以使用简易 PLC 间链接。

简易 PLC 间链接的配置将在实例中讲解。

6.3.3 FX5U PLC 的简易 PLC 间链接应用案例

【例 6-2】

有 2 台 FX5U-32MT 可编程控制器，其连线如图 6-14 所示，其中一台作为主站，另一台作为从站，当主站的 X0 接通后，从站的 Y2 控制的灯，以 1s 为周期闪烁，主站 X0 断开后从站 Y2 熄灭。从站的 X0 闭合后，主站的 Y2 灯亮，从站 X0 断开后主站 Y2 熄灭，要求设计方案。

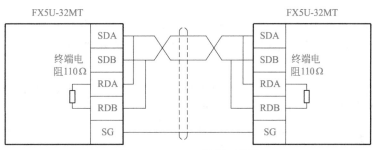

图 6-14　RS-485 半双工连线

【解】　硬件配置非常重要，硬件配置完成后，把硬件配置下载到 CPU 模块中，实际主站和从站就建立了有效的通信。以下介绍硬件配置的方法。

（1）主站的硬件配置过程

① 选择通信协议。在导航窗口，选择"参数"→"FX5UCPU"→"模块参数"→"485 串口"，选择"简易 PLC 间链接"协议，如图 6-15 所示。

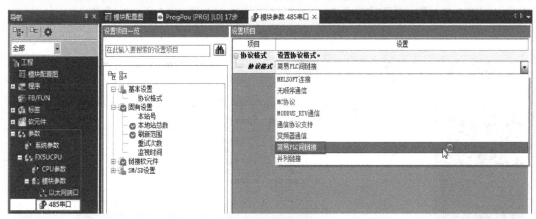

图 6-15　选择通信协议

② 固有设置。实际就是通信站的站地址设置，如图 6-16 所示。

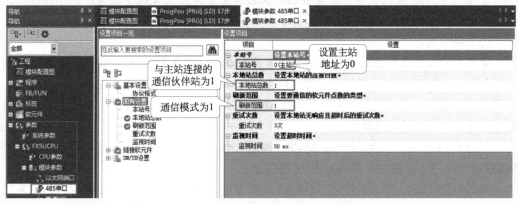

图 6-16　固有设置

③ 设置软元件起始编号。软元件的起始编号包含字软元件编号和位软元件编号，实际就是用于数据传输的存储空间，这是非常重要的，如图 6-17 所示。

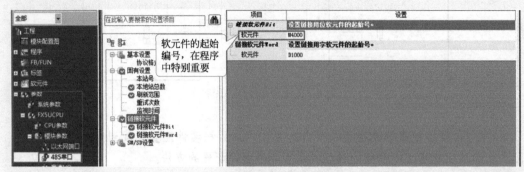

图 6-17　设置软元件的起始编号

（2）从站的硬件配置过程

① 选择通信协议。在导航窗口，选择"参数"→"FX5UCPU"→"模块参数"→"485 串口"，选择"简易 PLC 间链接"协议，与图 6-15 所示的类似。

② 固有设置。实际就是通信站的站地址设置，如图 6-18 所示。

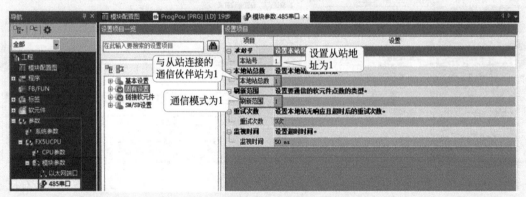

图 6-18　固有设置

③ 设置软元件起始编号。软元件的起始编号包含字软元件编号和位软元件编号，实际就是用于数据传输的存储空间，这是非常重要的，与图 6-17 所示一样。

（3）编写程序

由于主站和从站的位软元件的起始编号是 M4000（图 6-17），而通信模式采用的是模式 1（图 6-16 和图 6-18）所以主站的 M4000 ～ M4063 传送到从站的 M4000 ～ M4063，而从站的 M4064 ～ M4127 传送到主站的 M4064 ～ M4127，这个过程是自动完成，无需编写程序（硬件配置实现通信）。

如图 6-19 所示，当 X0 接通，M4000 线圈上电，信号送到从站。如图 6-20，从站的 M4000 闭合，Y2 控制的灯作周期为 1s 的闪烁。

如图 6-20 所示，当 X0 接通，M4063 线圈上电，信号送到主站。如图 6-19，主站的 M4063 闭合，Y2 控制的灯常亮。

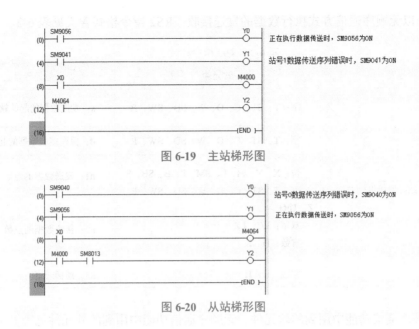

图 6-19 主站梯形图

图 6-20 从站梯形图

6.4 三菱 FX5U PLC 与西门子 S7-200 SMART 的无顺序通信功能及其应用

6.4.1 无顺序通信功能基础

（1）无顺序通信功能的概念

无顺序通信功能顾名思义，过去称为"无协议通信"，就是没有标准的通信协议，用户可以自己规定协议，但并非没有协议，有的 PLC 称之为"自由口"通信协议。

FX5U PLC 与
S7-200SMART
的无顺序通信

无顺序通信功能的功能主要是执行与打印机、条形码阅读器、变频器或者其他品牌的 PLC 等第三方设备进行无顺序通信功能。在 FX5 系列 PLC 中使用 RS 或者 RS2 指令执行该功能，其中 RS2 是 FX5U 可编程控制器的专用指令，通过指定通道，可以同时执行 2 个通道的通信。

下面详细介绍一下无顺序通信功能。

① 无顺序通信功能数据的点数允许最多发送 4096，最多接收 4096 点数据，但发送和接收的总数据量不能超过 8000 点。

② 采用无协议方式，连接支持串行设备，可实现数据的交换通信。

③ 使用 RS-232C 接口时，通信距离一般不大于 15m；使用 RS-485 适配器端口时，通信距离一般不大于 1200m，但若使用通信板模块和内置 RS-485 端口时，最大通信距离是 50m。

（2）无顺序通信功能简介

① RS2 指令格式。RS2 由 CPU 模块的内置 RS-485 或安装于 CPU 模块上的通信板、通

信适配器，以无顺序通信方式执行数据的发送接收。RS2 指令格式含义见表 6-2。

表 6-2　RS2 指令格式含义

梯形图	软元件	软元件含义
	字：T、ST、C、D、W、SD、SW、R	s：发送数据的起始软元件
	字：T、ST、C、D、W、SD、SW、R	d：保存接收数据的起始软元件
—[RS2 (s) (n1) (d) (n2) (n3)]—	位：X、Y、M、L、SM、F、B、SB、S 字：T、ST、C、D、W、SD、SW、R、 Z、U\G 双字：LC、LZ 常数：H、K	n1：发送数据的点数
		n2：接收数据的点数
	常数：K、H	n3：通信通道

② 无顺序通信功能中用到的软元件。无顺序通信功能中用到的软元件见表 6-3。

表 6-3　无顺序通信功能中用到的软元件

元件编号	名称	内容	属性
SM8561	发送请求	置位后，开始发送	读 / 写
SM8562	接收结束标志	接收结束后置位，此时不能再接收数据，必须人工复位	读 / 写
SM8161	8 位处理模式	在 16 位和 8 位数据之间切换接收和发送数据，为 ON 时为 8 位模式，为 OFF 时为 16 位模式	写

6.4.2　三菱 FX5U PLC 与西门子 S7-200 SMART PLC 之间的无顺序通信案例

除了 FX5 PLC 之间可以进行无顺序通信，FX5 PLC 还可以与其他品牌的 PLC、变频器、仪表和打印机等进行通信，要完成通信，这些设备应有 RS-232C 或者 RS-485 等形式的串口。西门子 S7-200 SMART PLC 与三菱的 FX5 系列 PLC 通信时，采用无顺序通信，但西门子公司称这种通信为"自由口通信功能"，实际上内涵是一样的。

以下以 CPU ST40 与三菱 FX5U-32MR 无顺序通信为例，讲解 FX5 PLC 与其他品牌 PLC 之间的无顺序通信。

【例 6-3】

有两台设备，设备 1 的控制器是 CPU ST40，设备 2 的控制器是 FX5U-32MR，两者之间为无顺序通信，实现设备 1 的 I0.0 启动设备 2 的电动机，设备 1 的 I0.1 停止设备 2 的电动机的转动，请设计解决方案。

【解】 （1）主要软硬件配置

① 1 套 STEP 7-Micro/WIN SMART V2.4 和 GX Works3。

② 1 台 CPU ST40 和 1 台 FX5U-32MR。

③ 1 根屏蔽双绞电缆（含 1 个网络总线连接器）。

④ 1 根网线电缆。

两台 CPU 的接线如图 6-21 所示。

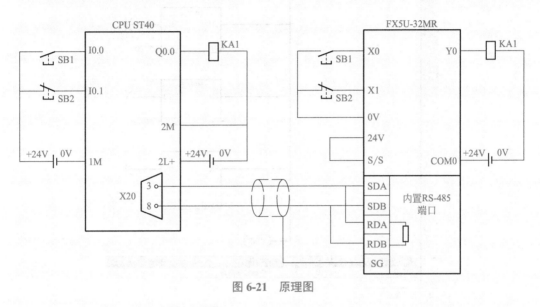

图 6-21　原理图

关键点

网络的正确接线至关重要，具体有以下几方面。

① CPU ST40 的 X20 口可以进行自由口通信，其 9 针的接头中，1 号引脚接地，3 号引脚为 RXD+/TXD+（发送 +/ 接收 +）公用，8 号引脚为 RXD-/TXD-（发送 -/ 接收 -）公用。

② 由于 CPU ST40 只能与一对双绞线相连，因此 FX5U-32MR 内置的 RS-485 通道的 RDA（接收 +）和 SDA（发送 +）短接，SDB（接收 -）和 RDB（发送 -）短接。

③ 由于本例采用的是 RS-485 通信，所以两端需要接终端电阻，均为 110Ω，CPU ST40 端未画出（由于和 X20 相连的网络连接器自带终端电阻），若传输距离较近时，终端电阻可不接入。

（2）编写 CPU ST40 的程序

CPU ST40 中的主程序如图 6-22 所示，子程序如图 6-23 所示，中断程序如图 6-24 所示。

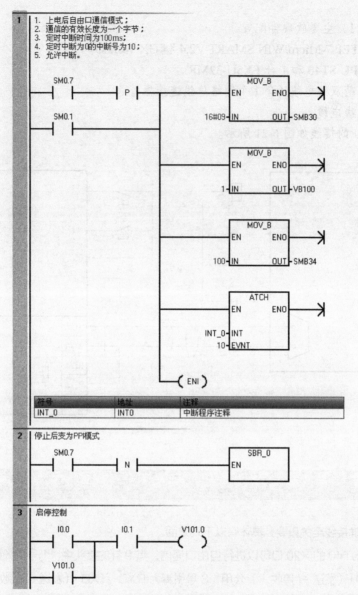

图 6-22 主程序

图 6-23 子程序　　　　　　　　　图 6-24 中断程序

関键点 · · · · · · · ·

　　自由口通信每次发送的信息最少是一个字节，本例中将启停信息存储在 VB101 的 V101.0 位发送出去。VB100 存放的是发送有效数据的字节数。

（3）FX5U-32MR 的硬件配置与程序编写

① FX5U-32MR 的硬件配置过程。

a. 选择通信协议。在导航窗口，选择"参数"→"FX5UCPU"→"模块参数"→"485 串口"，选择"无顺序通信"协议，如图 6-25 所示。

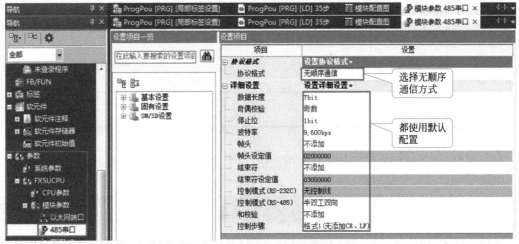

图 6-25　选择通信协议

b. 固有设置。固有设置使用默认值，如图 6-26 所示。

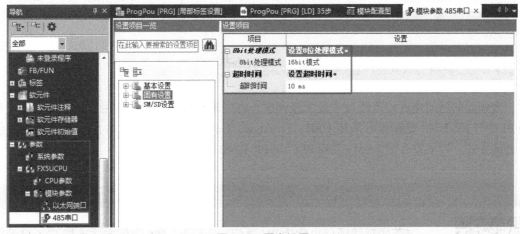

图 6-26　固有设置

② 编写 FX5U-32MR 的程序。

FX5U-32MR 中的程序如图 6-27 所示。从 S7-200 SMART 发送来的数据存在 D200 的第 0 位中。M100 闭合，激活发送请求 SM8561，信息从 D100 发送到 S7-200 SMART，发送完成后 SM8561 自动复位，不需要程序复位。FX5U 接收完成后，接收标志 SM8562 闭合，将 SM8562 复位，SM8562 需要程序复位。

实现不同品牌 PLC 的通信，确实比较麻烦，要求读者对两种品牌 PLC 的通信都比较熟悉。其中有两个关键点，一是读者一定要把通信线连接正确，二是与自由口（或者无顺序）通信的相关指令必须要弄清楚，否则通信是很难成功的。

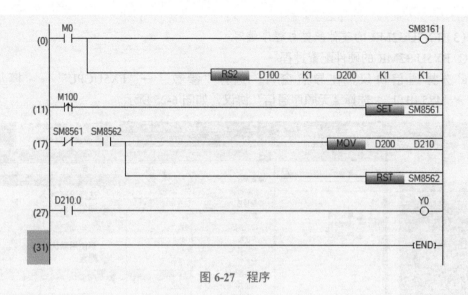

图 6-27 程序

关键点 · · · · · · · · ·

　　以上的程序是单向传递数据，即数据只从 CPU ST40 传向 FX5U-32MR，因此程序相对而言比较简单，若要数据双向传递，则必须注意 RS-485 通信是半双工的，编写程序时要保证在同一时刻同一个站点只能接收或者发送数据。

6.5　三菱 FX5U PLC 与变频器的通信及其应用

　　变频器的通信速度给定既可实现无级调速，也可实现自动控制，应用灵活方便。FX5 系列 PLC 与 FR-E740 变频器可采用 USB、Profibus、Devicenet、MODBUS 协议和变频器通信等通信方式。以下将介绍 FX5U 系列 PLC 与 FR-E740 的变频器通信。

6.5.1　变频器通信简介

FX5U PLC 与变频器的通信及其应用

　　三菱变频器通信也称为 PU 通信，是以 RS-485 通信方式连接 FX5 可编程控制器与变频器，最多可以对 16 台变频器进行运行监控（FX3 之前的 PLC 最多连接 8 台变频器），如 FX5U 通过 FX5U 内置的 RS-485 接口（通信板和通信适配器）与 E700 变频器的 PU 接口连接，进而监控变频器，示意图如图 6-28 所示。

　　适用变频器类型。FX5 系列 PLC 的变频器通信支持的变频器有 F800、A800、F700、EJ700、A700、E700、D700、IS70、V500、F500、A500、E500 和 S500（带通信功能）系列。

　　通信距离。使用 FX5-485ADP 适配器时，总延长距离最长为 1200m。使用通信板、内置 RS-485 端口、FX5-485-BD 时，总延长距离最长为 50m。

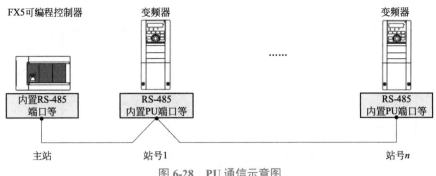

图 6-28　PU 通信示意图

6.5.2　三菱 FX5U PLC 与变频器通信的应用案例

以下用一个例子介绍变频器通信的应用。

【例 6-4】

有 1 台 FX5U-32MT 和 FR-E740 变频器，采用变频器通信，要求实现正反转，正转频率为 25Hz，反转频率为 35Hz，要求编写此控制程序。

【解】　（1）主要软硬件配置
① 1 套 GX Works3。
② 1 台 FX5U-32MT。
③ 1 根网线电缆。
④ 1 台 FR-E740 变频器。
变频器 PU 接口端子定义见表 6-4。

表 6-4　变频器 PU 接口端子定义

PU 接口	插针编号	名称	含义
变频器主机(插座一侧)正视图 8 1 组合式插座	1	SG	接地
	2	—	参数单元电源
	3	RDA	变频器接收 +
	4	SDB	变频器发送 −
	5	SDA	变频器发送 +
	6	RDB	变频器接收 −
	7	SG	接地
	8	—	参数单元电源

原理图如图 6-29 所示。

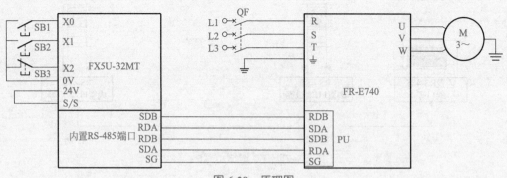

图 6-29　原理图

（2）设置变频器的参数

变频器的参数见 6-5。

表 6-5　变频器的参数

序号	参数编号	参数项目	设定值	设定内容
1	Pr117	RS-485 通信站号	1	最多可以连接 16 台
2	Pr118	RS-485 通信速度（波特率）	192	19200bit/s（标准）
3	Pr119	RS-485 通信停止位长度	10	数据长度：7 位 / 停止位：1 位
4	Pr120	RS-485 通信奇偶校验	2	2：偶校验
5	Pr123	设定 RS-485 通信的等待时间	9999	在通信数据中设定
6	Pr124	选择 RS-485 通信 CR，LF	1	CR：有；LF：无
7	Pr79	选择运行模式	0	上电时外部运行模式
8	Pr549	选择协议	0	三菱变频器（计算机链接）协议
9	Pr340	选择通信启动模式	1	1：网络运行模式 10：网络运行模式 PU 运行模式和网络运行模式可以通过操作面板进行更改

（3）相关指令介绍

与变频器控制相关的指令有 IVCK、IVDR、IVRD、IVWR、IVBWR 和 IVMC 等，指令格式如图 6-30 所示。

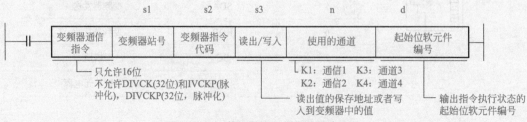

图 6-30　与变频器控制相关的指令格式

图 6-30 所示中的指令说明见表 6-6。

表 6-6　变频器通信指令说明

指令	功能	控制方向
IVCK（FNC270）	变频器的运行监视	可编程控制器← INV
IVDR（FNC271）	变频器的运行控制	可编程控制器→ INV
IVRD（FNC272）	读出变频器的参数	可编程控制器← INV
IVWR（FNC273）	写入变频器的参数	可编程控制器→ INV
IVBWR（FNC274）	变频器参数的成批写入	可编程控制器→ INV
IVMC（FNC275）	变频器的多个命令	可编程控制器→ INV

变频器指令中的指令代码见表 6-7。

表 6-7　变频器指令中的指令代码

S2·变频器指令代码（16 进制数）	读出内容	对应变频器				
		F800，A800，F700，EJ700，A700，E700	V500	F500，A500	E500	S500
H7B	运行模式	○	○	○	○	○
H6F	输出频率［旋转数］	○	○	○	○	○
H70	输出电流	○	○	○	○	○
H71	输出电压	○	○	○	○	−
H72	特殊监控	○	○	○	—	—
H73	特殊监控的选择编号	○	○	○	—	—
H74	异常内容	○	○	○	○	○
H75	异常内容	○	○	○	○	○
H76	异常内容	○	○	○	○	—
H77	异常内容	○	○	○	○	—
H79	变频器状态监控（扩展）	○	—	—	—	—
H7A	变频器状态监控	○	○	○	○	○
H6E	读出设定频率（EEPROM）	○	○	○	○	○
H6D	读出设定频率（RAM）	○	○	○	○	○
H7F	链接参数的扩展设定	在本指令中，不能用 S2·给出指令 在 IVRD 指令中，通过指定「第 2 参数指定代码」会自动处理				
H6C	第 2 参数的切换					

变频器指令中的运行指令代码见表 6-8。

表 6-8　变频器指令中的运行指令代码

变频器指令代码（16 进制数）	写入内容	对应变频器								
		F800	A800	F700PJ	F700P	A700	E700	E700EX	D700	V500
HFB	运行模式	√	√	√	√	√	√	√	√	√
HF3	特殊监控的选择 No.	√	√	√	√	√	√	√	√	√
HF9	运行指令（扩展）	√	√	√	√	√	√	√	√	√
HFA	运行指令	√	√	√	√	√	√	√	√	√
HED	写入设定频率（RAM）	√	√	√	√	√	√	√	√	√
HEE	写入设定频率（EEPROM）	√	√	√	√	√	√	√	√	√
HFD	变频器复位	√	√	√	√	√	√	√	√	√
HF4	异常内容的成批清除	√	√	√	√	√	√	√	√	√
HFC	参数的清除全部清除	√	√	√	√	√	√	√	√	√
HFF	链接参数的扩展设定	√	√	√	√	√	√	√	√	√

（4）硬件配置

硬件配置至关重要，在导航窗口，选择"参数"→"FX5UCPU"→"模块参数"→"485 串口"，选择"变频器通信"协议，如图 6-31 所示。详细设置的参数要与变频器中设置的参数匹配，如通信不成功，请读者首先检查硬件配置的参数与变频器设置的参数是否匹配。

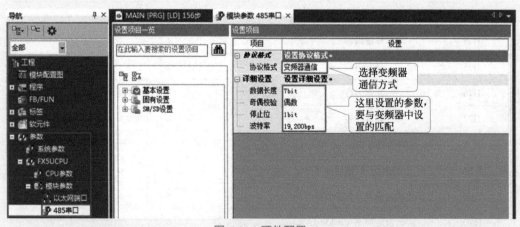

图 6-31　硬件配置

（5）编写程序

编写控制程序如图 6-32 所示。

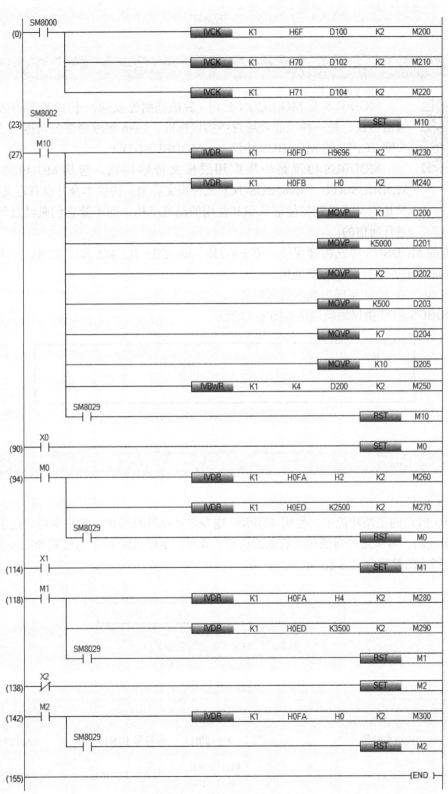

图 6-32 梯形图

6.6 三菱FX5U PLC与条形扫码器的MODBUS通信及其应用

6.6.1 MODBUS通信简介

**FX5U PLC 与
条形扫码器的
MODBUS 通信**

MODBUS 是 MODICON 公司（后被施耐德收购）于 1979 年开发的一种通信协议，是一种工业现场总线协议标准。1996 年施耐德公司推出了基于以太网 TCP/IP 的 MODBUS 协议——MODBUST-TCP。

MODBUS 协议是一项应用层报文传输协议，包括 MODBUS-ASCII、MODBUS-RTU、MODBUS-TCP 三种报文类型，协议本身并没有定义物理层，只是定义了控制器能够认识和使用的消息结构，而不管它们是经过何种网络进行通信的。

标准的 MODBUS 协议物理层接口有 RS-232、RS-422、RS-485 和以太网口。串行通信采用 Master/Slave（主 / 从）方式通信。

MODBUS 在 2004 年成为我国国家标准。

MODBUS-RTU 协议的帧规格如图 6-33 所示。

地址字段	功能代码	数据	出错检查 （CRC）
1个字节	1个字节	0~252个字节	2个字节

图 6-33　MODBUS-RTU 协议的帧规格

6.6.2 三菱FX5U PLC与条形扫码器的MODBUS通信应用案例

（1）FX5U PLC 的 MODBUS 指令

FX5U PLC 的主站功能中，使用 ADPRW 指令与从站进行通信。该指令可通过主站所对应的功能代码，与从站进行通信（数据的读取 / 写入）。ADPRW 指令的格式如图 6-34 所示。ADPRW 指令的参数含义见表 6-9。

图 6-34　ADPRW 指令的格式

表 6-9　ADPRW 指令的参数含义

操作数	内容	范围	数据类型	数据类型（标签）
（s1）	从站本站号	0 ～ 20H	带符号 BIN16 位	ANY16
（s2）	功能代码	01H ～ 06H、 0FH、10H	带符号 BIN16 位	ANY16
（s3）	与功能代码相应的功能参数	0 ～ FFFFH	带符号 BIN16 位	ANY16

续表

操作数	内容	范围	数据类型	数据类型（标签）
（s4）	与功能代码相应的功能参数	1 ～ 2000	带符号 BIN16 位	ANY16
（s5）/（d1）	与功能代码相应的功能参数		位 / 带符号 BIN16 位	ANY_ELEMENTARY
（d2）	输出通信执行状态的起始位软元件编号		位	ANYBIT_ARRAY

FX5U 所对应的 MODBUS 标准功能见表 6-10。

表 6-10　FX5U 所对应的 MODBUS 标准功能

功能代码	功能名	详细内容	1 个报文可访问的软元件数
01H	线圈读取	线圈读取（可以多点）	1 ～ 2000 点
02H	输入读取	输入读取（可以多点）	1 ～ 2000 点
03H	保持寄存器读取	保持寄存器读取（可以多点）	1 ～ 125 点
04H	输入寄存器读取	输入寄存器读取（可以多点）	1 ～ 125 点
05H	1 线圈写入	线圈写入（仅 1 点）	1 点
06H	1 寄存器写入	保持寄存器写入（仅 1 点）	1 点
0FH	多线圈写入	多点的线圈写入	1 ～ 1968 点
10H	多寄存器写入	多点的保持寄存器写入	1 ～ 123 点

用一个例子说明 ADPRW 指令的使用方法，如图 6-35 所示。

图 6-35　ADPRW 指令的使用方法

（2）FX5U PLC 的 MODBUS 应用

以下用一个例子介绍 FX5U 的 MODBUS 应用。

【例 6-5】

有一台 FX5U-32MT 和一台条形扫码器，采用 MODBUS 通信，用 FX5U-32MT 的内置 RS-485 采集条形扫码器的数据，当扫描到如图 6-36 所示的条形码（一本图书）时，点亮一盏灯，并将其单价 108 送入寄存器 D300，要求编写此控制程序。

ISBN 978-7-122-33852-5
9 787122 338525

定价：108.00元

图 6-36　图书条形码

【解】 ① 主要软硬件配置

a. 1 套 GX Works3。

b. 1 台 FX5U-32MT。

c. 1 根网线电缆。

d. 1 台条形扫码器（配 RS-485 端口，支持 MODBUS-RTU 协议）。

② 设计电气原理图　设计电气原理图如图 6-37 所示，采用 RS-485 的接线方式，通信电缆只需要两根屏蔽线缆。

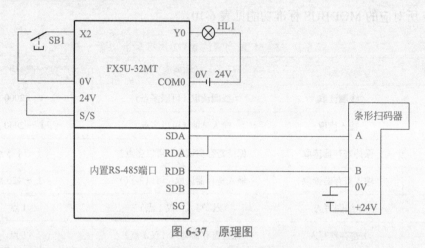

图 6-37　原理图

③ 设置通信参数　因为条形扫码器采用的是 MODBUS-RTU 通信，其默认的从站地址是 1，波特率是 9600bit/s，无校验位，8 个数据位，1 个停止位。在本例中，没有修改这些通信参数，因此 FX5U-32MT 的参数必须与之匹配，否则不能通信。其通信参数设置如图 6-38 所示。

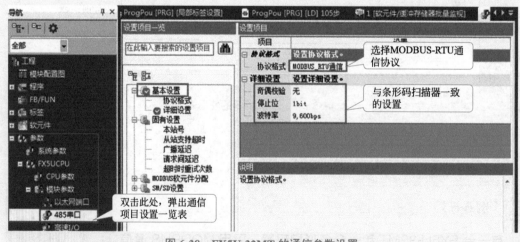

图 6-38　FX5U-32MT 的通信参数设置

④ 编写程序　编写梯形图程序如图 6-39 所示。

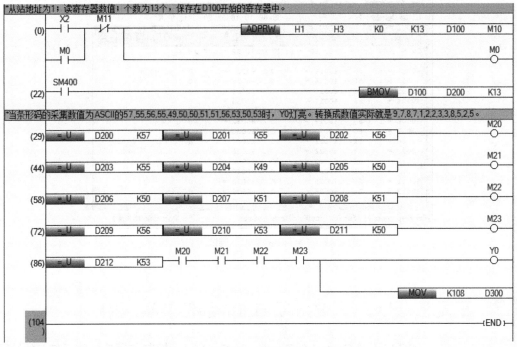

图 6-39　梯形图

⑤ 调试　当程序调试运行正常时，可以在线查看 D100～D112，如图 6-40 所示，很明显条形码的数值全部显示出来了。

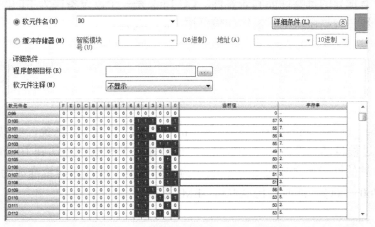

图 6-40　在线监视 D100～D112 的数值

初学者编写此程序，有时出错但又找不到出错原因时，建议使用调试工具，例如将条形扫码器通过转换接头连接到计算机上，在计算机上运行 "Modbus Poll" 调试工具，只需要简单设置就可以采集到条码扫描器的数值，如图 6-41 所示。如果能采集到图中的数值，说明条码扫描器的站地址、波特率、奇偶校验等通信参数设置正确，硬件接线正确，条码扫描器完好。

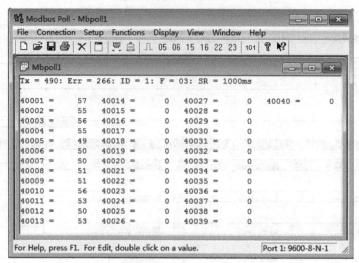

图 6-41 "Modbus Poll" 调试工具应用

6.7 三菱 FX5U PLC 的 CC-Link 通信及其应用

FX5U PLC 的
CC-Link 通信

CC-Link 是 Control & Communication Link（控制与通信链路系统）的缩写，1996 年 11 月由三菱电机为主导的多家公司推出。在此系统中，可以将控制和信息数据同时以 10Mbps 高速传送至现场网络，具有性能卓越、使用简单、应用广泛、节省成本等优点。其不仅解决了工业现场配线复杂的问题，同时具有优异的抗噪性能和兼容性。CC-Link 是一个以设备层为主的网络，同时也可覆盖较高层次的控制层和较低层次的传感层。

6.7.1 CC-Link 通信介绍

（1）CC-Link

CC-Link 是一种可以同时高速处理控制和信息数据的现场网络系统，可以提供高效、一体化的工厂和过程自动化控制。在 10Mbps 的通信速率下传输距离达到 100m，并能够连接 64 个站。其卓越的性能使之通过 ISO 认证成为国际标准，并且获得批准成为中国国家推荐标准 GB/T 19760—2008，同时也已经取得 SEMI 标准。

（2）CC-Link/LT

CC-Link/LT 是针对控制点分散、省配线、小设备和节省成本的要求，和高响应、高可靠设计研发的开放式协议，其远程点 I/O 除了有 8、16 点外，还有 1、2、4 点，而且模块的体积小。其通信电缆为 4 芯扁平电缆（2 芯为信号线，2 芯为电源），其通信速度最快为 2.5Mbps，最多为 64 站，最大点数为 1024 点，最小扫描时间为 1ms，其通信协议芯片不同于 CC-Link。

CC-Link/LT 可以用专门的主站模块或者 CC-Link/LT 网桥构造系统，实现 CC-Link/LT 的无缝通信。CC-Link/LT 的定位如图 6-42 所示。

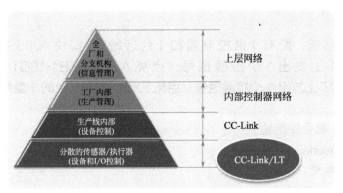

图 6-42　CC-Link/LT 的定位

（3）CC-Link Safety

CC-Link Safety 是 CC-Link 实现安全系统架构的安全现场网络。CC-Link Safety 能够实现与 CC-Link 一样的高速通信并提供实现可靠操作的 RAS 功能。因此，CC-Link Safety 与 CC-Link 具有高度的兼容性。从而可以使用如 CC-Link 电缆或远程站等既有资产和设备。

（4）CC-Link IE

CC-Link 协会不断致力于现场总线 CC-Link 的开放化推广。现在，除控制功能外，为满足通过设备管理（设定·监视）、设备保全（监视·故障检测）、数据收集（动作状态）功能实现系统整体的最优化这一工业网络的新需求，CC-Link 协会提出了基于以太网的整合网络构想，即实现从信息层到生产现场的无缝数据传送的整合网络"CC-Link IE"。

为降低从系统建立到维护保养的整体工程成本，CC-Link 协会通过整体的"CC-Link IE"概念，将这一亚洲首创的工业网络向全世界进一步开放扩展。

CC-Link 家族的应用示例如图 6-43 所示。

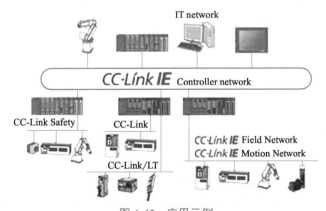

图 6-43　应用示例

6.7.2　三菱 FX5U PLC 的 CC-Link 通信应用案例

尽管 CC-Link 现场总线应用不如 PROFIBUS 那样广泛，但一个系统如果确定选用三菱 PLC，那么采用 CC-Link 现场总线无疑是较好的选择，以下将用一个例子说明 FX5U-32MT 与远程 I/O 模块 AJ65SBTB1-16DT 的 CC-Link 现场总线通信。

📋 **【例 6-6】**

有一个控制系统，配有 1 台控制器和 1 台远程 I/O 模块 AJ65SBTB1-16DT，要求从 FX5U-32MT 上发出 1 个接通信号，点亮 AJ65SBTB1-16DT 上的 1 盏灯，从 AJ65SBTB1-16DT 上发出 1 个接通信号，点亮 FX5U-32MT 上的 1 盏灯。

【解】 （1）软硬件配置

① 1 套 GX-Works3。

② 1 根编程电缆。

③ 2 台 FX5U-32MT。

④ 1 台 AJ65SBTB1-16DT。

⑤ 1 台 FX3U-16CCL-M。

⑥ 1 台 FX5-CNV-BUS。

原理图如图 6-44 所示。因为使用了 FX3U-16CCL-M 智能模块，属于 FX3 系列，而 FX5U 是属于 FX5 系列，因此需要增加一块总线转换模块 FX5-CNV-BUS。在图 6-44 中，FX5-CNV-BUS 占用的模块号为 1，FX3U-16CCL-M 的模块号为 2，在后续的编程中要用到（使用 FROM/TO 指令时）。

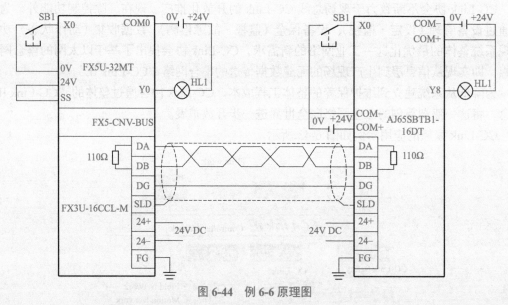

图 6-44　例 6-6 原理图

◎ **关键点** ·········

① CC-Link 的专用屏蔽线是三芯电缆，分别将主站的 DA、DB、DG 与从站对应的 DA、DB、DG 相连，屏蔽层的两端均与 SLD 连接。三菱公司推荐使用 CC-Link 专用屏蔽线电缆，但要求不高时，使用普通电缆也可以通信。

② 由于 CC-Link 通信的物理层是 RS-485，所以通信的第一站和最末一站都要接一个终端电阻（超过 2 站时，中间站并不需要接终端电阻），本例为 110Ω 电阻。

③ FX5U 无 Y8，而 AJ65SBTB1-160T 有 Y8。

（2）FX 系列 PLC 的 CC-Link 模块的设置

① 传送速度的设置。CC-Link 通信的传送速度与通信距离相关，传送距离越远，传送速度就越低。CC-Link 通信的传送速率与最大通信距离对应关系见表 6-11。

表 6-11　CC-Link 通信的传送速度与最大通信距离对应关系

序号	传送速度	最大传送距离	序号	传送速度	最大传送距离
1	156Kbps	1200m	4	5Mbps	150m
2	625Kbps	600m	5	10Mbps	100m
3	2.5Mbps	200m			

注意：以上数据是专用 CC-Link 电缆配 110Ω 终端电阻。

CC-Link 模块上有速度选择的旋转开关。当旋转开关指向 0 时，代表传送速度是156Kbps；当旋转开关指向 1 时，代表传送速度是 625Kbps；当旋转开关指向 2 时，代表传送速度是 2.5Mbps；当旋转开关指向 3 时，代表传送速度是 5Mbps；当旋转开关指向4 时，代表传送速度是 10Mbps。如图 6-45 所示，旋转开关指向 0，要把传送速度设定为2.5Mbps 时，只要把旋转开关旋向 2 即可。

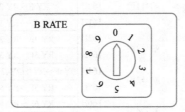

图 6-45　传送速度设定图

② 站地址的设置。站号的设置旋钮有 2 个，如图 6-46 所示，左边一个是"×10"挡，右边的是"×1"挡，例如要把站号设置成 12，则把"×10"挡的旋钮旋到 1，把"×1"挡的旋钮旋到 2，1×10+2=12，12 即是站号。图 6-46 中的站号为 2。

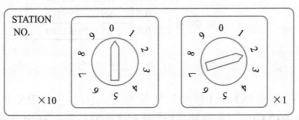

图 6-46　站地址设定图

（3）程序编写

主站模块和 PLC 之间通过主站中的临时空间"RX/RY"进行数据交换，在 PLC 中，使用 FROM/TO 指令来进行读写，当电源断开的时候，缓冲存储的内容会恢复到默认值，主站和远程 I/O 站（从站）之间的数据传送过程如图 6-47 所示。

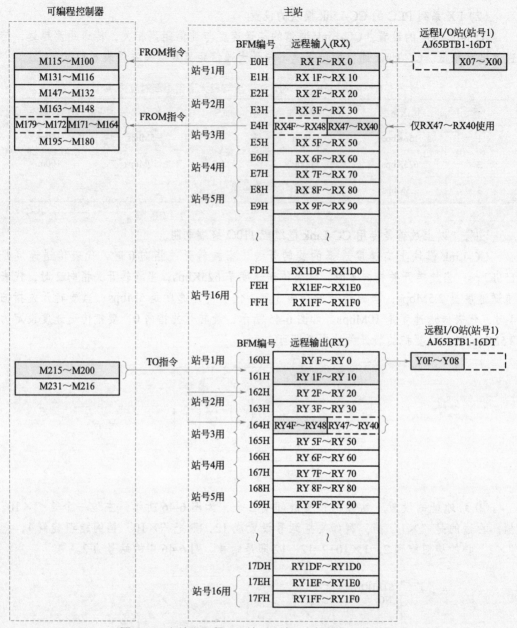

图 6-47　主站和远程 I/O 站（从站）之间的数据传送图

通信的过程是：远程 I/O 站（从站）的信息写入主站中的 RX 中，实际就是存储在 FX3U-16CCL-M 的 BFM 中，主站的 PLC 通过 FROM 指令将信息读入到 PLC 的内部继电器中。

主站 PLC 通过 TO 指令将 PLC 的要传输的信息写入主站中的 RY 中，实际就是存储在 FX3U-16CCL-M 的 BFM 中，远程 I/O 站（从站）将接收到信息用于控制 I/O 点。

从 CC-Link 的通信过程可以看到，BFM 在通信过程中起到了重要的作用，以下介绍几个常用的 BFM 地址，见表 6-12。

表 6-12 常用的 BFM 地址与说明

BFM 编号	内容	描述	备注
#0H	模式	K0：远程网 Ver.1 模式 K1：远程网添加模式 K2：远程网 Ver.2 模式	
#01H	连接模块数量	设定所连接的远程模块的数量	默认 8
#02H	重复次数	设定对于一个故障站的重试次数	默认 3
#03H	自动返回模块的数量	每次扫描返回系统中的远程站模块的数量	默认 1
#06H	CPU 死机时运行指定	0：停止 1：继续运行	
#AH ～ #BH	I/O 信号	控制主站模块的 I/O 信号	
#CH	数据链接异常站设置	0：保持 1：清除	
#20H ～ #2FH	设置已连接的远程站、智能设备站及预留站中所设置站点的站信息		
#E0H ～ #FDH	远程输入（RX）	存储一个来自远程站的输入状态	
#160H ～ #17DH	参数信息区（RY）	将输出状态存储到远程站中	
#600H ～ #7FFH	链接特殊寄存器（SW）	存储数据连接状态	
#668H	本站参数状态	存储参数的设置状态 0：正常 1：存储出错代码	

如图 6-48 所示,要对 BFM#20H ~ #22 进行设置,从而使读者加深对此参数的了解。参数的设置见表 6-13。含义是当站点是 1 号站时,设置已连接的远程 I/O 站的缓冲区为 BFM#20H,其设置值是 0101H(版本为 1 的 I/O 设备站,占用一个站号,01 号站点)。这个站号的设置要与 I/O 设备站上的拨码设置的一致,否则不能通信。

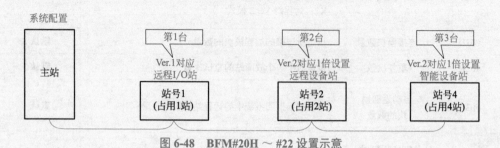

图 6-48　BFM#20H ~ #22 设置示意

表 6-13　BFM#20H ~ #22 设置

BFM 编号		站类型	占用站数	站号	设置值
16 进制数	10 进制数				
#20H	#32	0H	1H	01H	0101H
#21H	#33	5H	2H	02H	5202H
#22H	#34	6H	4H	04H	6404H

#AH 控制主站模块的 I/O 信号,在 PLC 向主站模块读入和写出时各位含义不同,理解其含义是非常重要的,详见表 6-14 和表 6-15。

表 6-14　BFM 中 #AH 的各位含义(PLC 读取主站模块时)

BFM 的读取位	说明
b0	模块错误,为 0 表示正常
b1	数据连接状态,为 1 表示正常
b8	1 表示通过 EEPROM 的参数启动数据链接正常完成
b15	模块准备就绪

表 6-15　BFM 中 #AH 的各位含义(PLC 写入主站模块时)

BFM 的写入位	说明
b0	写入刷新,1 表示写入刷新
b4	要求模块复位
b8	1 表示通过 EEPROM 的参数启动数据链接正常完成

站号、缓冲存储器号和输入对应关系见表 6-16,站号、缓冲存储器号和输出对应关系见表 6-17。

表 6-16　站号、缓冲存储器号和输入对应关系

站号	BFM 地址	b0 ～ b15
1	E0H	RX0 ～ RXF
	E1H	RX10 ～ RX1F
2	E2H	RX20 ～ RX2F
	E3H	RX30 ～ RX3F
…	…	…
15	FCH	RX1C0 ～ RX1CF
	FDH	RX1D0 ～ RX1DF

表 6-17　站号、缓冲存储器号和输出对应关系

站号	BFM 地址	b0 ～ b15
1	160H	RY0 ～ RYF
	161H	RY10 ～ RY1F
2	162H	RY20 ～ RY2F
	163H	RY30 ～ RY3F
…	…	…
15	17CH	RY1C0 ～ RY1CF
	17DH	RY1D0 ～ RY1DF

　　主站程序如图 6-49 所示，远程 I/O 站中不需要编写程序（当然也无法编写程序）。在阅读程序之前，请读者务必先理解本章节的表格中参数的含义，否则很难读懂此程序。此外，本程序中的 FROM/TO 指令是可以取代的，例如第 129 步开始用 FROM/TO 指令编写的程序，可以用图 6-50 所示的程序替代。

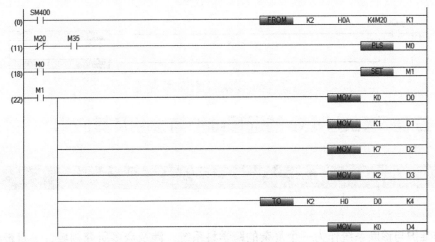

图 6-49

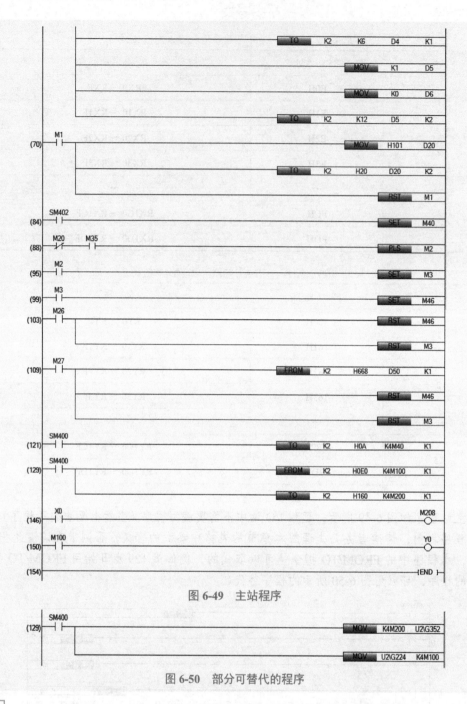

图 6-49　主站程序

图 6-50　部分可替代的程序

6.8　三菱 FX5U PLC 的远程维护与诊断及其应用

6.8.1　远程维护与诊断介绍

（1）远程维护与诊断的概念

远程维护与诊断系统作为一个复杂的跨学科系统，涉及众多研究领域，一直被各国科研人员和政府重视，并投入大量资金开展基础理论和应用产品方面的研究。近年来，随着各种配套技术的逐步完善，远程维护与故障诊断在许多领域得到广泛应用。

（2）远程维护与诊断的背景

现代制造设备的结构日趋复杂，自动化程度也越来越高，许多设备综合了机械、电子、自动控制、计算机等许多先进技术，设备中各种元器件相互联系、相互依赖，这就使得设备故障诊断难度增大。由于制造现场存在着很多不确定因素，使得在设备的运行过程中，不可避免会出现各种各样的故障，一旦出现故障，能否对故障进行快速的诊断并排除故障，对于制造企业来说是非常重要的。机械制造设备的使用者都是生产一线的工人和技术人员，他们一般只能解决一些简单的问题，当系统出现较严重，复杂的故障时，就需要相关专家的帮助才能解决问题，但如果每次出现故障时都将诊断专家请到现场是不太现实的，这就对机械制造设备的故障诊断提出了新的要求，即如何克服地域和时间的限制，实现远程专家的协作诊断。近年来，Internet 技术随着全球信息化建设而飞速发展，Internet 技术打破了传统通信方式的限制，使得信息交流更加自由、快捷和方便。

现在的远程维护与诊断技术较传统的远程诊断技术相比，呈现以下优势。

① 快速诊断检查装置的故障。

② 保证生产线的生产效率收缩修复时间。

③ 防止开工率的降低，大幅降低成本。

6.8.2 三菱 FX5U PLC 的远程维护与诊断应用案例

以下用两个例子讲解 FX5U PLC 的远程维护与诊断应用。

（1）FX5U PLC 的远程维护

【例 6-7】

某制造公司研制了一套设备，其控制器为 FX5U-32MT，此设备将在 2000km 外某地运行，请设计远程设备维护的解决方案。

【解】 总体方案：远程维护的拓扑图如图 6-51 所示。需要购置一台具有 VPN 功能的路由器，路由器用网线接入现场的 FX5U-32MT。路由器接入设备安装处的以太网（不需要固定 IP，必须连接外网），安装有远程维护软件的个人计算，接入任何有互联网接口的任意地方即可。

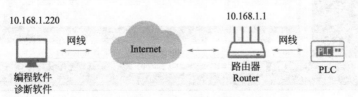

图 6-51 远程维护的拓扑图

以下介绍远程维护的详细过程（以远程下载程序为例）。

① 将有 VPN 功能的路由器进行组网，实际上就是创建一条从 FX5U-32MT（PLC）到远程计算机的虚拟通道，如图 6-52 所示，这一步至关重要，不同的路由器的组网方法有所

不同，在此不详细说明。

图 6-52 路由器的组网

② 修改 FX5U-32MT 的 IP 地址和子网掩码，如图 6-53 所示。注意 FX5U-32MT 的 IP 地址要与路由器的 IP 地址在一个网段，否则不能通信。

图 6-53 修改 FX5U-32MT 的 IP 地址

③ 单击 GX Works3 的工具栏上的下载按钮，弹出如图 6-54 所示的界面，本例选择的是无线网卡，注意网卡的 IP 地址要与路由器的 IP 地址在同一网段。单击确定就可以下载程序了。实际上可以对远程设备进行维护了。

图 6-54　修改 **FX5U-32MT** 的 IP 地址

（2）FX5 PLC 的远程诊断

【例 6-8】

某制造公司研制了一套设备，其控制器为 FX5U-32MT，此设备将在 2000km 外某地运行，请设计远程设备故障的解决方案。

【解】　总体方案的拓扑图如图 6-51 所示。远程故障诊断需要使用 GX Works3 软件或者专用的故障诊断软件。在进行故障诊断之前，必须建立起 PLC 与远程计算机的 VPN 虚拟通道。以下仅介绍故障诊断的方法。

① 远程监控。单击 GX Works3 的工具栏上的"监控开始"按钮，计算机就可以监控 PLC 了，如图 6-55。

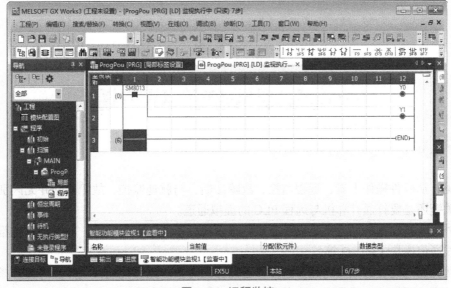

图 6-55　远程监控

② 远程故障诊断。在图 6-56 中，单击 GX Works3 的菜单栏上的 "诊断" → "模块诊断（CPU 诊断）" 命令，弹出如图 6-57 的诊断界面，显示故障的类型和等级。

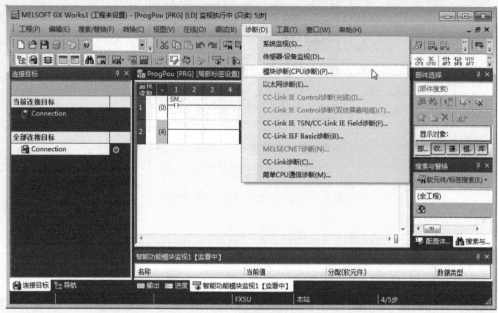

图 6-56　远程故障诊断（1）

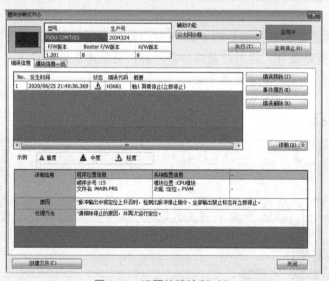

图 6-57　远程故障诊断（2）

可见，从软件操作上看，远程监控、故障诊断，与就地监控、故障诊断并无区别，远程操作的关键还是要打通计算机与远程 PLC 的虚拟通道。

此外，要指出本例的方案是简配方案，很多现场不能铺设互联网，此时则要将路由器改换成无线通信模块（3G/4G 等）。

远程控制与远程诊断用得越来越多，目前国内有很多远程控制模块产品可被选择，但如希望有较高的可靠性，还是建议读者在选型的时候，选择声誉好的产品。

第7章

三菱 FX5U PLC 在运动控制中的应用

伺服系统在工程中应用广泛，其中，日本和欧美的伺服系统在国内都很常用，特别是日本的三菱伺服系统，因其性价比高，功能强大，所以深受用户青睐。本章将介绍 FX5U PLC 控制 MR-J4 伺服系统，编程方法也适用于 FX5UC/FX5UJ，本章内容有一定的难度。

7.1 三菱伺服系统

7.1.1 三菱伺服系统简介

三菱电机是较早研究和生产交流伺服电动机的企业之一，三菱公司早在 20 世纪 70 年代就开始研发和生产变频器，积累了较为丰富的经验，是目前少数能生产稳定可靠 15kW 以上伺服系统的厂家。

三菱公司的伺服系统是日系产品的典型代表，它具有可靠性好、转速高、容量大、相对容易使用的特点，而且还是生产 PLC 的著名厂家，因此其伺服系统与 PLC 产品能较好地兼容，在专用加工设备、自动生产线、印刷机械、纺织机械和包装机械等行业得到了广泛的应用。

目前三菱公司的常用的通用伺服系统有 MR-J2S 系列、MR-J3 系列、MR-J4 系列、MR-JE 系列和小功率经济性的 MR-ES 系列等产品系列。

MR-J3 系列伺服驱动系统是替代 MR-J2S 系列的产品，可以用于三菱的直线电动机的速度、位置和转矩控制，其最大功率目前已达到 55kW。

MR-ES 系列伺服驱动器是用于 2kW 以下的经济型的产品系列，其性价比较高，可以替代 MR-E 系列，用于速度、位置和转矩控制。

MR-JE 系列是以 MR-J4 系列的伺服系统为基础，保留 MR-J4 系列的高性能，限值了其部分功能的 AC 伺服系统，用于速度、位置和转矩控制。其性价比高。

7.1.2 三菱 MR-J4 伺服系统接线

三菱 **MR-J4** 伺服系统接线

三菱的 MR-J4 系列伺服驱动器产品系列，功能强大，可用于高精度定位、线控制和张力控制，因此本章以此型号为例进行介绍。

（1）MR-J4 伺服系统的硬件功能图

三菱 MR-J4 伺服系统的硬件功能图如图 7-1 所示，图中断路器和接触器是通用器件，只要符合要求的产品即可，电抗器和制动电阻可以根据需要选用。

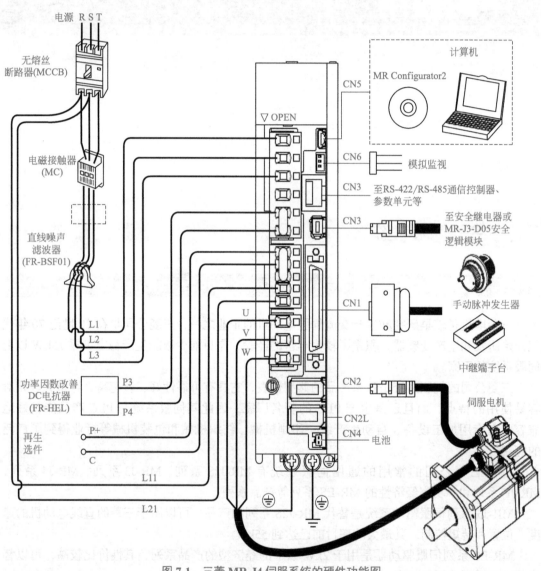

图 7-1　三菱 MR-J4 伺服系统的硬件功能图

（2）MR-J4 伺服驱动器的接口

MR-J4 伺服驱动器的接口如图 7-2 所示。其各部分接口的作用见表 7-1。

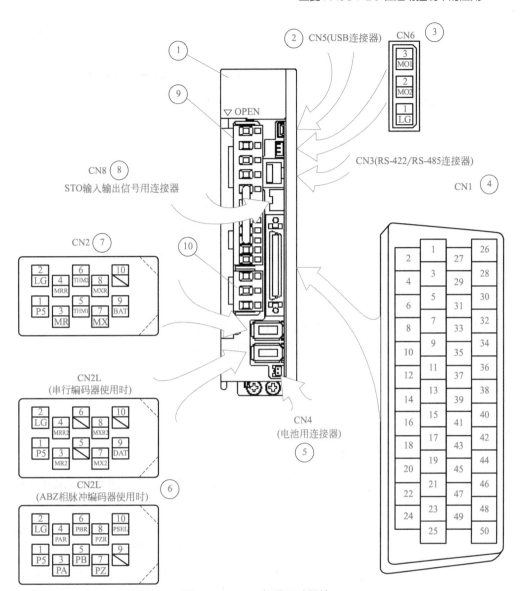

图 7-2　MR-J4 伺服驱动器接口

表 7-1　MR-J4 伺服驱动器外部各部分接口的作用

序号	名称	功能 / 作用
	显示器	5 位 7 段 LED，显示伺服状态和报警代码
1	操作部分	用于执行状态显示、诊断、报警和参数设置等操作 ● MODE　● UP　● DOWN　● SET 用于设置数据 用于改变每种模式的显示或数据 用于改变模式

序号	名 称	功能 / 作用
2	CN5	迷你 USB 接口，用于修改参数，监控伺服
3	CN6	输出模拟监视数据
4	CN1	用于连接数字 I/O 信号
5	CN4	电池用连接器
6	CN2L	外部串行编码器或者 ABZ 脉冲编码器用接头
7	CN2	用于连接伺服电动机编码器的接头
8	CN8	STO 输入输出信号连接器
9	CNP1	用于连接输入电源的接头
10	CNP3	用于连接伺服电动机的电源接头

① CN1 接口。MR-J4 伺服驱动器的 CN1 连接器定义了 50 个引脚。以下仅对几个重要引脚的含义作详细的说明，见表 7-2，其余的读者可以查看三菱的手册。

表 7-2　CN1 连接器引脚的详细说明

序号	引脚针号	代号	说明
1	1、2、28	P15R、VC、LG	共同组成模拟量速度给定
2	1、27、28	P15R、TC、LG	共同组成模拟量转矩给定
3	10	PP	在位置控制方式下，其代号都是 PP，其作用表示高速脉冲输入信号，是输入信号
4	12	OPC	在位置以及位置和速度控制方式下，其代号都是 OPC，其作用是外接 +24V 电源的输入端，必须接入，是输入信号
5	15	SON	在位置、速度以及位置和速度控制方式下，其代号都是 SON，其作用表示开启伺服驱动器信号，是输入信号
6	16	SP2	速度模式时，转速 2
7	17	ST1	速度模式时，正转信号
8	18	ST2	速度模式时，反转信号
9	19	RES	在位置、速度以及位置和速度控制方式下，代号为 RES，表示复位，是输入信号
10	20、21	DICOM	在位置、速度以及位置和速度控制方式下，其代号都是 DICOM，数字量输入公共端子
11	35	NP	在位置控制方式下，其代号都是 NP，其作用表脉冲方向信号，是输入信号
12	41	SP1	速度模式时，转速 1

续表

序号	引脚针号	代号	说明
13	42	EM2	在位置、速度以及位置和速度控制方式下，其代号都是 EM2，其作用表示开启伺服驱动器急停信号，断开时急停，是输入信号
14	43	LSP	在位置、速度和转矩控制方式下，其代号都是 LSP，其作用表示正向限位信号，是输入信号
15	44	LSN	在位置、速度和转矩控制方式下，其代号都是 LSN，其作用表示反向限位信号，是输入信号
16	46、47	DOCOM	在位置、速度以及位置和速度控制方式下，其代号都是 DOCOM，数字量输出公共端子
17	48	ALM	在位置、速度以及位置和速度控制方式下，其代号都是 ALM，其作用表示有报警时输出低电平信号，是输出信号
18	49	RD	在位置、速度以及位置和速度控制方式下，其代号都是 RD，其作用表示伺服驱动器已经准备好，可以接收控制器的控制信号，是输出信号

② CN6 接口。连接器 CN6 的引脚的含义见表 7-3。

表 7-3　CN6 连接器的定义和功能

连接端子	代号	输出 / 输入信号	备注
1	LG	公共端子	—
2	MO2	MO2 与 LG 间的电压输出	模拟量输出
3	MO1	MO1 与 LG 间的电压输出	模拟量输出

（3）伺服驱动器的主电路接线

三菱伺服系统主电路接线原理图，如图 7-3 所示。

① 在主电路侧（三相 220V，L1、L2、L3，或者单相 220V，L1、L3）需要使用接触器，并能在报警发生时从外部断开接触器。

② 控制电路电源（L11、L21）应和主电路电源同时投入使用或比主电路电源先投入使用。如果主电路电源不投入使用，显示器会显示报警信息。当主电路电源接通后，报警消除，可以正常工作。

③ 伺服放大器在主电路电源接通约 1s 后便可接收伺服开启信号（SON）。所以，如果在三相电源接通的同时将 SON 设定为 ON，那么约 1s 后主电路设为 ON，进而约 20ms 后，准备完毕信号（RD）将置为 ON，伺服驱动器处于可运行状态。

④ 复位信号（RES）为 ON 时主电路断开，伺服电动机处于自由停车状态。

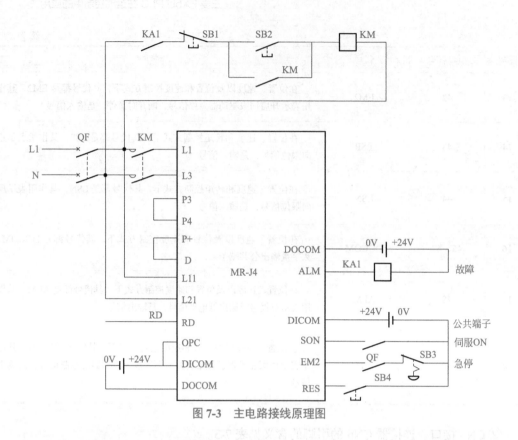

图 7-3　主电路接线原理图

（4）伺服驱动器和伺服电动机的连接

伺服驱动器和伺服电动机的连接，如图 7-4 所示。

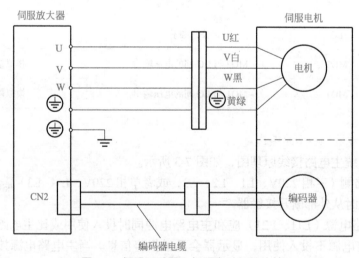

图 7-4　伺服驱动器和伺服电动机的连接

（5）伺服驱动器控制电路接线

① 数字量输入的接线。MR-J4 伺服系统支持漏型（NPN）和源型（PNP）两种数字量输入方式。漏型数字量输入实例如图 7-5 所示，可以看到有效信号是低电平有效。源型数字量输入实例如图 7-6 所示，可以看到有效信号是高电平有效。

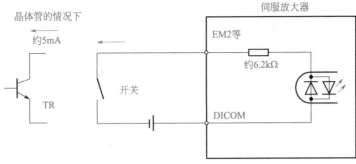

图 7-5　伺服驱动器漏型输入实例

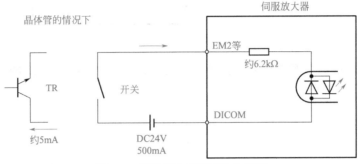

图 7-6　伺服驱动器源型输入实例

② 数字量输出的接线。MR-J4 伺服系统支持漏型（NPN）和源型（PNP）两种数字量输出方式。漏型数字量输出实例如图 7-7 所示，可以看到有效信号是低电平有效。源型数字量输出实例如图 7-8 所示，可以看到有效信号是高电平有效。

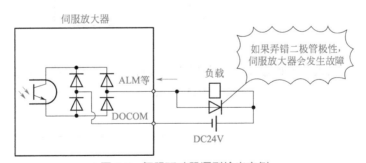

图 7-7　伺服驱动器漏型输出实例

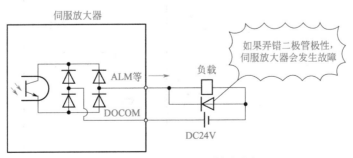

图 7-8　伺服驱动器源型输出实例

③ 位置控制模式脉冲输入方法。

a. 集电极开路输入方式，如图 7-9 所示。集电极开路输入方式输入脉冲最高频率 200kHz。

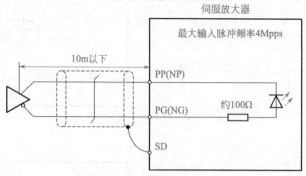

图 7-9　集电极开路输入方式

b. 差动输入方式，如图 7-10 所示。差动输入方式输入脉冲最高频率 500kHz。

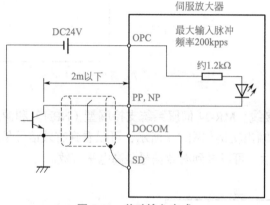

图 7-10　差动输入方式

④ 外部模拟量输入。模拟量输入的主要功能进行速度调节和转矩调节或速度限制和转矩限制，一般输入阻抗 10 ～ 12kΩ。如图 7-11 所示。

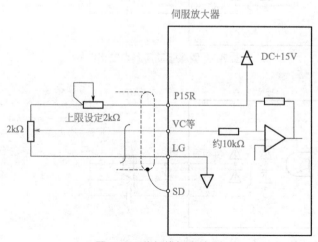

图 7-11　外部模拟量输入

⑤ 模拟量输出。模拟量输出的电压信号可以反映伺服驱动器的运行状态，如电动机的旋转速度、输入脉冲频率、输出转矩等，如图 7-12 所示。输出电压是 ±10V，电流最大 1mA。

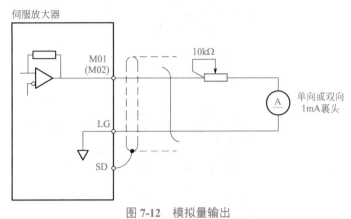

图 7-12　模拟量输出

7.1.3　三菱伺服系统常用参数介绍

要准确高效地使用伺服系统，必须准确设置伺服驱动器的参数。MR-J4 伺服系统包含基本设定参数（Pr.PA＿＿）、增益 / 滤波器设定参数（Pr.PB＿＿）、扩展设定参数（Pr.PC＿＿）、输入输出设定参数（Pr.PD＿＿）、扩展设定参数 2（Pr.PE＿＿）和扩展设定参数 3（Pr.PF＿＿）等。参数简称前带有 * 号的参数在设定后一定要关闭电源，接通电源后才生效，例如参数 PA01 的简称为 *STY（运行模式），重新设定后需要断电重启生效。以下将对 MR-J4 伺服系统常用参数进行介绍。

（1）常用基本设定参数介绍

基本设定参数以 "PA" 开头，常用基本设定参数说明见表 7-4。

表 7-4　常用基本设定参数说明

编号	符号 / 名称	设定位	功能	初始值	控制模式
PA01	*STY	＿＿＿x	选择控制模式 0：位置控制模式 1：位置控制模式 / 速度控制模式 2：速度控制模式 3：速度控制模式 / 转矩控制模式 4：转矩控制模式 5：转矩控制模式 / 速度控制模式	0H	P.S.T
PA06	CMX		电子齿轮比的分子	1	P
PA07	CDV		电子齿轮比的分母，通常： $\dfrac{1}{50} \leqslant \dfrac{CMX}{CDV} \leqslant 4000$	1	P

续表

编号	符号 / 名称	设定位	功能	初始值	控制模式
PA13	*PLSS	_ _ _ x	指令输入脉冲串形式选择 0：正转，反转脉冲串 1：脉冲串＋符号 2：A 相，B 相脉冲串	0H	P
		_ _ x _	脉冲串逻辑选择 0：正逻辑 1：负逻辑	0H	P
		_ x _ _	指令输入脉冲串滤波器选择 通过选择和指令脉冲频率匹配的滤波器，能够提高抗干扰能力 0：指令输入脉冲串在 4Mpps 以下的情况 1：指令输入脉冲串在 1Mpps 以下的情况 2：指令输入脉冲串在 500kpps 以下的情况 "1" 对应到 1Mpps 位置的指令。输入 1 ～ 4Mpps 的指令时，请设定 "0"	1H	P
		x _ _ _	厂商设定用	0H	P

举例

指令输入脉冲形态选择

设置值	脉冲串形态		正转指令时	反转指令时
0010h	负逻辑	正转脉冲串 反转脉冲串	PP ⎍⎍⎍⎍ / NP	PP / NP ⎍⎍⎍⎍
0011h		脉冲串＋符号	PP ⎍⎍⎍⎍⎍⎍⎍⎍ / NP L ── H	
0012h		A 相脉冲串 B 相脉冲串	PP ⎍⎍⎍⎍ / NP ⎍⎍⎍⎍	
0000h	正逻辑	正转脉冲串 反转脉冲串	PP ⎍⎍⎍⎍ / NP	PP / NP ⎍⎍⎍⎍
0001h		脉冲串＋符号	PP ⎍⎍⎍⎍⎍⎍⎍⎍ / NP H ── L	
0002h		A 相脉冲串 B 相脉冲串	PP ⎍⎍⎍⎍ / NP ⎍⎍⎍⎍	

| PA19 | *BLK | | 参数写入禁止 | 00AAh | P.S.T |

注：表中 P 表示位置模式，S 表示速度模式，T 表示转矩模式。

在进行位置控制模式时，需要设置电子齿轮，电子齿轮的设置和系统的机械结构，控制精度有关。电子齿轮的设定范围为：$\dfrac{1}{50} \leqslant \dfrac{CMX}{CDV} \leqslant 4000$。

假设上位机（如 PLC）向驱动器发出 1000 个脉冲（假设电子齿轮比为 1 比 1），则偏差计数器就能产生 1000 个脉冲，从而驱动伺服电动机转动。伺服电动机转动后，编码器则会产生脉冲输出，反馈给偏差计数器，编码器产生一个脉冲，偏差计数器则减 1，产生两个脉冲，偏差计数器则减 2。因此编码器旋转后一直产生反馈脉冲，偏差计数器一直作减法运算，当编码器反馈 1000 个脉冲后，偏差计数器内脉冲就减为 0。此时，伺服电动机就会停止。因此，实际上，上位机发出脉冲，则伺服电动机就旋转，当编码器反馈的脉冲数等于上位机发出的脉冲数后，伺服电动机停止。

因此得出：上位机所发的脉冲数 = 编码器反馈的脉冲数。

（2）电子齿轮的概念及计算

电子齿轮实际上是一个脉冲放大倍率（通常 PLC 的脉冲频率一般不高于 200kpps，而伺服四通编码器的脉冲频率则高得多，加入 MR-J4 转一圈，其脉冲频率就是 4194304pps，明显高于 PLC 的脉冲频率）。实际上，上位机所发的脉冲经电子齿轮放大后再送入偏差计数器，因此上位机所发的脉冲，不一定就是偏差计数器所接收到的脉冲。

计算公式：

$$上位机发出的脉冲数 \times 电子齿轮 = 偏差计数器接收的脉冲$$
$$偏差计数器接收的脉冲数 = 编码器反馈的脉冲数$$

计算电子齿轮有关的概念如下。

① 编码器分辨率。编码器分辨率即为伺服电动机编码器的分辨率，也就是伺服电动机旋转一圈，编码器所能产生的反馈脉冲数。编码器分辨率是一个固定的常数，伺服电动机选好后，编码器分辨率也就固定了。

② 丝杠螺距。丝杠即为螺纹式的螺杆，电动机旋转时，带动丝杠旋转，丝杠旋转后，可带动滑块做前进或后退的动作。如图 7-13 所示。

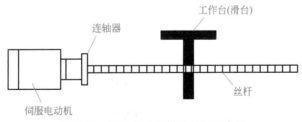

图 7-13　伺服电动机带动丝杠示意图

丝杠的螺距即为相邻的螺纹之间的距离。实际上丝杠的螺距即丝杠旋转一周工作台所能移动的距离。螺距是丝杠固有的参数，是一个常量。

③ 脉冲当量。脉冲当量即为上位机（PLC）发出一个脉冲，工作台实际所能移动的距离。因此脉冲当量也就是伺服系统的精度。

比如说脉冲当量规定为 1μm，则表示上位机（PLC）发出一个脉冲，工作台实际可以移动 1μm。因为 PLC 最少只能发一个脉冲，因此伺服系统的精度就是脉冲当量的精度，也就是 1μm。

【例 7-1】

如图 7-13 所示，伺服编码器分辨率为 131072，丝杠螺距是 10mm，脉冲当量为 10μm，计算电子齿轮是多少？

计算齿轮比
的方法

【解】 脉冲当量为 10μm，表示 PLC 发一个脉冲工作台可以移动 10μm，那么要让工作台移动一个螺距（10mm），则 PLC 需要发出 1000 个脉冲，相当于 PLC 发出 1000 个脉冲，工作台可以移动一个螺距。那工作台移动一个螺距，丝杠需要转一圈，伺服电动机也需要转一圈，伺服电动机转一圈，编码器能产生 131072 个脉冲。

根据：PLC 发出的脉冲数 × 电子齿轮 = 编码器反馈的脉冲数

$1000 \times$ 电子齿轮 $= 131072$

电子齿轮 $= 131072/1000$

（3）常用扩展设定参数介绍

扩展设定参数以"PC"开头，主要用于速度控制模式时，常用扩展设定参数说明见表 7-5。

表 7-5　常用扩展设定参数说明

编号	符号 / 名称	设定位	功能	初始值	控制模式
PC01	STA		加速时间 转速/(r/min)　额度转速　0 设定的速度指令比额度转速低的时候，加减速时间会变短 时间 [Pr.Pc01]的设定值　[Pr.Pc02]的设定值	0ms	S.T
PC02	STB		减速时间	0ms	S.T
PC05	SC1		内部速度 1	100r/min	S.T
PC06	SC2		内部速度 2	500r/min	S.T
PC07	SC3		内部速度 3	1000r/min	S.T

注：表中 S 表示速度模式，T 表示转矩模式。

（4）常用输入输出设定参数介绍

输入输出设定参数以"PD"开头，常用输入输出设定参数说明见表 7-6。

表 7-6　常用输入输出设定参数说明

编号	符号 / 名称	设定位	功能	初始值	控制模式
PD01	*DIA1		输入信号自动选择		
		___x（HEX）	___x（BIN）：厂商设定用	0H	—
			__x_（BIN）：厂商设定用		—
			_x__（BIN）：SON（伺服开启） 0：无效（用于外部输入信号） 1：有效（自动 ON）		P.S.T
			x___（BIN）：厂商设定用		—
		__x_（HEX）	___x（BIN）：PC（比例控制） 0：无效（用于外部输入信号） 1：有效（自动 ON）	0H	P.S
			__x_（BIN）：TL（外部转矩限制控制） 0：无效（用于外部输入信号） 1：有效（自动 ON）		P.S
			_x__（BIN）：厂商设定用		—
			x___（BIN）：厂商设定用		
		_x__（HEX）	___x（BIN）：厂商设定用	0H	—
			__x_（BIN）：厂商设定用		
			_x__（BIN）：LSP（正转行程末端） 0：无效（用于外部输入信号） 1：有效（自动 ON）		P.S
			x___（BIN）：LSN（反转行程末端） 0：无效（用于外部输入信号） 1：有效（自动 ON）		P.S
		x___（HEX）	厂商设定用	0H	—

注：表中 P 表示位置模式，S 表示速度模式，T 表示转矩模式。

　　输入信号自动选择 PD01 是比较有用的参数，如果不设置此参数，要运行伺服系统，必须将 SON、LSP、LSN 与公共端进行接线短接。如果合理设置此参数（如将 PD01 设置为 0C04）可以不需要将 SON、LSP、LSN 与输入公共端进行接线短接。

7.1.4　用操作单元设置三菱伺服系统参数

（1）操作单元简介

　　通用伺服驱动器是一种可以独立使用的控制装置，为了对驱动器进行设置、调试和监控，伺服驱动器一般都配有简单的操作单元，如图 7-14 所示。在现场调试和维护，没有计算机时，操作单元是必不可少的。

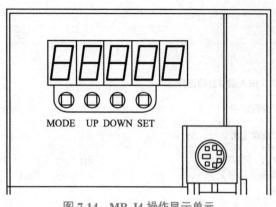

利用伺服放大器正面的显示部分（5 位 7 段 LED），可以进行状态显示和参数设置等。可在运行前设定参数、诊断异常时的故障、确认外部程序、确认运行期间状态。操作单元上 4 个按键，其作用如下：

MODE：每次按下此按键，在操作 / 显示之间转换。

UP：数字增加 / 显示转换键。

DOWN：数字减少 / 显示转换键。

SET：数据设置键。

图 7-14 MR-J4 操作显示单元

（2）状态显示

MR-J4 的驱动器可选择状态显示、诊断显示、报警显示和参数显示，共 4 种显示模式，显示模式由 "MODE" 按键切换。MR-J4 的驱动器的状态显示举例，见表 7-7。

表 7-7 MR-J4 的驱动器的状态显示举例

显示类别	显示状态	显示内容	其他说明
状态显示	C	反馈累积脉冲	
诊断显示	rd-oF	准备未完成	
	rd-on	准备完成	
报警显示	AL ---	没有报警	
	AL33 1	发生 AL33.1 号报警	主电路电压异常
参数显示	P A01	基本参数	
	P b01	输入输出设定参数	
	P C01	扩展参数	
	P d01	输入输出设定参数	
	P E01	扩展参数 1	

（3）参数的设定

参数的设定流程如图 7-15 所示。

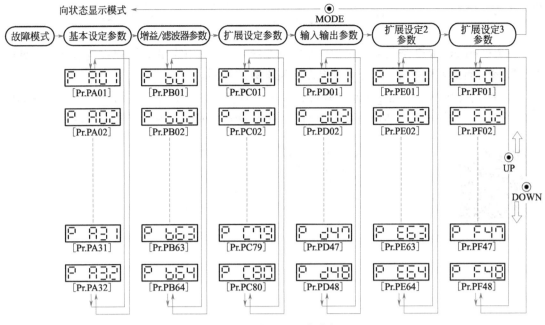

图 7-15 参数的设定流程

 【例 7-2】

请设置电子齿轮的分子为 2。

【解】 电子齿轮的分子是 PA06，也就是要将 PA06=2。方法如下。

① 首先给伺服驱动器通电，再按模式选择键 "MODE"，到数码管上显示 "**0**"，按 "MODE" 按键第 1 次，显示 "**AUto**"，按 "MODE" 按键第 2 次，显示 "**rd-on**"，按 "MODE" 按键第 3 次，显示 "**AL---**"，按 "MODE" 按键第 4 次，显示 "**P A01**"。

② 按向上加按键 "UP" 6 次，到数码管上显示 "PA06" 为止。

③ 按设置按键 "SET"，数码管显示的数字为 "01"，因为电子齿轮的分子是 PA06，其默认数值是 1。

④ 按向上加按键 "UP" 1 次，到数码管上显示 "02" 为止，此时数码管上显示 "02" 是闪烁的，表明数值没有设定完成。

⑤ 按设置按键 "SET"，设置完成，这一步的作用实际就是起到 "确定"（回车）的作用。

⑥ 断电后，重新上电，参数设置起作用。

 关键点 · · · · · · · · ·

带 "*" 的参数断电后，重新上电，参数设置起作用。这一点容易被初学者忽略。

7.1.5 用 MR Configurator2 软件设置三菱伺服系统参数

MR Configurator2 是三菱公司为伺服驱动系统开发的专用软件，可以设置参数、调试以及故障诊断伺服驱动系统。以下简要介绍设置参数的过程。

① 首先打开 MR Configurator2 软件，单击工具栏中的"新建"按钮 🗋，弹出如图 7-16 所示的界面，选择伺服驱动器机种，本例为"MR-J4-A（-RJ）"，单击"确定"按钮。

用 MR Configurator2
软件设置三菱
伺服系统参数

图 7-16　新建

② 单击工具栏中的"连接"按钮 🖳，将 MR Configurator2 软件与伺服驱动器连接在一起。如图 7-17 所示，选中"参数"（标记①处）→"参数设置"（标记②处）→"列表显示"

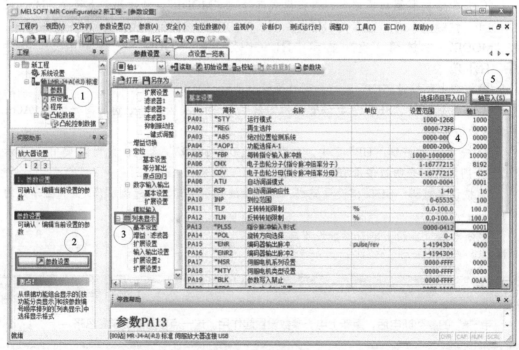

图 7-17　设置参数

（标记③处），在表格中（标记④处）输入需要修改的参数，单击"轴写入"（标记⑤处）按钮。如果参数前面带"*"，需要断电重启伺服驱动器。例如修改 PA01（*STY）后必须断电重启，修改参数才生效，而修改 PA06（CMX）后，无需断电重启伺服驱动器。

7.2 三菱 MR-J4 伺服系统工程应用

7.2.1 伺服系统的工作模式

伺服系统的工作模式分为位置控制模式、速度控制模式和转矩控制模式。这三种控制模式中，根据控制要求选择其中的一种或者两种模式，当选择两种控制模式时，需要通过外部开关进行选择。

（1）位置控制模式

位置控制模式是利用上位机产生的脉冲来控制伺服电动机转动，脉冲的个数决定伺服电动机转动的角度（或者是工作台移动的距离），脉冲频率决定电动机的转速。如数控机床的工作台控制，属于位置控制模式。控制原理与步进电动机类似。上位机若采用 PLC，则 PLC 将脉冲送入伺服放大器，伺服放大器再来控制伺服电动机旋转。即 PLC 输出脉冲，伺服放大器接收脉冲。PLC 发出脉冲时，需选择晶体管输出型。

对伺服驱动器来说，最高可以接收 500kHz 的脉冲（差动输入），集电极输入是 200kHz。电动机输出的力矩由负载决定，负载越大，电动机输出的力矩越大，当然不能超出电动机的额定负载。

急剧的加减速或者过载而造成主电路过流会影响功率器件，因此伺服放大器嵌位电路以限制输出转矩，转矩的限制可以通过模拟量或者参数设置来进行调整。

（2）速度控制模式

速度控制模式是维持电动机的转速保持不变。当负载增大时，电动机输出的力矩增大。负载减小时，电动机输出的力矩减小。

速度控制模式速度的设定可以通过模拟量（0 ～ ±10V DC）或通过参数来进行调整，最多可以设置 7 速。控制的方式和变频器相似。但是速度控制可以通过内部编码器反馈脉冲作反馈，构成闭环。

（3）转矩控制模式

转矩控制模式是对电动机输出的转矩进行控制，如恒张力控制，收卷系统的控制，需要采用转矩控制模式。转矩控制模式中，由于电动机输出的转矩是一定的，所以当负载变化时，电动机的转速在发生变化。转矩控制模式中的转矩调整可以通过模拟量（0 ～ ±8V DC）或者参数设置内部转矩指令控制伺服输出的转矩。

FX5U 运动控制相关的特殊继电器和寄存器

7.2.2 三菱 FX5U 运动控制相关指令

FX5U 支持四个高速输出轴，高速输出点为 Y0 ～ Y3。其最大的脉冲频率是 200kpps。

最多可以扩展到 12 轴。

FX5U 在使用运动控制相关指令时，常用的一些特殊继电器见表 7-8，特殊寄存器见表 7-9。掌握这些特殊继电器和特殊寄存器非常重要。

表 7-8　特殊继电器

FX5 专用				FX3 兼容用				功能
轴 1	轴 2	轴 3	轴 4	轴 1	轴 2	轴 3	轴 4	
—	—	—	—	SM8029				指令执行结束标志位
—	—	—	—	SM8329				指令执行异常结束标志位
SM5500	SM5501	SM5502	SM5503	SM8348	SM8358	SM8368	SM8378	定位指令驱动中
SM5516	SM5517	SM5518	SM5519	SM8340	SM8350	SM8360	SM8370	脉冲输出中监控
SM5532	SM5533	SM5534	SM5535	—	—	—	—	发生定位出错
SM5628	SM5629	SM5630	SM5631	—	—	—	—	脉冲停止指令
SM5644	SM5645	SM5646	SM5647	—	—	—	—	脉冲减速停止指令
SM5660	SM5661	SM5662	SM5663	—	—	—	—	正转极限
SM5676	SM5677	SM5678	SM5679	—	—	—	—	反转极限
SM5772	SM5773	SM5774	SM5775	—	—	—	—	旋转方向设置
SM5804	SM5805	SM5806	SM5807	—	—	—	—	原点回归方向指定
SM5820	SM5821	SM5822	SM5823	—	—	—	—	清除信号输出功能有效
SM5868	SM5869	SM5870	SM5871	—	—	—	—	零点信号计数开始时间

表 7-9　特殊寄存器

FX5 专用				FX3 兼容用				功能
轴 1	轴 2	轴 3	轴 4	轴 1	轴 2	轴 3	轴 4	
—	—	—	—	SD8136、SD8137		—	—	PLSY 指令的轴 1、轴 2 输出合计
—	—	—	—	SD8140 SD8141	—	—	—	PLSY 指令的输出脉冲数
SD5500 SD5501	SD5540 SD5541	SD5580 SD5581	SD5620 SD5621	—	—	—	—	当前地址（用户单位）
SD5502 SD5503	SD5542 SD5543	SD5582 SD5583	SD5622 SD5623	SD8340 SD8341	SD8350 SD8351	SD8360 SD8361	SD8370 SD8371	当前地址（脉冲单位）

续表

FX5 专用				FX3 兼容用				功能
轴 1	轴 2	轴 3	轴 4	轴 1	轴 2	轴 3	轴 4	
SD5504 SD5505	SD5544 SD5545	SD5584 SD5585	SD5624 SD5625	—	—	—	—	当前速度（用户单位）
SD5510	SD5550	SD5590	SD5630	—	—	—	—	定位出错　出错代码
SD5516 SD5517	SD5556 SD5557	SD5596 SD5597	SD5636 SD5637	—	—	—	—	最高速度
SD5518 SD5519	SD5558 SD5559	SD5598 SD5599	SD5638 SD5639	—	—	—	—	偏置速度
SD5520	SD5560	SD5600	SD5640	—	—	—	—	加速时间
SD5521	SD5561	SD5601	SD5641	—	—	—	—	减速时间
SD5526 SD5527	SD5566 SD5567	SD5606 SD5607	SD5646 SD5647	—	—	—	—	原点回归速度
SD5528 SD5529	SD5568 SD5569	SD5608 SD5609	SD5648 SD5649	—	—	—	—	爬行速度
SD5530 SD5531	SD5570 SD5571	SD5610 SD5611	SD5650 SD5651	—	—	—	—	原点地址
SD5532	SD5572	SD5612	SD5652	—	—	—	—	原点回归零点信号数
SD5533	SD5573	SD5613	SD5653	—	—	—	—	原点回归停留时间

（1）原点回归指令 DSZR/DDSZR

① 回原点的过程。一般的伺服系统和步进驱动系统，通常需要回原点（速度控制不需要），回原点的目的就是要让机械原点和电气原点重合，这是十分关键的，数控车床的对刀也是回原点。

通过 DSZR/DDSZR 指令，向原点回归方向中设定的方向开始原点回归。到达原点回归速度后，以指定的原点回归速度进行动作。

通过近点 DOG 检测开始减速动作，以爬行速度进行动作。检测到近点 DOG 后，以指定次数的零点信号检测来停止脉冲输出，结束机械原点回归。但是，如果设定了停留时间，在经过停留时间前，不结束机械原点回归。原点回归的示意图如图 7-18 所示。

② DSZR/DDSZR 指令格式。DSZR/DDSZR 指令的（s1）存储的是原点回归速度或存储了数据的字软元件编号，（s2）中存储的是爬行速度或存储了数据的字软元件编号，（d1）中存储的是输出脉冲的轴编号，（d2）中存储的是指令执行结束、异常结束标志位的位软元件编号，指令格式如图 7-19 所示。

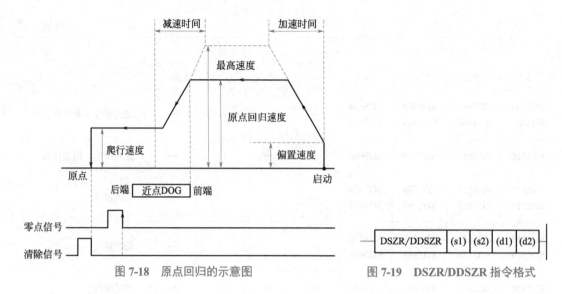

图 7-18 原点回归的示意图

图 7-19 DSZR/DDSZR 指令格式

如使用的伺服电动机使用的是相对编码器，则程序在调用绝对定位指令前，必须先回原点。

③ 参数的配置。使用 FX5U 高速输入和输出时，参数配置至关重要，初学者容易忽略。以下详细介绍。

在图 7-20 的导航窗口中，单击"参数"→"FX5UCPU"→"模块参数"→"高速 I/O"→"输入功能"→"输出功能"→"详细设置"，弹出基本设置界面如图 7-21 所示，选择轴 1 脉冲输出模式为"PULSE/SIGN"（脉冲＋方向），设定 X0 为 DOG 搜索和回原点信号，Y5 为清除伺服驱动器的残余脉冲信号。其余设置可以用默认数值，当然也可以根据需要修改。

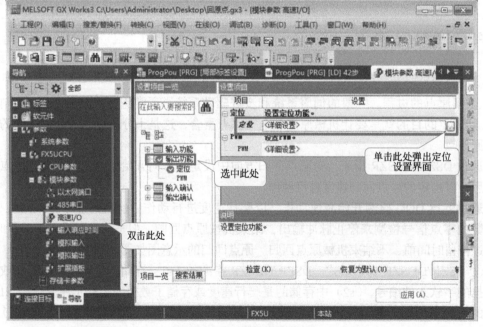

图 7-20 打开定位设置界面

图 7-21 定位设置界面

伺服驱动应用——
回原点

④ 应用实例。

【例 7-3】

FX5U 对 MR-J4 伺服系统进行位置控制，要求设计此系统，并编写回原点程序。

【解】 设计原理图如图 7-22 所示。注意后续几个例子都要用此图，所以输入端的端子比本例需要的要多。

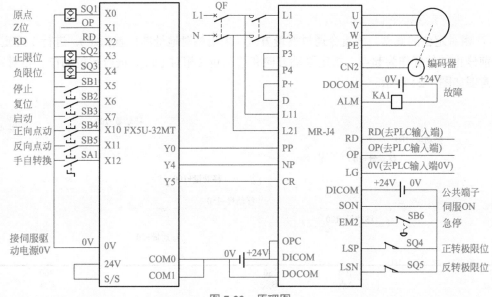

图 7-22 原理图

编写程序如图 7-23 所示。当压下复位按钮 SB2 时，DDSZR 指令开始执行回原点操作，其回原点速度是 10000pps，靠近 SQ1 后其爬行速度是 1500 pps，驱动的是轴 1，回原点完成后 M0 置位，随后 M0 和 M1 复位。任何时候按下 SB1 按钮，伺服系统停止运行。

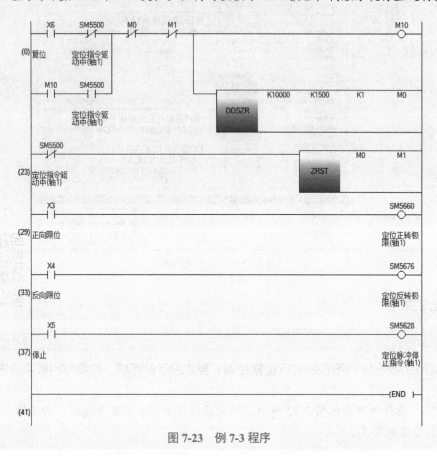

图 7-23 例 7-3 程序

（2）相对定位指令 DRVI/DDRVI

① 相对定位的概念。该指令通过增量方式（采用相对地址的位置指定），进行 1 速定位。以当前停止的位置作为起点，指定移动方向和移动量（相对地址）进行定位动作。相对定位的示意图如图 7-24 所示。

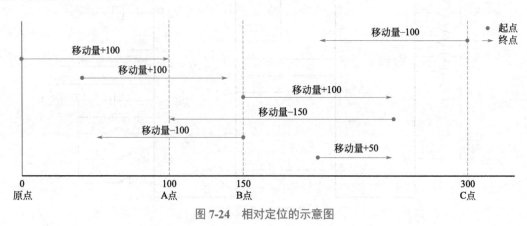

图 7-24 相对定位的示意图

② DRVI/DDRVI 指令格式。DRVI/DDRVI 指令的（s1）存储的是相对地址指定定位地址的软元件编号，（s2）中存储的是指定指令速度或存储了数据的字软元件编号，（d1）中存储的是输出脉冲的轴编号，（d2）和（d2）+1 中存储的是指令执行结束、异常结束标志位的位软元件编号，指令格式如图 7-25 所示。

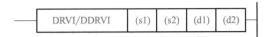

图 7-25　相对定位指令格式

使用相对定位指令不需要回原点，而使用绝对定位指令需要回原点。

③ 参数的配置。使用 FX5U 高速输入和输出时，参数配置至关重要。以下详细介绍。

在图 7-20 的导航窗口中，单击"参数"→"FX5UCPU"→"模块参数"→"高速 I/O"→"输入功能"→"输出功能"→"详细设置"，弹出基本设置界面如图 7-26 所示，选择轴 1 脉冲输出模式为"PULSE/SIGN"（脉冲 + 方向）。其余设置可以用默认数值，当然也可以根据需要修改。

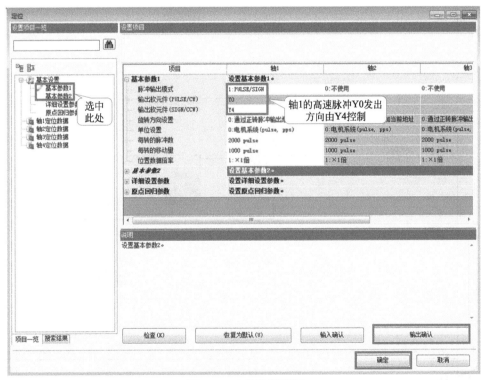

图 7-26　定位设置界面

伺服驱动应用——点动

④ 应用实例。相对定位指令比较常用，最常用的是在伺服系统的点动控制中，以下用一个例子介绍其使用。

【例 7-4】

FX5U 对 MR-J4 伺服系统进行位置控制，要求设计此系统，并编写点动控制程序。

【解】 设计原理图如图 7-22 所示。

编写程序如图 7-27 所示。当压下正向点动按钮 SB4 时，DDRVI 指令开始执行正向相对位移操作，其运行速度是 +10000pps，当 SB4 断开时 M2 线圈得电，切断 M10 的线圈，实现点动，点动完成后 M0 置位，随后 M0 和 M1 复位。

当压下反向点动按钮 SB5 时，DDRVI 指令开始执行正向相对位移操作，其运行速度是 −10000pps，当 SB5 断开时 M8 线圈得电，切断 M11 的线圈，实现点动，点动完成后 M5 置位，随后 M5 和 M6 复位。

任何时候按下 SB1 按钮，伺服系统停止运行。

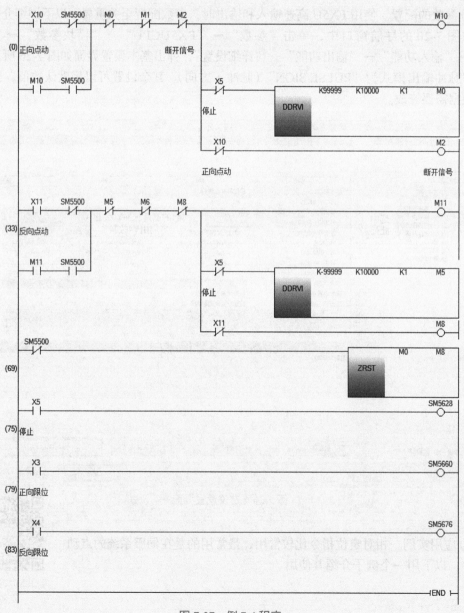

图 7-27　例 7-4 程序

（3）绝对定位指令 DRVA/DDRVA

① 绝对定位的概念。绝对定位就是以原点（参考点）为基准指定位置（绝对地址）进行定位动作。绝对目标位置与起点在哪里无关。绝对定位的示意图如图 7-28 所示。

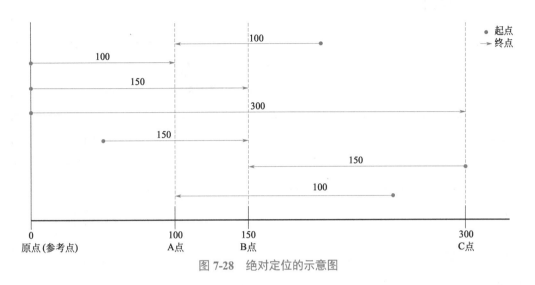

图 7-28　绝对定位的示意图

② DRVA/DDRVA 指令格式。DRVA/DDRVA 指令的（s1）存储的是绝对地址指定定位地址的字软元件编号，（s2）中存储的是指定指令速度或存储了数据的字软元件编号，（d1）中存储的是输出脉冲的轴编号，（d2）和（d2）+1 中存储的是指令执行结束、异常结束标志位的位软元件编号，指令格式如图 7-29 所示。

使用相对定位指令不需要回原点，而使用绝对定位指令需要回原点。

图 7-29　绝对定位指令格式

伺服驱动应用——
绝对位移

③ 参数的配置。使用 FX5U 高速输入和输出时，参数配置至关重要，请参照例 7-3。
④ 应用实例。绝对定位指令最常用，以下用一个例子介绍其使用。

【例 7-5】

FX5U 对 MR-J4 伺服系统进行位置控制，要求设计此系统，并编写控制程序，实现无论小车停在哪里，压下启动按钮后回到 K10000 脉冲处。

【解】　设计原理图如图 7-22 所示。

编写程序如图 7-30 所示。当压下复位按钮 SB2 时，DDSZR 指令开始执行搜索原点操作，找到原点后，M20 置位。压下 SB3 按钮，DDRVA 指令开始执行绝对位移操作，其运行速度是 +1500pps，到达 10000p 位置后，随后 M0 ～ M8 复位。

任何时候按下 SB1 按钮，伺服系统停止运行。

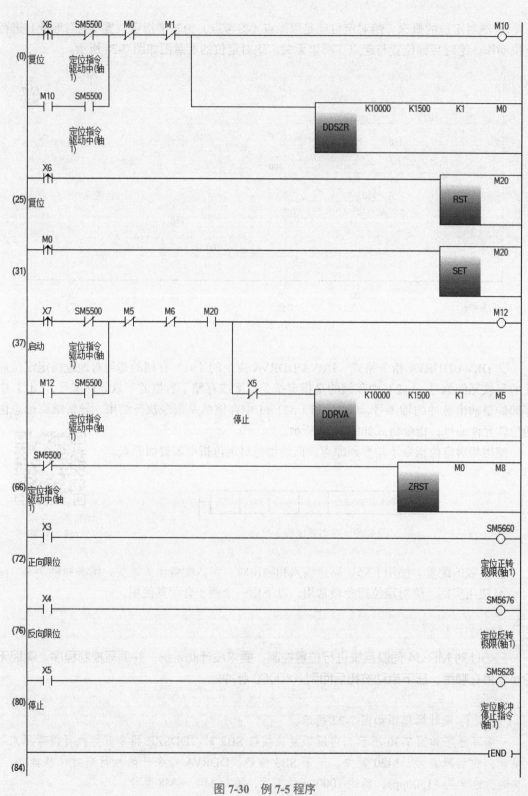

图 7-30 例 7-5 程序

7.2.3　三菱 FX5U 对 MR-J4 伺服系统的位置控制

在伺服系统的三种控制模式中，伺服系统的位置控制在工程实践中最为常见。以下用一个实例介绍 FX5U 对 MR-J4 伺服系统的位置控制。

 【例 7-6】

已知伺服系统的编码器的分辨率为 4194304（22 位，即 2^{22}），脉冲当量定义为 0.001mm，工作台螺距是 10mm。要求压下启动按钮，正向行走 50mm，停 2s，再正向行走 50mm，停 2s，返回原点，停 2s，如此往复运行。停机后，压下启动按钮可以继续按逻辑运行，而且要求设计点动功能。设计此方案，并编写控制程序。

FX5U 对 MR-J4 伺服系统的位置控制

【解】　（1）设计原理图
设计原理图，如图 7-31 所示。

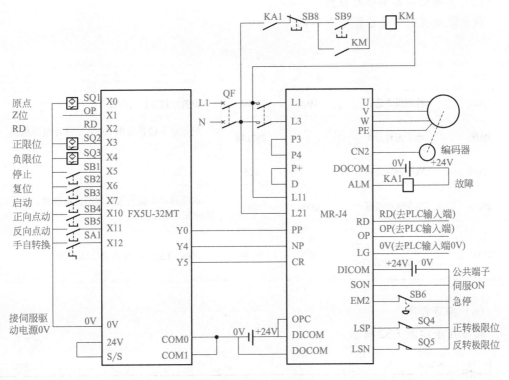

图 7-31　例 7-6 原理图

（2）计算电子齿轮比
因脉冲当量为 0.001mm，则 PLC 发出 1000 个脉冲，工作杆可以移动 1mm。丝杠螺距为 10mm，则要使工作台移动一个螺距，PLC 需要发出 10000 个脉冲。

$$10000 \times \frac{CMX}{CDV} = 4194304$$,则电子齿轮比为：

$$CMX/CDV = 4194304/10000 = 262144/625$$

（3）计算脉冲距离

① 从原点到第 1 位置为 50mm，而一个脉冲能移动 0.001mm，则 50mm 需要发出 50000 个脉冲。

② 从原点到第 2 位置为 100mm，而一个脉冲能移动 0.001mm，则 100mm 需要发出 100000 个脉冲。

（4）计算脉冲频率（转速）

脉冲频率即伺服电动机转速计算。

① 原点回归高速：定义为 0.75r/s，低速（爬行速度）为 0.25r/s，则原点回归高速频率为 7500Hz，低速为 2500Hz。

② 自动运行速度：按照要求，可定义转速为 4r/s，自动运行频率为 40000Hz，1s 能走 40mm。

（5）伺服驱动器的参数设置

伺服驱动器的参数设置见表 7-10。

表 7-10　伺服驱动器的参数

参数	名称	出厂值	设定值	说明
PA01	控制模式选择	1000	1000	设置成位置控制模式
PA06	电子齿轮分子	1	262144	设置成上位机发出 10000 个脉冲电动机转一周
PA07	电子齿轮分母	1	625	
PA13	指令脉冲选择	0000	0011	选择脉冲串输入信号波形，负逻辑，设定脉冲加方向控制
PD01	用于设定 SON、LSP、LSN 的自动置 ON	0000	0C04	SON、LSP、LSN 内部自动置 ON

（6）编写程序

编写程序如图 7-32 所示。

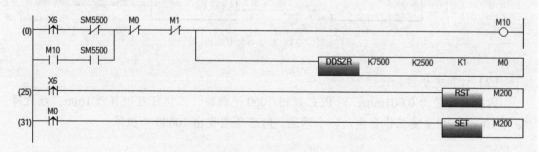

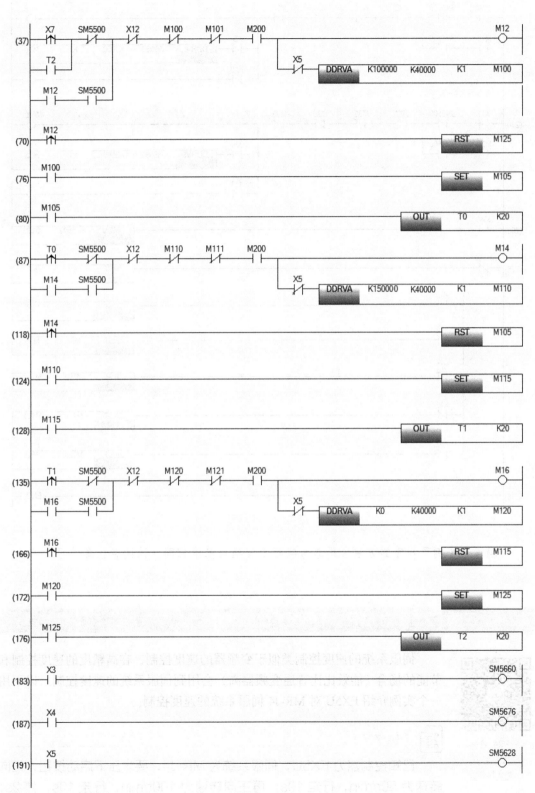

图 7-32

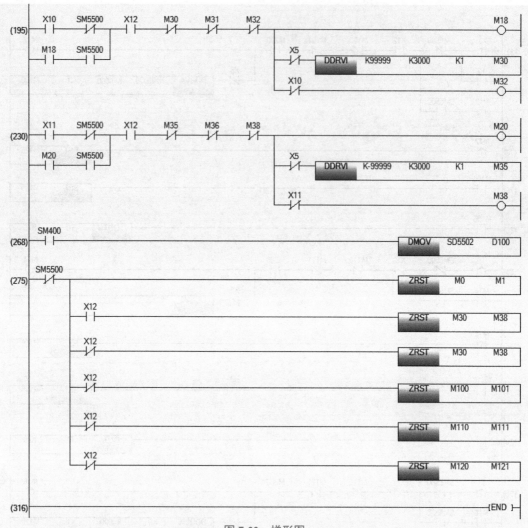

图 7-32 梯形图

编写这个例子程序的方法和思路与实际工程项目基本相同，请读者认真学习。

7.2.4 三菱 FX5U 对 MR-J4 伺服系统的速度控制

伺服系统的速度控制类似于变频器的速度控制，在高精度的速度控制和节能的场合（能效比比普通变频器高）会用到伺服系统的速度控制。以下用一个实例介绍 FX5U 对 MR-J4 伺服系统的速度控制。

FX5U 对 MR-J4
伺服系统的
速度控制

【例 7-7】

已知控制器为 FX5U，伺服系统为 MR-J4，要求压下启动按钮，正向转速为 50r/min，行走 10s；再正向转速为 100r/min，行走 10s，停 2s；再反向转速为 200r/min，行走 10s，设计此方案，并编写程序。

【解】　（1）设计原理图
设计原理图如图 7-33 所示。

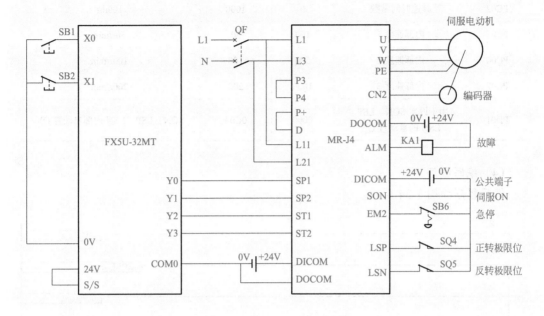

图 7-33　原理图

（2）外部输入信号
外部输入信号与速度的对应关系见表 7-11。

表 7-11　外部输入信号与速度的对应关系

外部输入信号					速度指令
ST1（Y2）	ST2（Y3）	SP1（Y0）	SP2（Y1）	FX3（Y4）	
0	0	0	0	0	电动机停止
1	0	1	0	0	速度 1（PC05=50）
1	0	0	1	0	速度 2（PC06=100）
0	1	1	1	0	速度 3（PC07=200）

（3）伺服驱动器的参数设置
伺服驱动器的参数设置见表 7-12。

表 7-12　伺服驱动器的参数

参数	名称	出厂值	设定值	说明
PA01	控制模式选择	0000	1002	设置成速度控制模式
PC01	加速时间常数	0	1000	100ms

续表

参数	名称	出厂值	设定值	说明
PC02	减速时间常数	0	1000	100ms
PC05	内部速度 1	100	50	50r/min
PC06	内部速度 2	500	100	100r/min
PC07	内部速度 3	1000	200	200r/min
PD01	用于设定 SON、LSP、LSN 的自动置 ON	0000	0C04	SON、LSP、LSN 内部自动置 ON

（4）编写程序

编写程序如图 7-34 所示。

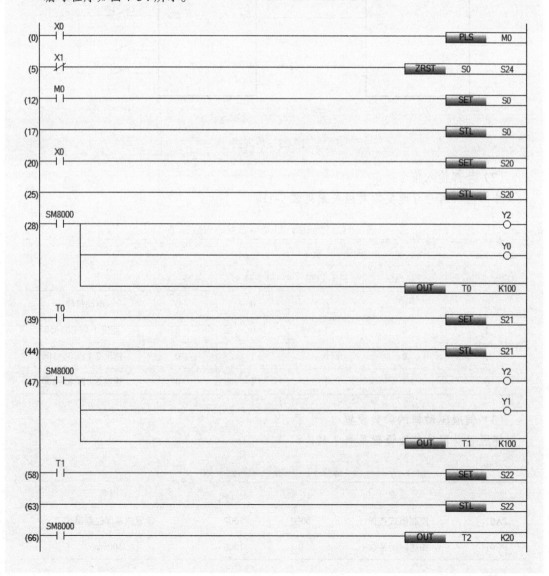

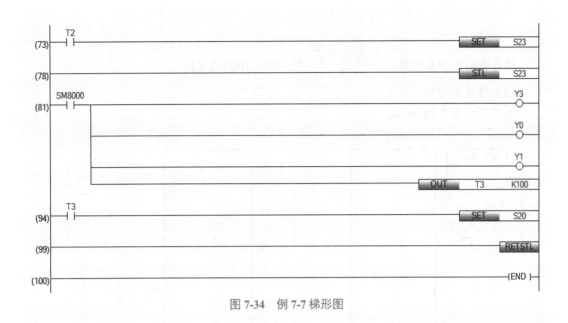

图 7-34　例 7-7 梯形图

7.2.5　三菱 FX5U 对 MR-J4 伺服系统的转矩控制

伺服系统的转矩控制在工程中也是很常用的，常用于张力控制，以下用一个实例介绍 FX5U 对 MR-J4 伺服系统的转矩控制。

FX5U 对 MR-J4
伺服系统的
转矩控制

【例 7-8】

有一收卷系统，要求在收卷时纸张所受到的张力保持不变，当收卷到 100m 时，电动机停止。切刀工作，把纸切断，示意图如图 7-35 所示。设计此方案，并编写程序。

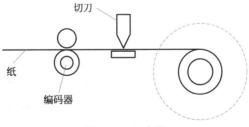

图 7-35　示意图

【解】　（1）分析与计算

① 收卷系统要求在收卷的过程中受到的张力不变，开始收卷时半径小，要求电动机转得快，当收卷半径变大时，电动机转速变慢。因此采用转矩控制模式。

② 因要测量纸张的长度，故需编码器，假设编码器的分辨率是 1000 脉冲 /r，安装编码器的辊子周长是 50mm。故纸张的长度和编码器输出脉冲的关系式是：

编码器输出的脉冲数 $= \dfrac{\text{纸张的长度}}{50} \times 1000 \times 1000 = 2 \times 10^{6}$

（2）设计原理图

原理图如图 7-36 所示。

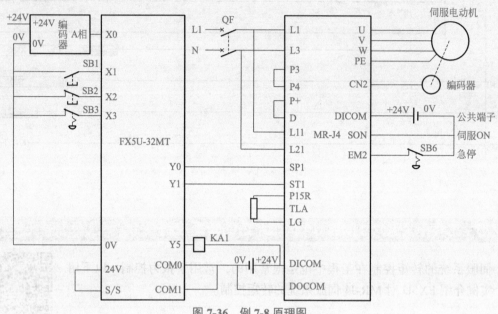

图 7-36　例 7-8 原理图

（3）伺服驱动器的参数设置

伺服驱动器的参数设置见表 7-13。

表 7-13　伺服驱动器的参数

参数	名称	出厂值	设定值	说明
PA01	控制模式选择	1000	1004	设置成转矩控制模式
PA019	读写模式		000C	读写全开放
PC01	加速时间常数	0	500	500ms
PC02	减速时间常数	0	500	500ms
PC05	内部速度 1	100	1000	1000r/min
PD01	用于设定 SON、LSP、LSN 是否内部自动设置 ON	0000	0C04	SON 内部置 ON，LSP、LSN 外部置 ON
PD03	输入信号选择	0002	2202	速度 1 模式

（4）编写程序

编写程序如图 7-37 所示。

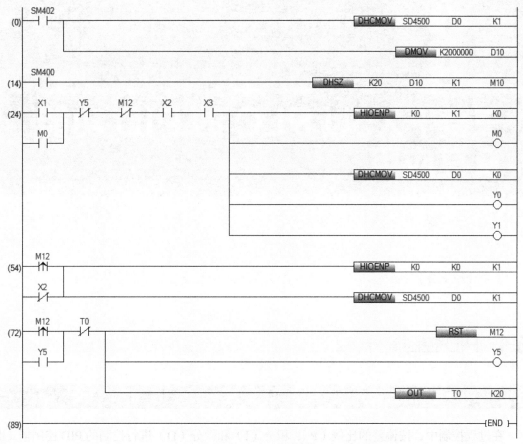

图 7-37 例 7-8 程序

第 8 章

三菱 FX5U PLC 的 PID 功能及其应用

本章介绍 PID 控制的基本原理以及 PID 控制在电炉温度控制中的应用。

8.1 PID 控制简介

8.1.1 PID 控制原理简介

在过程控制中，按偏差的比例（P）、积分（I）和微分（D）进行控制的 PID 控制器（也称 PID 调节器）是应用最广泛的一种自动控制器。它具有原理简单、易于实现、适用面广、控制参数相互独立、参数选定比较简单、调整方便等优点；而且在理论上可以证明，对于过程控制的典型对象——"一阶滞后＋纯滞后"与"二阶滞后＋纯滞后"，PID 控制器是一种最优控制。PID 调节规律是连续系统动态品质校正的一种有效方法，它的参数整定方式简便，结构改变灵活（如可为 PI 调节、PD 调节等）。长期以来，PID 控制器被广大科技人员及现场操作人员所采用，并积累了大量的经验。

PID 控制器就是根据系统的误差，利用比例、积分、微分计算出控制量来进行控制。当被控对象的结构和参数不能完全掌握或得不到精确的数学模型时，控制理论的其他技术难以采用时，系统控制器的结构和参数必须依靠经验和现场调试来确定，这时应用 PID 控制技术最为方便。即当我们不完全了解一个系统和被控对象或不能通过有效的测量手段来获得系统参数时，最适合采用 PID 控制技术。

（1）比例（P）控制

比例控制是一种最简单、最常用的控制方式，如放大器、减速器和弹簧等。比例控制器能立即成比例地响应输入的变化量。但仅有比例控制时，系统输出存在稳态误差（steady-state error）。

（2）积分（I）控制

在积分控制中，控制器的输出量是输入量对时间的积累。对一个自动控制系统，如果在进入稳态后存在稳态误差，则称这个控制系统是有稳态误差的或简称有差系统（system with steady-state error）。为了消除稳态误差，在控制器中必须引入"积分项"。积分项对误差的运算取决于时间的积分，随着时间的增加，积分项会增大。所以即便误差很小，积分项也会随着时间的增加而加大，它推动控制器的输出增大，使稳态误差进一步减小，直到等于零。因此，采用比例 + 积分（PI）控制器，可以使系统在进入稳态后无稳态误差。

（3）微分（D）控制

在微分控制中，控制器的输出与输入误差信号的微分（即误差的变化率）成正比关系。自动控制系统在克服误差的调节过程中可能会出现振荡甚至失稳。其原因是存在较大的惯性组件（环节）或滞后（delay）组件，具有抑制误差的作用，其变化总是落后于误差的变化。解决的办法是使抑制误差的作用的变化"超前"，即在误差接近零时，抑制误差的作用就应该是零。这就是说，在控制器中仅引入"比例"项往往是不够的，比例项的作用仅是放大误差的幅值，因而需要增加"微分项"，它能预测误差变化的趋势，这样具有比例 + 微分的控制器就能够提前使抑制误差的控制作用等于零，甚至为负值，从而避免被控量的严重超调。所以对有较大惯性或滞后的被控对象，比例 + 微分（PD）控制器能改善系统在调节过程中的动态特性。

（4）闭环控制系统特点

控制系统一般包括开环控制系统和闭环控制系统。开环控制系统（open-loop control system）是指被控对象的输出（被控制量）对控制器（controller）的输出没有影响。在这种控制系统中，不依赖将被控制量返送回来以形成任何闭环回路。闭环控制系统（closed-loop control system）的特点是：系统被控对象的输出（被控制量）会返送回来影响控制器的输出，形成一个或多个闭环。闭环控制系统有正反馈和负反馈，若反馈信号与系统给定值信号相反，则称为负反馈（negative feedback）；若极性相同，则称为正反馈。一般闭环控制系统均采用负反馈，又称负反馈控制系统。可见，闭环控制系统性能远优于开环控制系统。

（5）PID 控制器的主要优点

PID 控制器成为应用最广泛的控制器，它具有以下优点。

① PID 算法蕴涵了动态控制过程中过去、现在、将来的主要信息，而且其配置几乎最优。其中，比例（P）代表了当前的信息，起纠正偏差的作用，使过程反应迅速。微分（D）在信号变化时有超前控制作用，代表将来的信息。在过程开始时强迫过程进行，过程结束时减小超调，克服振荡，提高系统的稳定性，加快系统的过渡过程。积分（I）代表了过去积累的信息，它能消除静差，改善系统的静态特性。此 3 种作用配合得当，可使动态过程快速、平稳、准确，得到良好的效果。

② PID 控制适应性好，有较强的鲁棒性，在各种工业场合，都可在不同的程度上有所应用。特别适于"一阶惯性环节 + 纯滞后"和"二阶惯性环节 + 纯滞后"的过程控制对象。

③ PID 算法简单明了，各个控制参数相对较为独立，参数的选定较为简单，形成了完整的设计和参数调整方法，很容易为工程技术人员所掌握。

④ PID 控制根据不同的要求，针对自身的缺陷进行了不少改进，形成了一系列改进的 PID 算法。例如，为了克服微分带来的高频干扰的滤波 PID 控制；为克服大偏差时出现饱和超调的 PID 积分分离控制；为补偿控制对象非线性因素的可变增益 PID 控制等。这些改进

算法在一些应用场合取得了很好的效果。同时随着当今智能控制理论的发展，又形成了许多智能 PID 控制方法。

8.1.2 PID 控制的算法

（1）PID 的算法概述

PID 控制系统原理如图 8-1 所示。

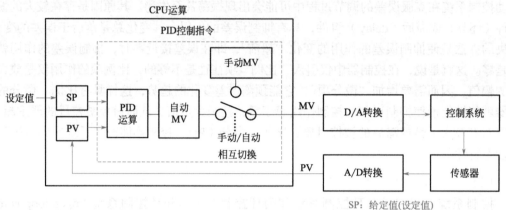

图 8-1 **PID 控制系统原理**

PID 控制器调节输出，保证偏差（e）为零，使系统达到稳定状态，偏差是给定值（SP）和过程变量（PV）的差。PID 控制的原理基于以下公式：

$$M(t) = K_C e + K_C \int_0^1 e \mathrm{d}t + M_{\text{initial}} + K_C \frac{\mathrm{d}e}{\mathrm{d}t} \tag{8-1}$$

式中，$M(t)$ 是 PID 回路的输出；K_C 是 PID 回路的增益；e 是 PID 回路的偏差（给定值与过程变量的差）；M_{initial} 是 PID 回路输出的初始值。

由于以上的算式是连续量，必须将连续量离散化才能在计算机中运算，离散处理后的算式如下：

$$M_n = K_C e_n + K_I \sum_1^n e_x + M_{\text{initial}} + K_D (e_n - e_{n-1}) \tag{8-2}$$

式中，M_n 是在采样时刻 n，PID 回路输出的计算值；K_C 是 PID 回路的增益；K_I 是积分项的比例常数；K_D 是微分项的比例常数；e_n 是采样时刻 n 的回路的偏差值；e_{n-1} 是采样时刻 $n-1$ 的回路的偏差值；e_x 是采样时刻 x 的回路的偏差值；M_{initial} 是 PID 回路输出的初始值。

再对以上算式进行改进和简化，得出如下计算 PID 输出的算式：

$$M_n = MP_n + MI_n + MD_n \tag{8-3}$$

式中，M_n 是第 n 次采样时刻的计算值；MP_n 是第 n 次采样时刻的比例项的值；MI_n 是第 n 次采样时刻的积分项的值；MD_n 是第 n 次采样时刻微分项的值。

$$MP_n = K_C \cdot (SP_n - PV_n) \tag{8-4}$$

式中，K_C 是 PID 回路的增益；SP_n 是第 n 次采样时刻的给定值；PV_n 是第 n 次采样时刻的过程变量值。很明显，比例项 MP_n 数值的大小和增益 K_C 成正比，增益 K_C 增加可以直接导致比例项 MP_n 的快速增加，从而直接导致 M_n 增加。

$$MI_n = K_C \cdot T_S/T_I \cdot (SP_n - PV_n) + MX \tag{8-5}$$

式中，K_C 是 PID 回路的增益；T_S 是回路的采样时间；T_I 是积分时间；SP_n 是第 n 次采样时刻的给定值；PV_n 是第 n 次采样时刻的过程变量值；MX 是第 $n-1$ 时刻的积分项（也称为积分前项）。很明显，积分项 MI_n 数值的大小随着积分时间 T_I 的减小而增加，T_I 的减小可以直接导致积分项 MI_n 数值的增加，从而直接导致 M_n 增加。

$$MD_n = K_C \cdot (PV_{n-1} - PV_n) \cdot T_D/T_S \tag{8-6}$$

式中，K_C 是 PID 回路的增益；T_S 是回路的采样时间；T_D 是微分时间；PV_n 是第 n 次采样时刻的过程变量值；PV_{n-1} 是第 $n-1$ 次采样时刻的过程变量。很明显，微分项 MD_n 数值的大小随着微分时间 T_D 的增加而增加，T_D 的增加可以直接导致积分项 MD_n 数值的增加，从而直接导致 M_n 增加。

◎ 关键点 ·········

式（8-3）到式（8-6）是非常重要的。根据这几个公式，读者必须建立一个概念：增益 K_C 增加可以直接导致比例项 MP_n 的快速增加，T_I 的减小可以直接导致积分项 MI_n 数值的增加，微分项 MD_n 数值的大小随着微分时间 T_D 的增加而增加，从而直接导致 M_n 增加。理解了这一点，对于正确调节 P、I、D 三个参数是至关重要的。

（2）PID 的算法的解读

① 比例增益动作

a. 在比例环节中，PID 的运算结果 $M(t)$（也称为操作值，即控制输出值，MV 值）与偏差成正比（设定值与测量值的差）。

b. 当比例增益 K_P 减小时，$M(t)$ 减少，控制动作变慢。

c. 当比例增益 K_P 增加时，$M(t)$ 增加，控制动作变快，但容易发生振荡。K_P 在参数调整时，效果最为显著，不同 K_P 数值对测量值和输出值的影响如图 8-2 所示。

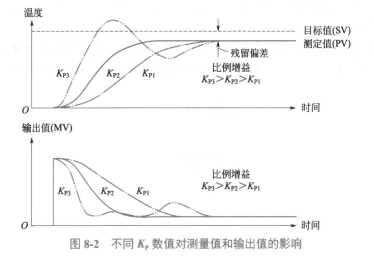

图 8-2　不同 K_P 数值对测量值和输出值的影响

② 积分动作

a. 积分动作是指，存在偏差时，连续地变化 PID 的运算结果 $M(t)$（操作值）以消除偏差的动作。该动作可消除比例动作中产生的偏置。

b. 偏差产生后，积分动作的 $M(t)$ 达到比例动作的 $M(t)$ 所需的时间称为积分时间。积分时间以 T_I 表示。

c. 积分时间以 T_I 减少，积分效果增大且消除偏置所用时间变短，但是易发生振荡。积分时间以 T_I 增加，积分效果减小，消除偏置所用时间变长。

d. 积分动作常与比例动作组合使用（PI 动作）或与比例及微分动作组合使用（PID 动作）。积分动作不能独立使用。不同 T_I 数值对测量值和输出值的影响如图 8-3 所示。

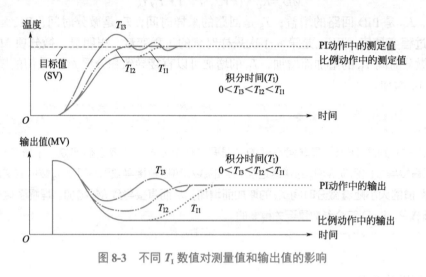

图 8-3　不同 T_I 数值对测量值和输出值的影响

③ 微分动作

a. 微分动作是指，产生偏差时，将与偏差随时间的变化率成比例的 $M(t)$（操作值）施加到偏差中以消除偏差的动作。本动作可防止由外部干扰等导致控制目标发生大的波动。

b. 偏差产生后，微分动作的 $M(t)$ 达到比例动作的 $M(t)$ 所需的时间称为微分时间。微分时间以 T_D 表示。

c. 当微分时间 T_D 变短时，微分效果减小。当微分时间 T_D 变长时，微分效果增加，但容易产生短周期振荡。

d. 微分动作常与比例动作组合使用（PD 动作）或与比例及积分动作组合使用（PID 动作）。微分动作不能独立使用。不同 T_D 数值对测量值和输出值的影响如图 8-4 所示。

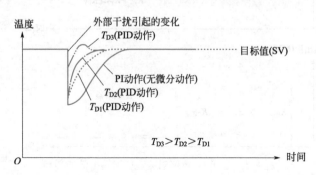

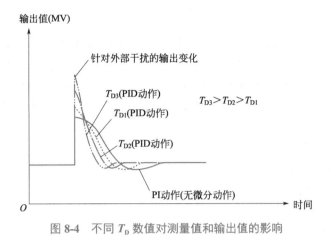

图 8-4　不同 T_D 数值对测量值和输出值的影响

8.2　用三菱 FX5U PLC 对电炉进行温度控制

以下用一个例子说明 PID 指令在电炉温度闭环控制系统中的应用。

【例 8-1】

电炉温度闭环控制系统如图 8-5 所示。FX5U-32MR 是主控单元，要保证电炉的温度在 50℃，试编写程序。温度传感器的范围是 0 ~ 100℃，变送器的范围是 0 ~ 20mA。

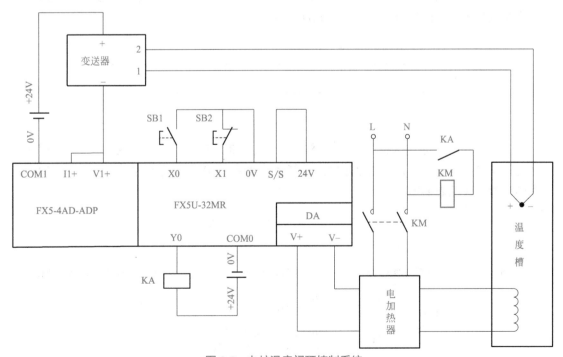

图 8-5　电炉温度闭环控制系统

【解】　电炉温度闭环控制系统的工作原理：FX5U-32MR 是主控单元，输出驱动电加热器给温度槽加热，由热电偶检测温度槽的温度模拟信号，经由模拟量模块 AD 转化后，PLC 执行程序，调节温度槽的温度保持在 40℃，图中的 FX5-4AD-ADP 模块与基本单元直接相连，槽位是 1，它有 4 个通道，程序选择 1 通道作为热电偶的模拟量采样，其他通道不用。

（1）软硬件配置

① 1 套 GX Works3；

② 1 台 FX5U-32MR；

③ 1 台 FX5-4AD-ADP；

④ 1 根编程电缆；

⑤ 1 台电炉。

（2）PID 指令简介

PID 运算指令（PID）参数见表 8-1。

表 8-1　PID 运算指令（PID）参数

指令名称	［S1·］	［S2·］	［S3·］	［D·］
PID 运算	D 目标值 SV	D 测定值 PV	D0 ～ D975 参数	D 输出值 MV

用一个例子解释 PID 运算指令（PID）的使用方法，如图 8-6 所示，当 X1 闭合时，指令在达到采样时间后的扫描时进行 PID 运算。

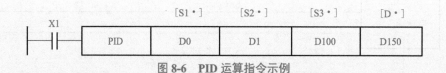

图 8-6　PID 运算指令示例

［S1·］中的是设定目标值（SV），［S2·］中的是测定现在值（PV），［S3·］～［S3·］+6 中的是设定控制参数，执行完程序时，运算输出结果（MV）被存放在［D·］中。［S3·］中参数的含义见表 8-2。

表 8-2　［S3·］中参数的含义

设定项目		设定内容	备注
S3	采样时间（T_s）	1 ～ 32767（ms）	比运算周期短的值无法执行
S3+1	动作设定 （ACT） bit0	0：正动作 1：逆动作	动作方向
	bit1	0：无输入变化量报警 1：输入变化量报警有效	

续表

设定项目			设定内容	备注
S3+1	动作设定（ACT）	bit2	0：无输入变化量报警 1：输入变化量报警有效	bit2 和 bit5 请勿同时置 ON
		bit3	不可以使用	
		bit4	0：自整定不动作 1：执行自整定	
		bit5	0：无输出值上下限设定 1：输出值上下限设定有效	
		bit6	0：阶跃响应法 1：极限循环法	选择自整定的模式
		bit7 ~ bitl5	不可以使用	
S3+2	输入滤波常数 a		0 ~ 99（%）	0 是表示无输入滤波
S3+3	比例增益 K_P		1 ~ 32767（%）	
S3+4	积分时间 T_I		0 ~ 32767（*100ms）	0 时作为 ∞ 处理
S3+5	微分增益 K_D		0 ~ 100（%）	0 时无微分增益
S3+6	微分时间 T_D		0 ~ 32767（*10ms）	0 时无积分
S3+7 ~ S3+19	被 PID 运算的内部处理占用，不要更改数据			
S3+20	输入变化量（增加侧）报警设定值		0 ~ 32767	动作方向：S3+1 bit1=1 时有效
S3+21	输入变化量（减少侧）报警设定值		0 ~ 32767	动作方向：S3+1 bit1=2 时有效
S3+22	输出变化量（增加侧）报警设定值		0 ~ 32767	动作方向：S3+1 bit2=1，bit5=0 时有效
	输出上限的设定值		-32768 ~ 32767	动作方向：S3+1 bit2=0，bit5=1 时有效
S3+23	输出变化量（减少侧）报警设定值		0 ~ 32767	动作方向：S3+1 bit2=1，bit5=0 时有效
	输出下限的设定值		-32768 ~ 32767	动作方向：S3+1 bit2=0，bit5=1 时有效

续表

设定项目			设定内容	备注
S3+24	报警输出	bit0	0：输入变换量（增加侧）未溢出 1：输入变化量（增加侧）溢出	动作方向：S3+1 bit1=1 或者 bit2=1 时有效
		bit1	0：输入变换量（减少侧）未溢出 1：输入变化量（减少侧）溢出	
		bit2	0：输出变换量（增加侧）未溢出 1：输出变化量（增加侧）溢出	
		bit3	0：输出变换量（减少侧）未溢出 1：输出变化量（减少侧）溢出	

（3）程序编写

首先要确定 PID 设定的参数，见表 8-3。

表 8-3 PID 参数的内容

PID 控制设定内容			自动调节参数	PID 控制参数
目标值（SV）		［S1·］	4000（40℃）	4000（40℃）
参数设定	采样时间（T_s）	［S3·］	3000ms	500ms
	输入滤波（α）	［S3·］+2	70%	70%
	微分增益（K_D）	［S3·］+5	0	0
	输出上限	［S3·］+22	2000（2s）	2000（2s）
	输出下限	［S3·］+23	0	0
动作方向（ACT）	输入变化量报警 ［S3·］+1bit1		有效	有效
	输出变化量报警 ［S3·］+1bit2		有效	有效
	输出值上下限设定 ［S3·］+1bit5		有	有
输出值（MV）	［D·］		1800ms	根据运算

自动调节 PID 控制的梯形图程序如图 8-7 所示，在程序中，X0=ON，X1=OFF，先执行自动调节，然后进行 PID 运算（实际是 PI 运算）。

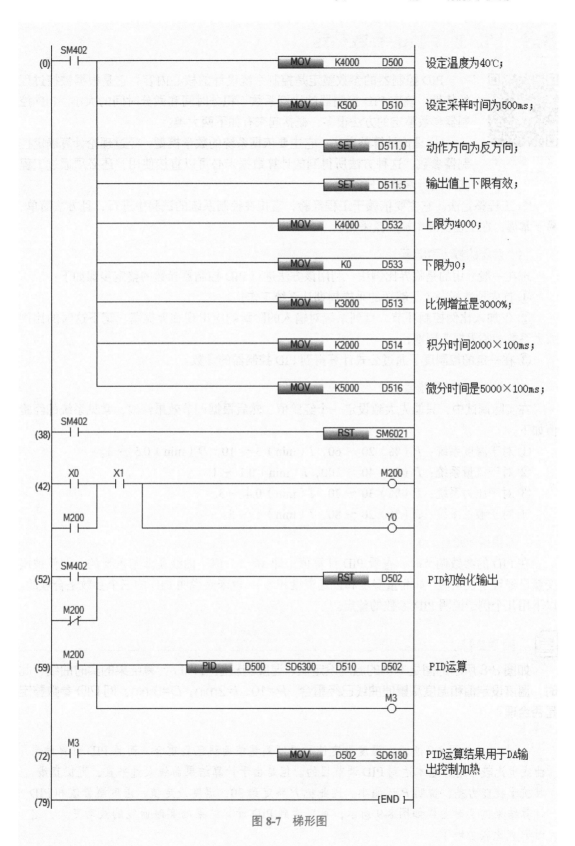

图 8-7 梯形图

8.3 PID 控制器的参数整定

PID 参数的整定介绍

PID 控制器的参数整定是控制系统设计的核心内容。它是根据被控过程的特性，确定 PID 控制器的比例系数、积分时间和微分时间的大小。PID 控制器参数整定的方法很多，概括起来有如下两大类。

① 理论计算整定法。它主要依据系统的数学模型，经过理论计算确定控制器参数。这种方法所得到的计算数据未必可以直接使用，还必须通过工程实际进行调整和修改。

② 工程整定法。它主要依赖于工程经验，直接在控制系统的试验中进行，且方法简单、易于掌握，在工程实际中被广泛采用。

(1) 整定的方法和步骤

现在一般采用的是临界比例法。利用该方法进行 PID 控制器参数的整定步骤如下：

① 首先预选择一个足够短的采样周期让系统工作；

② 仅加入比例控制环节，直到系统对输入的阶跃响应出现临界振荡，记下这时的比例放大系数和临界振荡周期；

③ 在一定的控制度下通过公式计算得到 PID 控制器的参数。

(2) PID 参数的经验值

在实际调试中，只能先大致设定一个经验值，然后根据调节效果修改，常见系统的经验值如下。

① 对于温度系统：P（%）20 ～ 60，I（min）3 ～ 10，D（min）0.5 ～ 3。

② 对于流量系统：P（%）40 ～ 100，I（min）0.1 ～ 1。

③ 对于压力系统：P（%）30 ～ 70，I（min）0.4 ～ 3。

④ 对于液位系统：P（%）20 ～ 80，I（min）1 ～ 5。

(3) 根据曲线整定参数

在 PID 的参数调节时，查看 PID 计算值［即 $M(t)$ 值］曲线是非常重要的，即使被调变量已经等于设定值（如测量温度和设定温度相等），也未必说明 PID 的三个参数是合理的。以下用几个例子说明 PID 参数的整定。

【例 8-2】

如图 8-8 所示的图是本例的温度设定值、温度测量值和 PID 计算结果的实时曲线，此时，温度设定值和温度测量值曲线已经重合，$P=10$，$I=2\text{min}$，$D=0\text{min}$。问 PID 参数整定是否合理？

【解】 如图 8-8 所示，温度设定值和温度测量值曲线已经重合，而且 PID 计算结果曲线也比较平滑，基本达到 PID 调节目的。但是由于计算结果曲线太过平直，近似直线，其抗干扰能力差，说明 P 还偏小。因此把 P 整定到 30，温度设定值、温度测量值和 PID 计算结果的实时曲线如图 8-9 所示，可以看到 PID 计算结果的实时曲线的波动变大，这时 P 就比较合理了。

当将 P 整定为 70 时，温度设定值、温度测量值和 PID 计算结果的实时曲线如图 8-10 所示，可以看到 PID 计算结果的实时曲线的波动变得很大，温度设定值、温度测量值开始不重合了，PID 计算结果的实时曲线的波谷碰到 0，这实际就是超调，这时 P 不合理，偏大。

由此可见，根据设定值、测量值和 PID 计算结果的实时曲线可以很快判定 PID 整定是否合理。

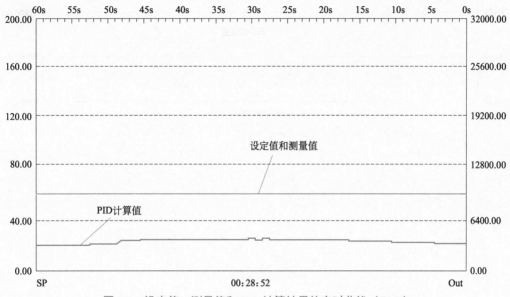

图 8-8 设定值、测量值和 PID 计算结果的实时曲线（P=10）

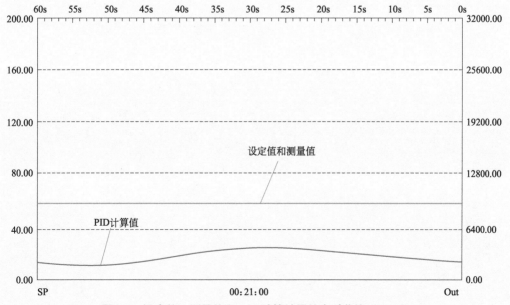

图 8-9 设定值、测量值和 PID 计算结果的实时曲线（P=30）

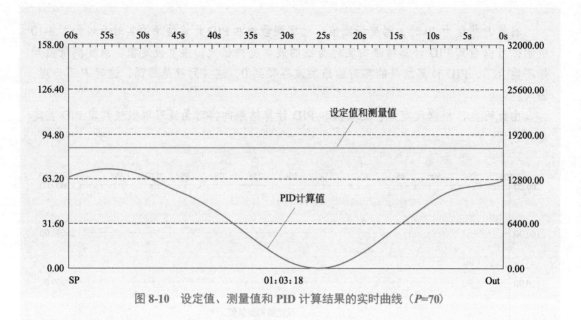

图 8-10   设定值、测量值和 PID 计算结果的实时曲线（*P*=70）

第9章

三菱 FX5U PLC 高速计数器功能及其应用

本章介绍 FX5U PLC 的高速计数功能，FX5U PLC 高速计数器的应用。FX5U PLC 的高速计数功能相较以往 FX 系列 PLC 的使用方法有所不同，其功能更加强大，而且使用更加便利，采用了参数配置的方法，减少了编写程序的工作量。

高速计数器典型的应用是测量距离和转速。本章的内容难度较大，学习时应多投入时间。

9.1 三菱 FX5U PLC 高速计数器的简介

高速计数器是使用 CPU 模块的通用输入端子或者高速计数模块，对普通计数器无法测量的高速脉冲（如编码器的脉冲）的输入数进行计数。高速计数器通过参数进行输入分配、功能设置等，使用 HIOEN 指令执行动作。

FX5U PLC 高速
计数器的工作
模式和类型

（1）FX5U PLC 高速计数器的模式

高速计数器的动作模式有三种，动作模式的设置通过参数进行。

① 普通模式　作为一般的高速计数器使用时选择此项。

② 脉冲密度测定模式　测定从输入脉冲数开始到指定时间内的脉冲数时选择此项。

③ 转速测定模式　测定从输入脉冲数开始到指定时间内的转速时选择此项。

（2）高速计数器的类型

高速计数器共有 7 种类型，以下分别介绍。

① 1 相 1 输入计数器（S/W）　1 相 1 输入计数器（S/W）的计数方法如图 9-1 所示，只有 A 相用于计数，另一个输入端子用于改变计数方向，当此端子断开时，加计数，当此端子接通时，减计数。

② 1 相 1 输入计数器（H/W）　1 相 1 输入计数器（H/W）的计数方法如图 9-2 所示。A 相输入用于计数，B 相输入端子用于改变计数方向，当此端子断开时，加计数，当此端子接通时，减计数。

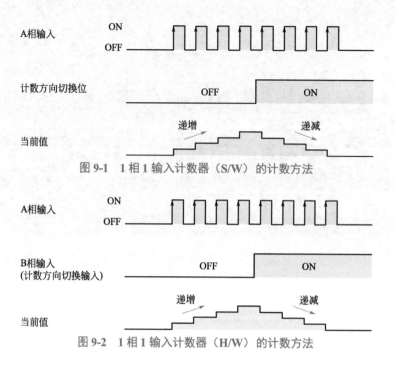

图 9-1 1 相 1 输入计数器（S/W）的计数方法

图 9-2 1 相 1 输入计数器（H/W）的计数方法

③ 1 相 2 输入计数器   1 相 2 输入计数器的计数方法如图 9-3 所示。A 相输入端子用于加计数，B 相输入端子用于减计数。

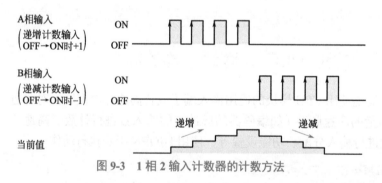

图 9-3 1 相 2 输入计数器的计数方法

④ 2 相 2 输入计数器［1 倍频］   2 相 2 输入计数器［1 倍频］的计数方法如图 9-4 所示。这种模式是常用模式。当 A 相输入 ON 而 B 相输入 OFF → ON 变化时计数递增 1，A 相输入 ON 而 B 相输入 ON → OFF 变化时计数递减 1。

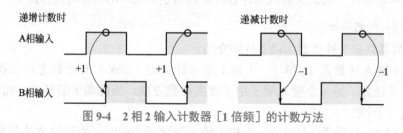

图 9-4 2 相 2 输入计数器［1 倍频］的计数方法

⑤ 2 相 2 输入计数器［2 倍频］   2 相 2 输入计数器［2 倍频］的计数方法如图 9-5 所示。

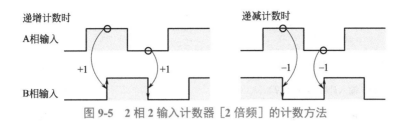
图 9-5　2 相 2 输入计数器［2 倍频］的计数方法

加计数的情况：A 相输入 ON 而 B 相输入 OFF → ON 变化时计数递增 1，A 相输入 OFF 而 B 相输入 ON → OFF 变化时计数递增 1。

减计数的情况：A 相输入 ON 而 B 相输入 ON → OFF 变化时计数递减 1，A 相输入 OFF 而 B 相输入 OFF → ON 变化时计数递减 1。

⑥ 2 相 2 输入计数器［4 倍频］　2 相 2 输入计数器［4 倍频］的计数方法如图 9-6 所示。

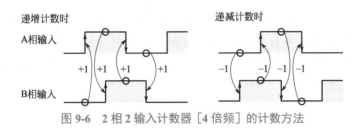
图 9-6　2 相 2 输入计数器［4 倍频］的计数方法

加计数的情况：B 相输入 OFF 而 A 相输入 OFF → ON 变化时计数递增 1；A 相输入 ON 而 B 相输入 OFF → ON 变化时计数递增 1；B 相输入 ON 而 A 相输入 ON → OFF 变化时计数递增 1；A 相输入 OFF 而 B 相输入 ON → OFF 变化时计数递增 1。

减计数的情况：A 相输入 OFF 而 B 相输入 OFF → ON 变化时计数递减 1；B 相输入 ON 而 A 相输入 OFF → ON 变化时计数递减 1；A 相输入 ON 而 B 相输入 ON → OFF 变化时计数递减 1；B 相输入 OFF 而 A 相输入 ON → OFF 变化时计数递减 1。

⑦ 内部时钟　内部时钟的计数方法如图 9-7 所示，用于内部时钟的计数（如 Y0 的高速脉冲输出的计数）。不需要外部输入信号。

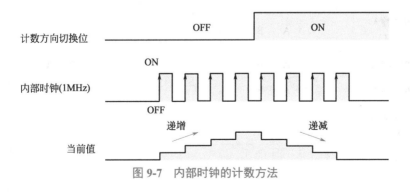
图 9-7　内部时钟的计数方法

(3) 高速计数器的最高频率

高速计数器在不同的工作模式，其计数的最大频率是不同的，见表 9-1。

表 9-1　高速计数器的最高频率

计数器类型	最高频率
1 相 1 输入计数器（S/W）	200kHz
1 相 1 输入计数器（H/W）	200kHz
1 相 2 输入计数器	200kHz
2 相 2 输入计数器［1 倍频］	200kHz
2 相 2 输入计数器［2 倍频］	100kHz
2 相 2 输入计数器［4 倍频］	50kHz
内部时钟	1MHz（固定）

高速计数器的输
入软元件分配

（4）高速计数器的输入软元件分配

高速计数器的输入软元件的分配通过参数进行设置。通过参数对各通道设置各自的功能时，即确定与之对应的分配。使用内部时钟时，为与 1 相 1 输入（S/W）相同的分配，不使用 A 相。高速计数器的输入分配见表 9-2。

表 9-2　高速计数器的输入分配

通道	高速计数器类型	X0	X1	X2	X3	X4	X5	X6	X7	X10	X11	X12	X13	X14	X15	X16	X17
通道 1	1 相 1 输入（S/W）	A								P	E						
	1 相 1 输入（H/W）	A	B							P	E						
	1 相 2 输入	A	B							P	E						
	2 相 2 输入	A	B							P	E						
通道 2	1 相 1 输入（S/W）		A									P	E				
	1 相 1 输入（H/W）			A	B							P	E				
	1 相 2 输入			A	B							P	E				
	2 相 2 输入			A	B							P	E				
通道 3	1 相 1 输入（S/W）			A										P	E		
	1 相 1 输入（H/W）					A	B							P	E		
	1 相 2 输入					A	B							P	E		
	2 相 2 输入					A	B							P	E		

续表

通道	高速计数器类型	X0	X1	X2	X3	X4	X5	X6	X7	X10	X11	X12	X13	X14	X15	X16	X17
通道 4	1 相 1 输入（S/W）				A											P	E
	1 相 1 输入（H/W）							A	B							P	E
	1 相 2 输入							A	B							P	E
	2 相 2 输入							A	B							P	E
通道 5	1 相 1 输入（S/W）					A				P	E						
	1 相 1 输入（H/W）									A	B	P	E				
	1 相 2 输入									A	B	P	E				
	2 相 2 输入									A	B	P	E				
通道 6	1 相 1 输入（S/W）						A					P	E				
	1 相 1 输入（H/W）											A	B	P	E		
	1 相 2 输入											A	B	P	E		
	2 相 2 输入											A	B	P	E		
通道 7	1 相 1 输入（S/W）							A						P	E		
	1 相 1 输入（H/W）													A	B	P	E
	1 相 2 输入													A	B	P	E
	2 相 2 输入													A	B	P	E
通道 8	1 相 1 输入（S/W）								A							P	E
	1 相 1 输入（H/W）															A	B
	1 相 2 输入															A	B
	2 相 2 输入															A	B
通道 1～ 通道 8	内部时钟	不使用															

注：A 为 A 相输入；B 为 B 相输入［但是，1 相 1 输入（H/W）时，变为方向切换输入］；P 为外部预置输入；E 为外部使能输入。

理解表 9-2 非常重要，假如要使用光电编码器测量有正反转的转速，通常采用 A/B 相模式测量，所有具有 2 相 2 输入的通道均可以使用，例如选择通道 1，那么编码器的 A 相和 X0 连接，B 相与 X1 连接即可，如图 9-8 所示，注意 FX5U 的 0V 和电源的 0V 要短接。如只有单向计数，则只要将高速输入信号连接到 X0 即可。

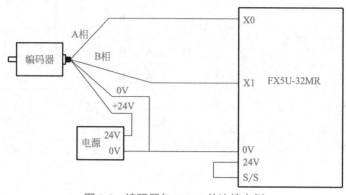

图 9-8　编码器与 FX5U 的连接实例

FX5U PLC 高速
计数器的指令 1

9.2　三菱 FX5U PLC 高速计数器的指令

（1）高速计数器的特殊继电器和寄存器

FX5U 有 6 个高速计数器通道，每个通道都有特殊继电器和特殊寄存器，有的特殊继电器很常用，如通道 1 的 SM4580，可以修改高速计数器的计数方向。有的特殊寄存器几乎是必用的，如通道 1 的 SD4500，是高速计数器的通道 1 的高速计数值。

FX5U 的高速计数器的特殊继电器见表 9-3，FX5U 的高速计数器的特殊寄存器见表 9-4。

表 9-3　高速计数器的特殊继电器（部分）

特殊继电器	功能	动作		默认	读写 R/W
		ON	OFF		
SM4500	高速计数器通道 1 动作中	动作中	停止中	OFF	R
SM4501	高速计数器通道 2 动作中				
SM4516	高速计数器通道 1 脉冲密度 / 转速测定中	测定中	停止中	OFF	R
SM4517	高速计数器通道 2 脉冲密度 / 转速测定中				
SM4532	高速计数器通道 1 溢出	发生	未发生	OFF	R/W
SM4533	高速计数器通道 2 溢出				
SM4548	高速计数器通道 1 下溢	发生	未发生	OFF	R/W
SM4549	高速计数器通道 2 下溢				

续表

特殊继电器	功能	动作		默认	读写 R/W
		ON	OFF		
SM4564	高速计数器通道 1（1 相 2 输入、2 相 2 输入）计数方向监视	递减计数	递增计数	OFF	R
SM4565	高速计数器通道 2（1 相 2 输入、2 相 2 输入）计数方向监视				
SM4580	高速计数器通道 1（1 相 1 输入 S/W）计数方向切换	递减计数	递增计数	OFF	R/W
SM4581	高速计数器通道 2（1 相 1 输入 S/W）计数方向切换				
SM4596	高速计数器通道 1 预置输入逻辑	负逻辑	正逻辑	参数设置的值	R/W
SM4597	高速计数器通道 2 预置输入逻辑				
SM4612	高速计数器通道 1 预置输入比较	有效	无效	参数设置的值	R/W
SM4613	高速计数器通道 2 预置输入比较				
SM4628	高速计数器通道 1 使能输入逻辑	负逻辑	正逻辑	参数设置的值	R/W
SM4629	高速计数器通道 2 使能输入逻辑				
SM4644	高速计数器通道 1 环长设置	有效	无效	参数设置的值	R/W
SM4645	高速计数器通道 2 环长设置				

表 9-4 高速计数器的特殊寄存器（部分）

特殊寄存器	功能	范围	默认	读写 R/W
SD4500	高速计数器通道 1 当前值	−2147483648 ～ +2147483647	0	R/W
SD4501				
SD4502	高速计数器通道 1 最大值	−2147483648 ～ +2147483647	−2147483648	R/W
SD4503				
SD4504	高速计数器通道 1 最小值	−2147483648 ～ +2147483647	2147483647	R/W
SD4505				
SD4506	高速计数器通道 1 脉冲密度	0 ～ 2147483647	0	R/W
SD4507				
SD4508 SD4509	高速计数器通道 1 转速	0 ～ 2147483647	0	R/W
SD4510	高速计数器通道 1 预置控制切换	0：上升沿 1：下降沿 2：双沿 3：ON 始终	参数设置值	R/W
SD4511	不可使用			

特殊寄存器	功能	范围	默认	读写 R/W
SD4512	高速计数器通道 1 预置值	−2147483648 ～ +2147483647	参数设置值	R/W
SD4513				
SD4514	高速计数器通道 1 环长	2 ～ 2147483647	参数设置值	R/W
SD4515				
SD4516	高速计数器通道 1 测定单位时间	1 ～ 2147483647	参数设置值	R/W
SD4517				
SD4518	高速计数器通道 1 每转的脉冲数	1 ～ 2147483647	参数设置值	R/W
SD4519				

（2）高速输入输出功能的开始 / 停止指令 HIOEN

控制高速输入输出功能的开始 / 停止，其指令格式如图 9-9 所示。在（s1）中指定要启用 / 停止的功能编号，在（s2）中指定所启用的通道的位，在（s3）中指定要停止的通道的位。（s1）中可以指定的功能编号见表 9-5。

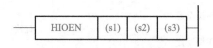

图 9-9　HIOEN 的指令格式

表 9-5　（s1）中可以指定的功能编号

功能编号	功能名称
K0	高速计数器
K10	脉冲密度 / 转速测定
K20	高速比较表（CPU 模块）
K21	高速比较表（高速脉冲输入输出模块第 1 台）
K22	高速比较表（高速脉冲输入输出模块第 2 台）
K23	高速比较表（高速脉冲输入输出模块第 3 台）
K24	高速比较表（高速脉冲输入输出模块第 4 台）
K30	多点输出高速比较表
K40	脉冲宽度测定
K50	PWM

当功能码为 K0 时，对通道进行开始和停止。通道 1 ～通道 8 变为 CPU 模块，通道 9 ～通道 16 变为高速脉冲输入输出模块。通道的位置见表 9-6。

表 9-6 通道的位置

								位置							
b15	b14	b13	b12	b11	b10	b9	b8	b7	b6	b5	b4	b3	b2	b1	b0
通道16	通道15	通道14	通道13	通道12	通道11	通道10	通道9	通道8	通道7	通道6	通道5	通道4	通道3	通道2	通道1

要启用通道 3 时，应在（s2）中设置 04H。要停止时，在（s3）中设置 04H，应用实例如图 9-10。要启用通道 1、通道 4、通道 5 时，应在（s2）中设置 19H。要停止时，在（s3）中设置 19H。要启用通道 1、通道 4、停止通道 5 时，应在（s2）中设置 09H，在（s3）中设置 10H。

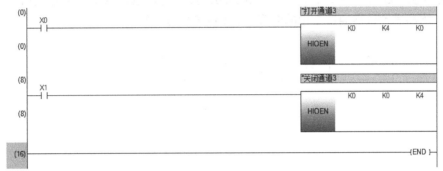

图 9-10 HIOEN 的指令应用实例

（3）32 位数据比较设置指令 DHSCS

DHSCS 是每次计数时比较高速计数器中计数的值与指定值，然后立即设置位软元件的指令。高速脉冲输入输出模块不支持此指令。其指令格式如图 9-11 所示。（s2）中指定的通道的高速计数器当前值变为比较值（s1）时（在比较值 K200 的情况下，199 → 200 及 201 → 200），无论扫描时间如何，位软元件（d）都将被设置（ON）。该指令在高速计数器的计数处理后进行比较处理。

FX5U PLC 高速计数器的指令 2

图 9-11 DHSCS 的指令格式

DHSCS 指令的应用实例如图 9-12 所示，当高速计数器通道 1 中的数值达到 D0、D1 中的数值时，M0 置位。

图 9-12 DHSCS 的指令应用实例

（4）32 位数据带宽比较指令 DHSZ

高速计数器的当前值与 2 个值（带宽）进行比较，并输出比较结果。高速脉冲输入输出模块不支持此指令，指令格式如图 9-13 所示。将（s3）中指定的高速计数器当前值与 2 个比较值（比较值 1、比较值 2）进行带宽比较，无论扫描时间如何，（d）、（d）+1、（d）+2 中的一项都将根据比较结果（下、区域内、上）变为 ON。

图 9-13　DHSZ 的指令格式

DHSZ 指令的应用实例如图 9-14 所示，当高速计数器通道 1 中的数值 <K1000 时，Y0 置位；当高速计数器通道 1 中的数值 ≤ K2000，且高速计数器通道 1 中的数值 ≥ 1000 时，Y1 置位；当高速计数器通道 1 中的数值 > K2000 时，Y2 置位。

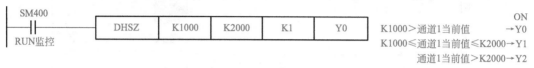

图 9-14　DHSZ 的指令应用实例

（5）32 位数据高速当前值传送指令 DHCMOV

以高速计数器/脉冲宽度测定/PWM/定位用特殊寄存器为对象，进行读取或写入（更新）操作时使用该指令。指令格式如图 9-15 所示。将（s）中指定的软元件值传送至（d）中指定的软元件。此时，如果（n）的值为 K0，则保留（s）的值。（n）的值为 K1 时，传送后将（s）的值清零。

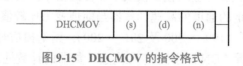

图 9-15　DHCMOV 的指令格式

DHCMOV 指令的应用实例如图 9-16 所示，将高速计数器通道 1 中的数值 SD4500 传送到 D0、D1 中。

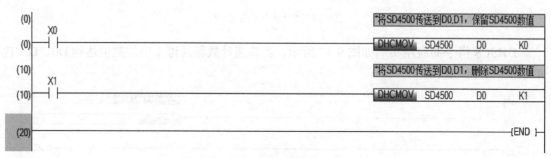

图 9-16　DHCMOV 的指令应用实例

9.3 三菱 FX5U PLC 高速计数器的应用

高速计数器典型的应用是测量距离和转速，以下分别用实例介绍其用法。

（1）测量距离的实例

【例 9-1】

用 FX5U PLC
和光电编码器
测量位移

用光电编码器测量长度（位移），光电编码器为 500 线，电动机与编码器同轴相连，电动机每转一圈，滑台移动 10mm，要求在 HMI 上实时显示位移数值（含正负）。原理图如图 9-17 所示。

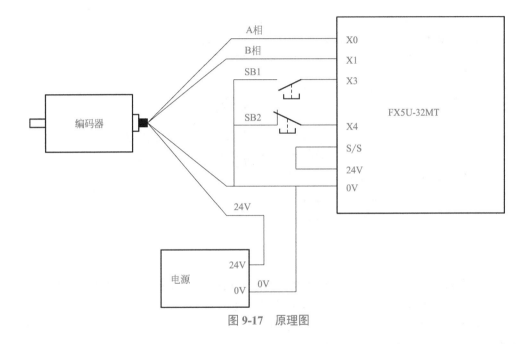

图 9-17 原理图

【解】 ① 软硬件配置。

a. 1 套 GX Works3。

b. 1 台 FX5U-32MT。

c. 1 台光电编码器（500 线）。

② 配置参数。配置参数至关重要，以前 FX 系列 PLC 并无此步骤，初学者容易忽略。

在图 9-18 的导航窗口中，点击"参数"→"FX5UCPU"→"模块参数"→"高速 I/O"→"输入功能"→"高速计数器"→"详细设置"，弹出基本设置界面如图 9-19 所示，选择高速计数器运行模式为"普通模式"，脉冲输入形式是"2 相 1 倍频"（就是 A/B 模式），这种模式可以显示位移的方向。

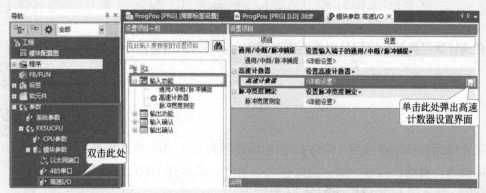

图 9-18 打开高速计数器设置界面

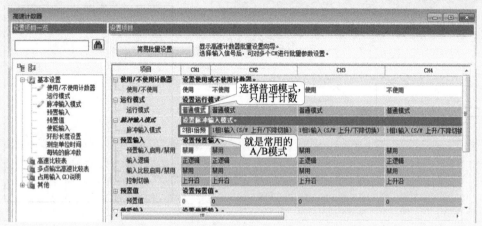

图 9-19 设置高速计数器的运行模式和脉冲输入形式

修改输入响应时间。输入端子的输入响应时间默认是 10ms，作为高速计数器使用时，这个响应时间需要修改，否则采集到高速脉冲，容易丢失脉冲。

在导航窗口中，单击"参数"→"FX5UCPU"→"模块参数"→"输入响应时间"，弹出输入响应时间界面如图 9-20 所示，

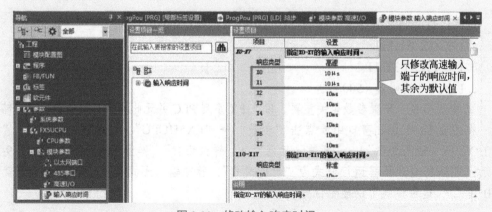

图 9-20 修改输入响应时间

③ 编写程序。由于光电编码器与电动机同轴安装，所以光电编码器的旋转圈数就是电动机的圈数。采用 A、B 相计数可以计数，也包含位移的方向，所以每个脉冲对应的距离为：

$$\frac{10D0}{500} = \frac{D0}{50}(mm)$$

程序如图 9-21 所示。

图 9-21　例 9-1 程序

（2）测量转速的实例

【例 9-2】

一台电动机上配有一台光电编码器（光电编码器与电动机同轴安装），试用 FX5U 测量电动机的转速（正反向旋转），要求编写此梯形图程序。原理图如图 9-17 所示。

用 FX5U PLC
和光电编码器
测量转速

【解】　①软硬件配置。

a. 1 套 GX Works3。

b. 1 台 FX5U-32MT。

c. 1 台光电编码器（500 线）。

② 配置参数。在图 9-18 的导航窗口中，点击"参数"→"FX5UCPU"→"模块参数"→"高速 I/O"→"输入功能"→"高速计数器"→"详细设置"，弹出基本设置界面如图 9-22 所示，选择高速计数器运行模式为"旋转速度测定模式"，脉冲输入形式是"2 相 1 倍频"（就是 A/B 模式），这种模式测量转速。

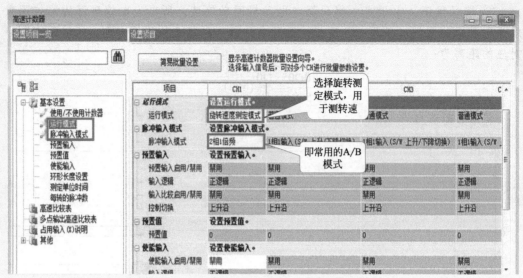

图 9-22　设置高速计数器的运行模式和脉冲输入形式

如图 9-23 所示，在本例中，每转的脉冲数就是编码器的线数，此处选择 500，测量时间实际就是测量脉冲的时间间隔。

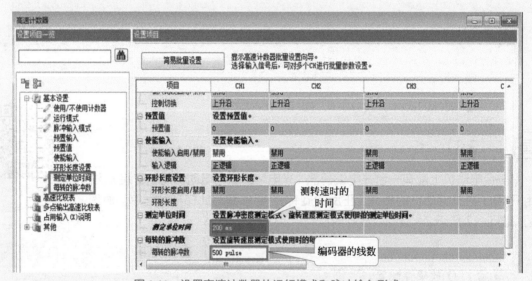

图 9-23　设置高速计数器的运行模式和脉冲输入形式

修改输入响应时间。输入端子的输入响应时间默认是 10ms，作为高速计数器使用时，这个响应时间需要修改，否则采集到高速脉冲容易丢失脉冲。

在导航窗口中，单击"参数"→"FX5UCPU"→"模块参数"→"输入响应时间"，弹出输入响应时间界面如图 9-20 所示，

③ 编写程序。由于光电编码器与电动机同轴安装，所以光电编码器的转速就是电动机的转速。梯形图程序如图 9-24 所示。

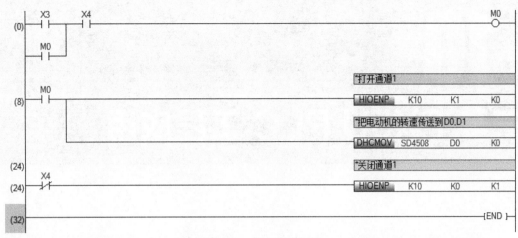

图 9-24　例 9-2 梯形图

第 **10** 章 ▶▶

三菱 FX5U PLC 工程应用

本章是前面章节内容的综合应用，将介绍 4 个典型的 FX5U PLC 工程应用的案例，知识点涉及 PLC 的逻辑控制、PLC 对变频器控制、PLC 对伺服驱动控制和 PLC 对步进驱动控制，供读者模仿学习。

10.1 送料小车自动往复运动的 PLC 控制

送料小车自动
往复运动的
PLC 控制

【例 10-1】

现有一套送料小车系统，分别在工位 1、工位 2、工位 3 这三个地方来回自动送料，小车的运动由一台交流电动机进行控制。在三个工位处，分别装置了三个传感器 SQ1、SQ2、SQ3 用于检测小车的位置。在小车运行的左端和右端分别安装了两个行程开关 SQ4、SQ5，用于定位小车的原点和右极限位点。

其结构示意图如图 10-1 所示。控制要求如下。

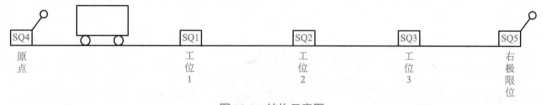

| SQ4 | SQ1 | SQ2 | SQ3 | SQ5 |
| 原点 | 工位1 | 工位2 | 工位3 | 右极限位 |

图 10-1 结构示意图

① 当系统上电时，无论小车处于何种状态，首先回到原点准备装料，等待系统的启动。

② 当系统的手 / 自动转换开关打开自动运行挡时，按下启动按钮 SB1，小车首先正向运行到工位 1 的位置，等待 10s 卸料完成后正向运行到工位 2 的位置，等待 10s 卸料完成后正向运行到工位 3 的位置，停止 10s 后接着反向运行到工位 2 的位置，停止 10s 后再反向运行到工位 1 的位置，停止 10s 后再反向运行到原点位置，等待下一轮的启动运行。

③ 当按下停止按钮 SB2 时系统停止运行，如果小车停止在某一工位，则小车继续停止等待；当小车正运行在去往某一工位的途中，则当小车到达目的地后再停止运行。再次按下

启动按钮 SB1 后，设备按剩下的流程继续运行。

④ 当系统按下急停按钮 SB5 时，小车立即要求停止工作，直到急停按钮取消时，系统恢复到当前状态。

⑤ 当系统的手 / 自动转换开关 SA1 打到手动运行挡时，可以通过手动按钮 SB3、SB4 控制小车的正 / 反向运行。

【解】 （1）PLC 的 I/O 分配

PLC 的 I/O 分配见表 10-1。

表 10-1　例 10-1PLC 的 I/O 分配表

名称	符号	输入点	名称	符号	输出点
启动	SB1	X0	电动机反转	KA1	Y0
停止	SB2	X1	电动机正转	KA2	Y1
左点动	SB3	X2			
右点动	SB4	X3			
工位 1	SQ1	X4			
工位 2	SQ2	X5			
工位 3	SQ3	X6			
原位	SQ4	X7			
右限位	SQ5	X10			
手 / 自转换	SA1	X11			
急停	SB5	X12			

（2）控制系统的接线

原理图如图 10-2 所示，主回路图未画出。

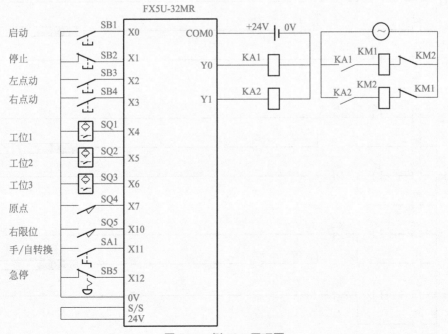

图 10-2　例 10-1 原理图

（3）编写控制程序

编写梯形图程序如图 10-3 所示。

初始化

```
        SM8002    X7                                                           M20
(0)     ─┤├──────┤/├─────────────────────────────────────────────────────────( )
        M20
        ─┤├─

        X10                                                          ZRST  M0    M30
(9)     ─┤├──┬──────────────────────────────────────────────────────[        ]
        X11  │
        ─┤/├─┘
```

暂停

```
        X1       X0                                                           M21
(17)    ─┤/├─────┤/├──────────────────────────────────────────────────────────( )
        M21
        ─┤├─
```

自动运行逻辑部分的程序

```
        X11      X7       X0       M1                                          M0
(26)    ─┤├──────┤├──────┤├──────┤/├─────────────────────────────────────────( )
        M0                 │
        ─┤├────────────────┘

        M0       X4       M2                                                   M1
(54)    ─┤├──────┤├──────┤/├─────────────────────────────────────────────────( )
        M1                        X12      M21                       OUT   T0   K100
        ─┤├───────────────────────┤├──────┤/├────────────────────────[        ]

        M1       T0       M3                                                   M2
(73)    ─┤├──────┤├──────┤/├─────────────────────────────────────────────────( )
        M2
        ─┤├─

        M2       X5       M4                                                   M3
(83)    ─┤├──────┤├──────┤/├─────────────────────────────────────────────────( )
        M3                        X12      M21                       OUT   T1   K100
        ─┤├───────────────────────┤├──────┤/├────────────────────────[        ]

        M3       T1       M5                                                   M4
(102)   ─┤├──────┤├──────┤/├─────────────────────────────────────────────────( )
        M4
        ─┤├─

        M4       X6       M6                                                   M5
(112)   ─┤├──────┤├──────┤/├─────────────────────────────────────────────────( )
        M5                        X12      M21                       OUT   T2   K50
        ─┤├───────────────────────┤├──────┤/├────────────────────────[        ]

        M5       T2       M7                                                   M6
(131)   ─┤├──────┤├──────┤/├─────────────────────────────────────────────────( )
        M6
        ─┤├─

        M6       X5       M10                                                  M7
(141)   ─┤├──────┤├──────┤/├─────────────────────────────────────────────────( )
        M7                        X12      M21                       OUT   T3   K50
        ─┤├───────────────────────┤├──────┤/├────────────────────────[        ]

        M7       T3       M11                                                  M10
(160)   ─┤├──────┤├──────┤/├─────────────────────────────────────────────────( )
        M10
        ─┤├─
```

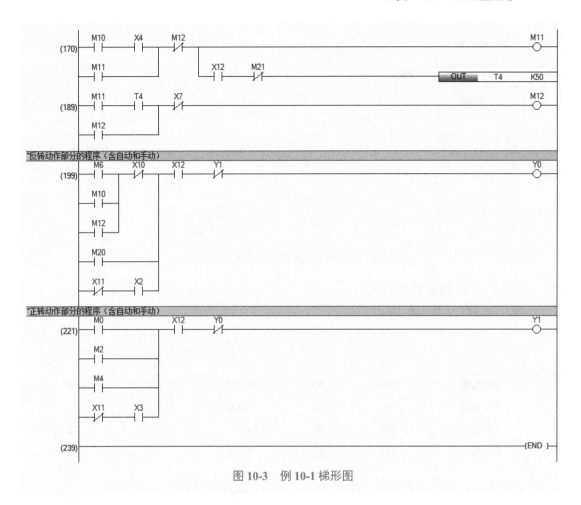

图 10-3　例 10-1 梯形图

　　这是一道典型的逻辑控制的例题，解法很多，本例的解法比较典型，建议读者认真理解。

10.2　刨床的 PLC 控制

【例 10-2】

　　已知某刨床的控制系统主要由 PLC 和变频器组成，PLC 对变频器进行通信速度给定，变频器的运动曲线如图 10-4 所示，变频器以 20Hz（600r/min）、30Hz（900r/min）、50Hz（1500r/min，同步转速）、0Hz 和反向 50Hz 运行，减速和加速时间都是 2s，如此工作 2 个周期自动停止。要求如下：

　　① 试设计此系统的原理图；

　　② 正确设置变频器的参数；

　　③ 报警时，指示灯亮；

　　④ 编写程序。

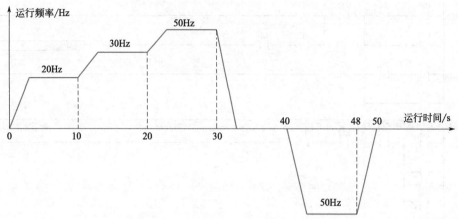

图 10-4　刨床的变频器的运行频率 - 时间曲线

【解】　(1) PLC 的 I/O 分配

PLC 的 I/O 分配见表 10-2。

表 10-2　例 10-2 PLC 的 I/O 分配表

名称	符号	输入点	名称	符号	输出点
启动按钮	SB1	X0	继电器	KA1	Y0
停止按钮	SB2	X1	继电器	KA2	Y1
左极限位	SQ1	X2	正转		Y2
右极限位	SQ2	X3	反转		Y3
			低速		Y4
			中速		Y5
			高速		Y6

(2) 控制系统的接线

控制系统的原理图如图 10-5 所示。

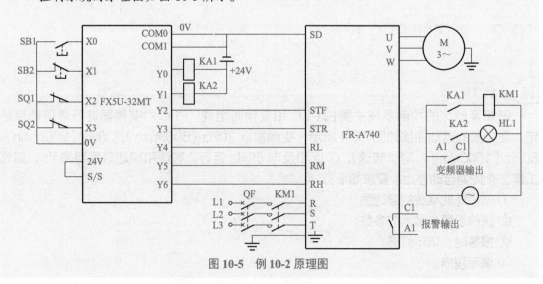

图 10-5　例 10-2 原理图

（3）变频器参数设定

变频器的参数设定见表 10-3。

表 10-3　变频器的参数

序号	变频器参数	设定值	功能说明
1	Pr83	380	电动机的额定电压（380V）
2	Pr9	2.05	电动机的额定电流（2.05A）
3	Pr84	50	设定额定频率（50Hz）
4	Pr79	2	外部运行模式
5	Pr4	20	低速频率值
6	Pr5	30	中速频率值
7	Pr6	50	高速频率值
8	Pr7	2	加速时间
9	Pr8	2	减速时间
10	Pr192	99	ALM（异常输出）

（4）编写控制程序

从图 10-4 可见，一个周期的运行时间是 50s，上升和下降时间直接设置在变频器中，也就是 Pr7=Pr8=2s，编写程序不用考虑。编写程序时，可以将 2 个周期当作一个周期考虑，编写程序更加简洁。梯形图程序如图 10-6 所示。

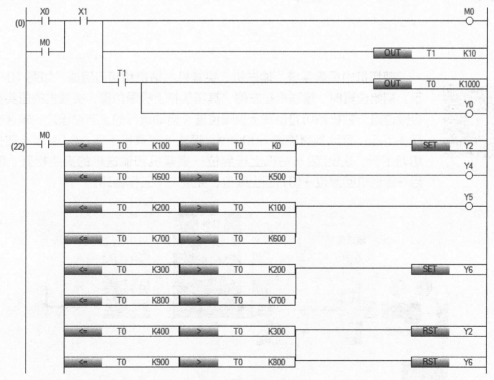

图 10-6

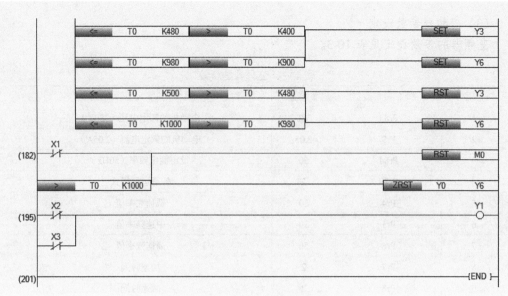

图 10-6　例 10-2 梯形图

这是一道 PLC 控制变频器的例题，只要用到变频器的场合，有两点比较关键，一是变频器正确的接线，二是正确设置变频器的参数。

10.3　剪切机的 PLC 控制

 【例 10-3】

剪切机的视频

剪切机由伺服系统、输送机、夹紧机、钻机和切刀组成，如图 10-7 所示。初始位置时，输送机在左侧，其压头在上极限位置，夹紧机的压头在上极限位置，钻机和切刀也在上极限位置。自动运行的工艺过程是：输送机的压头下压，带动板材输送 500mm，停止→夹紧机下压，0.5s 后→钻机和切刀下行，0.5s 后→钻机上行到位→夹紧机和输送机的夹头松开，0.5s 后→输送机回原位→切刀回上限位，完成一个工作循环。

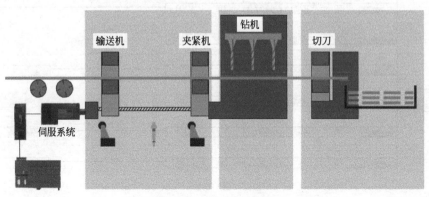

图 10-7　剪切机示意图

伺服驱动系统要有手动调节功能，要求设计原理图并编写程序。

【解】（1）PLC 的 I/O 分配

剪切机的 I/O 分配表见表 10-4。

表 10-4 例 10-3 I/O 分配表

名称	符号	输入点	名称	符号	输出点
近点信号	SQ1	X0	高速输出		Y0
原点（Z 位）	OP	X1	电动机反转		Y4
伺服准备好	RD	X2	清除脉冲	CR	Y5
输送机正限位	SQ2	X3	输送机	KA3	Y6
输送机负限位	SQ3	X4	夹紧机	KA4	Y7
停止	SB1	X5	钻机	KA5	Y10
回原点（复位）	SB2	X6	切刀	KA6	Y11
启动	SB3	X7			
输送机上限	SQ4	X10			
输送机下限	SQ5	X11			
夹紧机上限	SQ6	X12			
夹紧机下限	SQ7	X13			
钻机上限	SQ8	X14			
钻机下限	SQ9	X15			
切刀上限	SQ10	X16			
手 / 自转换	SA1	X17			

（2）设计电气原理图

根据 I/O 分配表和题意，设计原理图如图 10-8 所示。

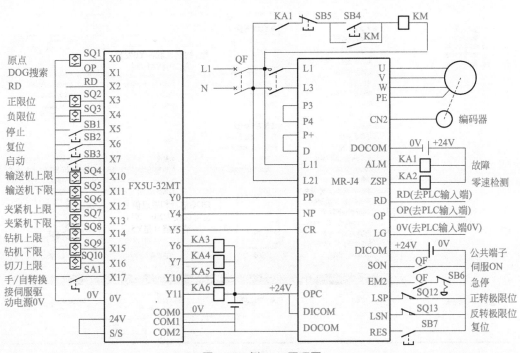

图 10-8 例 10-3 原理图

🎯 **关键点** · · · · · · · · · ·

图 10-8 的伺服驱动器和 PLC 的负载是同一台电源。如果不是同一台电源，那么其电源的 0V 要短接在一起。

（3）设置伺服驱动器和定位参数

设置伺服驱动器的参数见表 10-5。这样设置后，PLC 发出 10000 个脉冲，伺服电动机转一圈。

表 10-5 伺服驱动器的参数

参数	名称	出厂值	设定值	说明
PA01	控制模式选择	1000	1000	设置成位置控制模式
PA06	电子齿轮分子	1	262144	设置成上位机发出 10000 个脉冲电动机转一周
PA07	电子齿轮分母	1	625	
PA13	指令脉冲选择	0000	0011	选择脉冲串输入信号波形，负逻辑，设定脉冲加方向控制
PD01	用于设定 SON、LSP、LSN 的自动置 ON	0000	0C04	SON、LSP、LSN 内部自动置 ON

设置 CPU 模块的定位参数如图 10-9 所示。

图 10-9 设置定位参数

（4）编写控制程序

① 位置和转速计算　位置计算说明：已知 10000 脉冲对应电动机转一圈，移动距离为 10mm，所以每 1000 脉冲对应 1mm，因为指定位置对应 500mm 需要 500000 脉冲。

转速计算说明：已知 10000 脉冲对应电动机转一圈，而本例的脉冲频率是 100000pps，实际为 10r/s，即 600r/min。

通常伺服电动机的最大转速为 3000r/min，而本例最大转速为 1200r/min，原因在于，FX5U 的最大脉冲频率为 200000pps。所以并未发挥伺服驱动系统的最大优势，因此可以调整为 5000 脉冲转一圈，这样最大转速增加了一倍，通过齿轮比重新调整来实现（PA06 改为 131072 即可，PA07 不变），这一点读者务必要理解。

② 梯形图控制程序编写　编写梯形图控制程序如图 10-10 所示。

回原点：由于使用了 DDRVA 绝对定位指令，所以需要先回原点，回原点成功后，M0 标志位置位。

自动运行：自动运行的条件是，X17 置于自动挡位，而且已经回原点成功。压下启动按钮 SB3，K1 送到 D0 中，D0 是"步"的序号，K1 就是第 1 步。第 1 步就是行走 500mm。行走结束后，K2 送到 D0，执行第 2 步。一直执行到第 5 步结束，把 K0 送到 D0 中，这个逻辑过程非常清晰，建议读者掌握这种方法。

手动运行：自动运行的条件是，X17 置于手动挡位，不需要回原点，因为点动运行使用的是相对定位指令 DDRVI。切刀、夹紧机和钻机的上下点动，本例没有设计相关程序。

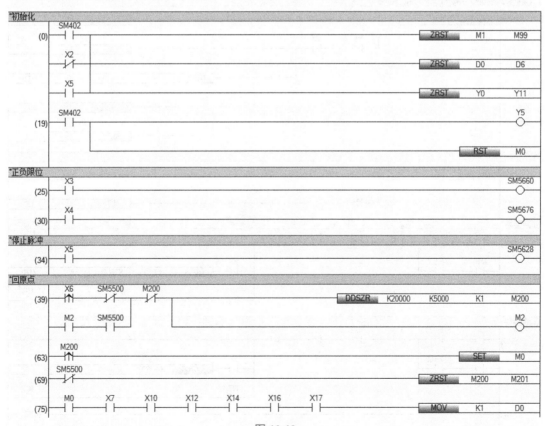

图 10-10

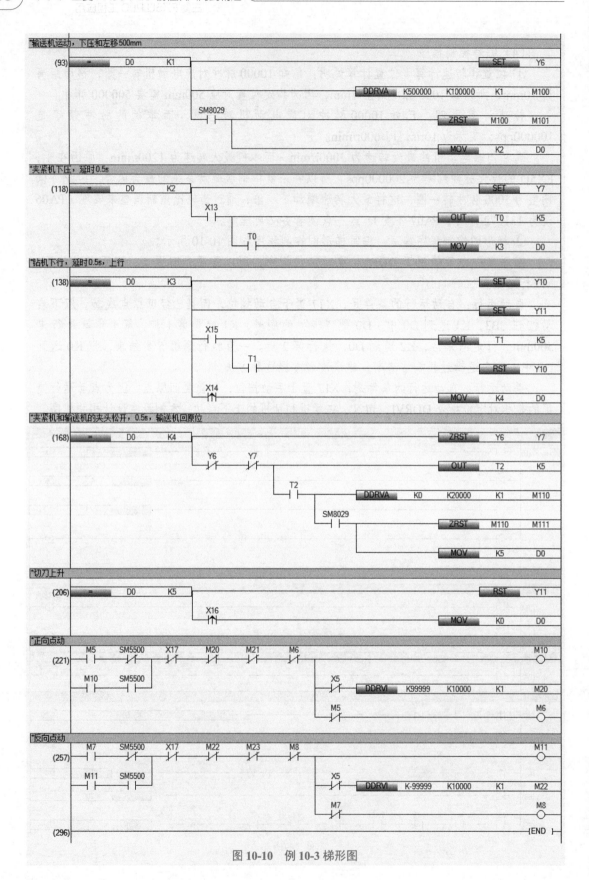

图 10-10　例 10-3 梯形图

这是一道 PLC 控制伺服驱动系统的例题，这类题目是比较难的。本例题的解题方法比较典型，建议读者认真阅读理解。只要用到伺服驱动系统的场合，有五点比较关键，一是伺服驱动系统正确的接线，二是正确设置伺服驱动系统的参数，三是要理解回原点的含义，四是要理解绝对运动指令和相对运动指令（正确计算位移和脉冲个数的关系，速度和脉冲频率的关系，齿轮比的计算），五是正确配置 CPU 模块的参数。

10.4　自动分拣系统的 PLC 控制

【例 10-4】

有一套物料分拣系统，其示意图如图 10-11 所示，它主要由步进电动机的电缸和 4 条生产线组成。物料先放置在第 1 条生产线上，有 3 个传感器，SQ1 检测有无物料，SQ2 检测金属和非金属，如果是金属，在步进驱动系统的带动下，把物料分拣到第 2 条生产线上，SQ3 检测黑白，如是白色物料，送到第 3 条生产线上，如是黑色物料，则输送到第 4 条生产线上。

自动分拣系统的视频

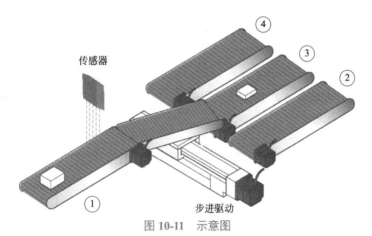

图 10-11　示意图

自动化分拣系统的控制要求如下。

① 生产线的间距为 100mm，滚珠丝杠的螺距为 10mm，已设置步进驱动系统参数，1000 脉冲对应电动机转一圈。

② 系统有启动、停止和复位控制，压下启动按钮，往复自动工作循环，压下停止按钮，立即停止。当压下停止按钮后需要压下复位按钮，系统复位，运行到原点，才能重新开始运行。

③ 4 条生产线由 1 台变频器控制，当 20s 无物料流过时，生产线暂停。

④ 系统要求设计手动功能。

⑤ 变频器报警时，PLC 接收到信号后反馈给 HMI，并使报警灯闪亮。

【解】　（1）系统软硬件配置

① 主要软硬件。

　　a.1 台 FX5U-32MT。

　　b.1 套 GX-Works3。

　　c.1 根编程电缆。

　　d.1 套步进驱动系统；

　　e.1 台 G120C 变频器。

②PLC 的 I/O 分配。PLC 的 I/O 分配见表 10-6。

表 10-6　例 10-4 PLC 的 I/O 分配表

名称	符号	输入点	名称	符号	输出点
原点	SQ1	X0	高速脉冲	CP	Y0
金属检测	SQ2	X1	方向控制	DIR	Y4
黑白检测	SQ3	X2	继电器 1	KA1	Y5
电缸正极限	SQ4	X3	指示灯	HL1	Y6
电缸负极限	SQ5	X4			
停止按钮	SB1	X5			
复位按钮	SB2	X6			
启动按钮	SB3	X7			
点动正转	SB4	X10			
点动反转	SB5	X11			
手/自转换	SA1	X12			
ALM1		X13			

③控制系统的接线。控制系统的接线如图 10-12 和 10-13 所示，注意 PLC 的输出电源和步进驱动器的电源的 0V 要短接。注意，一台变频器拖动多台电动机时，每台电动机前需要连接热继电器。

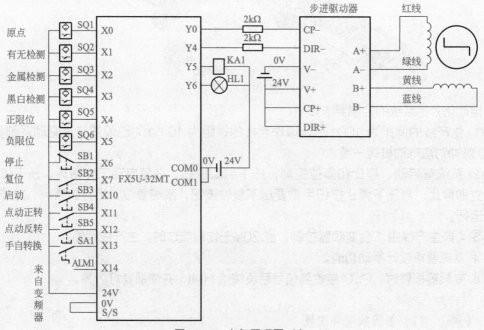

图 10-12　电气原理图（1）

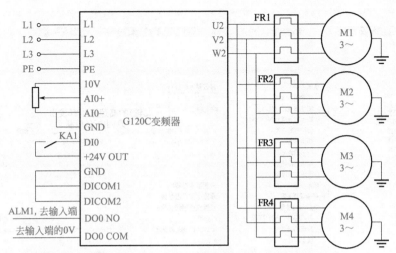

图 10-13　电气原理图（2）

（2）设置定位参数

G120C 变频器按照表 10-7 设置参数。

表 10-7　变频器参数

序号	变频器参数	设定值	单位	功能说明
1	P0003	3	—	权限级别
2	P0010	1/0	—	驱动调试参数筛选。先设置为 1，当把 P0015 和电动机相关参数修改完成后，再设置为 0
3	P0015	18	—	驱动设备宏指令
4	P0304	380	V	电动机的额定电压
5	P0305	2.05	A	电动机的额定电流
6	P0307	0.75	kW	电动机的额定功率
7	P0310	50.00	Hz	电动机的额定频率
8	P0311	1440	r/min	电动机的额定转速
9	P756	0	—	模拟量输入类型，0 表示电压范围 0 ～ 10V

（3）设置 PLC 定位参数

设置定位参数如图 10-14 所示。由于本步进驱动系统没有光电编码器，所以 DOG 信号和零点信号（原点）都是 X0。

（4）编写控制程序

① 位置和转速计算。位置计算说明：已知 1000 脉冲对应电动机转一圈，移动距离为 10mm，所以每 100 脉冲对应 1mm，因为位置 1 对应 100mm，所以需要 10000 脉冲，因为位置 2 对应 200mm，所以需要 20000 脉冲，因为位置 3 对应 300mm，所以需要 30000 脉冲。

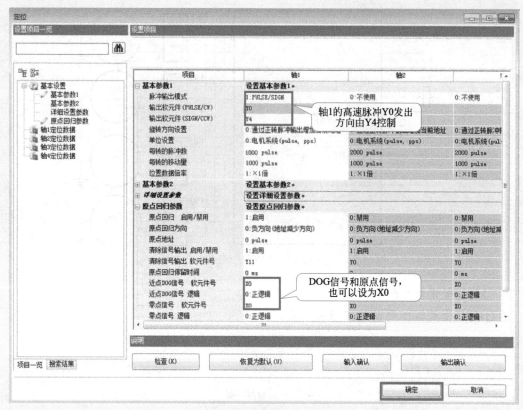

图 10-14 设置定位参数

转速计算说明：已知 1000 脉冲对应电动机转一圈，而本例的脉冲频率是 10000pps，实际为 10r/s，即 600r/min，这个转速对步进驱动系统还是比较合适的，转速过大或者过小步进电动机会丢步。丢步明显的标志是爬行和步进系统有较大的啸叫声。

② 梯形图控制程序编写。编写梯形图控制程序如图 10-15 所示。

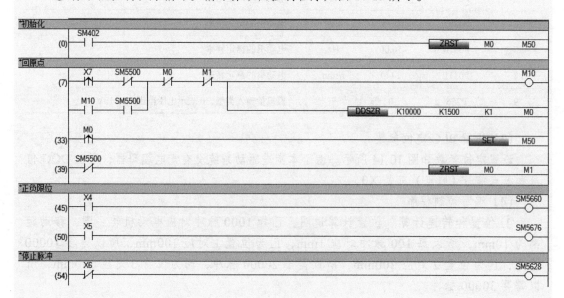

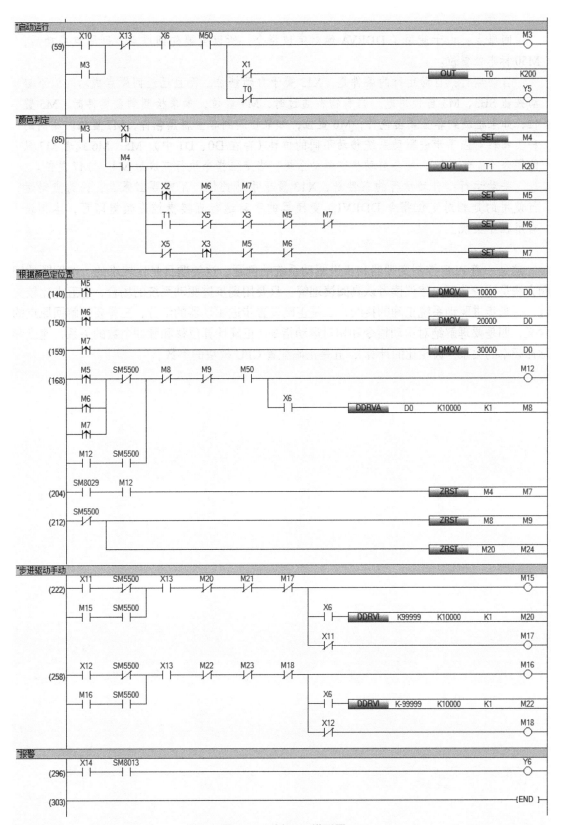

图 10-15 例 10-4 梯形图

回原点：由于使用了 **DDRVA** 绝对定位指令，所以需要先回原点，回原点成功后，M50 标志位置位。

自动运行：自动运行的条件是，X13 置于自动挡位，而且已经回原点成功。压下启动按钮 SB3，M3 自锁得电。当有物料通过时，M4 置位，如果检测到金属件时，M5 置位；如果检测到非金属白色件，M6 置位；如果检测到非金属黑色件，M7 置位。不同的种类物料对应了步进驱动系统移动不同的位移（存在 D0、D1 中）。M5、M6 或者 M7 只的闭合（只有一个），就会启动步进驱动系统，当定位指令执行完成后 M4 ～ M7 复位。

手动运行：自动运行的条件是，X13 置于手动挡位，不需要回原点，因为点动运行使用的是相对定位指令 DDRVI。变频器的手动运行直接操控变频器即可，本例没有用程序实现。

这是一道 PLC 控制变频器和步进驱动系统的例题，这类题目是比较难的。本例题的解题方法是比较典型，建议读者认真阅读理解。只要用到步进驱动系统的场合，有五点比较关键，一是步进驱动系统正确的接线，二是正确设置步进驱动器的细分，三是要理解回原点的含义，四是要理解绝对运动指令和相对运动指令（正确计算位移和脉冲个数的关系，速度和脉冲频率的关系，齿轮比的计算），五是正确配置 CPU 模块的参数。

参考文献

［1］向晓汉.电气控制与 PLC 技术基础［M］.北京：清华大学出版社，2007.

［2］向晓汉.三菱 FX 系列 PLC 完全精通教程［M］.北京：化学工业出版社，2012.

［3］王一凡，宋黎菁.三菱 FX5U 可编程控制器与触摸屏技术［M］.北京：机械工业出版社，2020.

扫描二维码
免费获取本书电子版

刮开涂层
扫码认证

正版授权码

1.微信扫一扫左侧二维码

2.关注"易读书坊"公众号,点击所需资源或服务

3.首次使用,请刮开"正版授权码"涂层扫码认证

4.再次使用,可重复步骤1或进入公众号轻松查看